Notre vie mathématique

Les Impliqués Éditeur

Structure éditoriale récente fondée par L'Harmattan, Les Impliqués Éditeur a pour ambition de proposer au public des ouvrages de tous horizons, essentiellement dans les domaines des sciences humaines et de la création littéraire.

Déjà parus

Chaudenson (Robert), *Putain ! Trois ans !*, chroniques, 2015.

Albanel (Philippe), Juilliard (Vincent), *Destination Iran*, récit, 2015.

Hudson (William), *City Way of Life*, poèmes, 2015.

Nya (Blandine), *La violence conjugale*, essai, 2015.

Urbain (Roland), *Du bon usage de la relation pédagogique*, essai, 2015.

Younouss (Mohamed), *Côte d'Ivoire : en route vers l'émergence*, essai, 2015.

Zeif (Colette), *Ne dis pas ton nom et cache-toi*, récit, 2015.

De Parcou (Blanche), *Sur le fil du rasoir*, récit, 2015.

Maarek (Judith), *L'Âme-Son*, récit autobiographique, 2015.

Baehrel (Robert), *Éducations d'ici et d'ailleurs*, essai, 2015.

Ces dix derniers titres de ce secteur sont classés par ordre chronologique en commençant par le plus récent.
La liste complète des parutions, avec une courte présentation du contenu des ouvrages, peut être consultée sur le site :
www.lesimpliques.fr

Germain Jantcheu

Notre vie mathématique

Essai

Les impliqués Éditeur

21 bis, rue des écoles, 75005 Paris

www.lesimpliques.fr
contact@lesimpliques.fr

ISBN : 978-2-343-07471-9
EAN : 9782343074719

Remerciements

Je tiens tout d'abord à rendre hommage à mon frère aîné, mort en 1982. C'est grâce à lui que j'ai aimé les mathématiques. Enfant, je l'observais les enseigner avec élégance et simplicité aux enfants du quartier. Certains d'entre eux ont remarquablement réussi, à l'image d'un de mes cousins qui exerce la médecine en France.

Je tiens aussi à remercier mon épouse et mes enfants pour leur collaboration et leur constant soutien dans l'écriture de ce livre, ainsi que mes chers parents qui ont fait preuve d'une remarquable intelligence naturelle. Je pense en particulier à mon père, dont l'inspiration m'a toujours influencé.

Enfin, je remercie mon correcteur et premier critique, qui m'a aidé et encouragé à aller jusqu'au bout de la rédaction de ce livre.

Introduction

L'image de Dieu qui s'est toujours imposée à moi me vient de mon éducation chrétienne. Bien entendu, chacun est libre d'utiliser la représentation qui lui convient, en fonction de ses croyances religieuses ; mais l'image que je retiens est celle d'un grand barbu de race blanche, à la voix imposante, très informé de notre passé, de notre présent et de notre futur, observant nos moindres gestes, tolérant, et souvent sévère. La curiosité que j'ai très tôt manifestée pour la connaissance scientifique m'a permis de comprendre et d'admirer le caractère grandiose de l'univers, son architecture, sa logique infaillible, ses dimensions infinies, qui me semblent être l'œuvre d'un Super-Mathématicien, qui n'a rien à voir avec une conception religieuse de Dieu.

La notion d'*entropie*, énoncée en 1854 par Rudolf Clausius (1822-1888), extraite de la seconde loi de la thermodynamique, détermine le degré de désordre d'un système qui subit une transformation irréversible au cours de son évolution. Présente dans tout l'univers et dans toutes les dimensions de notre existence, elle signifie que tout ce qui est créé dans l'univers a une entropie faible mais positive et croissante – à l'image d'un bébé à la naissance, qui voit au fil du temps son entropie augmenter sans qu'il soit possible de revenir en arrière (c'est la notion d'irréversibilité), et qui atteint son maximum à la fin du processus – c'est-à-dire quand le degré de désordre est maximum. Elle se manifeste par deux états : l'état *naturel*, contre lequel l'être humain ne peut rien (radiations cosmiques, éruptions solaires, tremblements de Terre, etc.) ; l'état *artificiel*, résultant de l'action délibérée de l'être humain, manifestation du désordre qui règne sur Terre et qui menace en permanence notre civilisation (guerres, pollution, etc.). En d'autres termes, la notion d'entropie permet de comprendre que toute chose a un début et une fin, et qu'on peut améliorer notre vie en diminuant les facteurs pouvant amplifier cette entropie.

Dans cet ouvrage, je voudrais montrer que la singularité de notre existence ne peut prétendre en aucune manière nous accorder un statut privilégié devant Dieu. Quelle que soit l'immensité de ses réalisations, elles ne concernent en rien notre vie de tous les jours. Pour le dire autrement : non seulement certains scientifiques devraient reconnaître son génie créateur, mais encore les croyants ne devraient pas réduire son rôle à celui d'un simple créateur de notre Terre et de l'humanité, qui passe son temps à gérer notre vie et à juger les morts.

Mon approche est celle d'un observateur du monde qui pense que *voir n'est pas croire*, et doit analyser tous les faits de société afin de trouver *des réponses mathématiques*. Il ne s'agit aucunement de mettre en doute les explications scientifiques et religieuses actuelles, mais d'apporter un complément d'analyse qui permette à chacun de nous de se sentir concerné par ce débat, et d'attirer l'attention sur les faits qui s'appliquent à notre vie de tous les jours au même titre qu'à tous les objets de l'univers. Je cherche à mettre en perspective et analyser de façon détaillée certains événements de l'univers qui influencent notre vie quotidienne, et à les restituer en un langage suffisamment simple pour pouvoir offrir au lecteur une véritable liberté d'appréciation.

Chacun de nous peut naturellement se poser des questions à un moment de sa vie, à savoir : pourquoi l'univers est-il créé ? Pourquoi le soleil brille-t-il ? Pourquoi sommes-nous nés sur Terre avec des attributs différents ? Pourquoi est-ce la femme qui crée la vie… etc ? Vous trouverez dans ce livre des réponses mathématiques à ces différentes questions, dans une liberté d'esprit qui vous permettra d'avoir votre propre opinion, ou de croire que derrière la mathématique se cache quelque chose de malicieux, d'infini et d'immatériel que vous pouvez librement appeler Dieu.

En revanche, la création de la vie par la femme est un processus mathématique concret et palpable dont est issu chacun de nous. Ce qui m'amène à poser cette question, à laquelle nous allons ensemble essayer de trouver une réponse : *la mathématique de Dieu est-elle le pouvoir de la femme ?*

Avant de commencer, permettez-moi un instant de vous présenter simplement les grandes lignes du raisonnement que je vais suivre tout au long de ce livre.

– L'univers est un espace infini, au sein duquel s'est créée l'étoile primitive (quelle que soit sa taille), à partir de la transformation de la matière microscopique en matière macroscopique ; cet espace existait donc avant la création de l'étoile primitive qui n'est qu'une empreinte mathématique encore hors de nos connaissances. En effet, à l'image des êtres vivants, issus des corps microscopiques *via* l'organe de reproduction maternel, tous les corps célestes de l'univers proviennent de la matière microscopique présente dans l'espace de l'univers. En accord avec la seconde loi de la thermodynamique (l'irréversibilité du système que nous analyserons en détail plus loin), tous les objets de l'univers sont amenés à disparaître, jusqu'à un nouvel accouplement de la matière pour une nouvelle genèse.

– Du fait de l'irréversibilité du système que subissent tous les objets de l'univers, les corps célestes se renouvellent dans un modèle cyclique.

– L'étoile primitive est née d'une interaction électromagnétique entre les particules atomiques. Autrement dit, tout comme notre Soleil, l'étoile primitive résulte de la transformation de la matière microscopique en une matière macroscopique. Pour que ces matières s'agrègent afin de créer l'étoile primitive, il a fallu qu'un espace leur permette de se mouvoir. L'espace n'est donc pas né avec le Big Bang.

– Découverte par l'astrophysicien belge Georges Lemaitre (1894-1966), qui était aussi prêtre, la « théorie de l'atome primitif » (rebaptisée avec humour *Big Bang* par Fred Hoyle dans une émission radiophonique de 1949) est la grande explosion de l'étoile, à partir de la concentration de la matière en un point. Il s'agit d'une application de la seconde loi de la thermodynamique qui postule que l'univers est dynamique dans un système d'irréversibilité ; toute matière acquiert un crédit d'énergie à sa naissance, ne cesse de le rembourser pendant sa durée de vie, et meurt dès que le solde créditeur est épuisé. Tout comme l'étoile primitive a disparu à la suite du Big Bang, notre étoile, le Soleil, va disparaître dans plusieurs milliards d'années à la suite d'une grande explosion – qui constituera en quelque sorte le « petit Big Bang » de notre système solaire.

– Si l'espace de l'univers était né avec le Big Bang, on qualifierait cet événement de singulier, avec une étoile singulière différente des autres. Malheureusement, on n'a trouvé aucune singularité de composition chimique qui permettrait de différencier la première étoile de notre Soleil. Tout comme nous avons longtemps théorisé par ignorance sur les hiérarchies de race ou de sexe, alors qu'il n'existe aucune différence de composition atomique entre les êtres humains qui pourrait accréditer ces théories.

– En observant l'univers, je constate la présence de trois éléments fondamentaux qui font partie de notre existence quotidienne, et dont les particularités (infinies, irréversibles et… malicieuses) sont analogues à celles qu'on peut attribuer au divin, à savoir :

1) L'*espace noir* (ou le vide), supposé contenir de l'énergie noire et de la matière noire, couvre la presque totalité de l'espace de l'univers. Nous l'observons de fait tous les jours, ou plus exactement toutes les nuits, dès que notre étoile (le Soleil) ne brille plus pour nous : nous pouvons alors mieux observer l'espace noir infini. Cette matière est constituée de particules subatomiques, que nous pouvons appeler l'univers quantique, domaine encore hors de portée de notre connaissance et vaste chantier de recherches pour nos enfants et les générations futures. Les scientifiques pensent que l'énergie noire qui tapisse l'univers serait responsable de l'expansion rapide de l'univers (au sens de la matière), découverte en 1929 par l'astronome américain Edwin Hubble (1889 – 1953). Cette théorie me semble plausible, même si nous devons prendre en compte d'autres « acteurs mathématiques » à l'instar de la thermodynamique, de la gravitation et du trou noir primordial ; l'énergie noire constitue naturellement l'univers, elle *est* l'univers, et doit être partie prenante de l'interaction entre les particules atomiques (électromagnétisme) et de l'interaction entre les corps célestes (gravitation). En d'autres termes, le fait que les matières

macroscopiques (corps célestes) occupent une partie infime de l'univers prouve que l'espace noir qui le tapisse existait avant la création de l'étoile primitive.

Supposons que dans des milliards d'années, toutes les étoiles meurent et que l'univers se retrouve dans un Big Freeze (Grand Froid) comme le prédisent certains scientifiques : on peut être certain, aujourd'hui, qu'elles ne mourront pas avec l'espace. L'univers restera toujours vivant, avec ses matières microscopiques qui s'accoupleront plus tard pour donner naissance à une nouvelle étoile primitive.

Bref, nos connaissances actuelles nous permettent de considérer cet espace noir comme étant la scène où se produit le spectacle de l'univers, et on peut le soupçonner d'être aussi le principal producteur de ce spectacle.

2) La *température froide* est la température naturelle de l'univers en l'absence des corps célestes qui diffusent de l'énergie (les galaxies et les étoiles). La chaleur n'est qu'une température qu'on peut qualifier d'artificielle, issue de l'énergie produite par les étoiles. Il est vrai qu'au moment du Big Bang, la température de l'espace où se trouvait l'étoile primitive était très élevée, parce qu'à cet endroit il y avait une forte concentration de matière en un point (une très grosse étoile) ; mais il n'en était pas ainsi dans tout l'espace, l'explosion étant une sorte de libération de la matière comprimée par rapport à un espace plus vaste. Si la création de l'espace était réduite au moment du Big Bang, il y aurait autant d'étoiles que d'espace disponible. Autrement dit, le ciel serait toujours brillant, il n'y aurait pas de nuit, et la chaleur serait omniprésente, comme dans le système Alpha du Centaure avec ses trois étoiles (dont deux beaucoup plus brillantes que la troisième et formant une étoile double) et au moins une planète. Les galaxies et les étoiles n'occupant qu'une partie infime de l'univers, l'énergie qu'elles dégagent ne peut en chauffer qu'une portion très limitée. En d'autres termes, si l'univers est froid en l'absence d'étoiles, c'est qu'il était déjà froid avant la naissance de l'étoile primitive.

En conformité avec la seconde loi de la thermodynamique, l'état initial d'un milieu (ou d'un système) est froid ; il peut ensuite se réchauffer, mais il reviendra toujours, finalement, à son état froid initial. Exactement comme à la maison, où l'eau que l'on utilise quotidiennement ne peut se réchauffer toute seule, mais par contre se refroidit toute seule si l'on n'agit pas. Imaginons qu'un jour les étoiles disparaissent : l'univers entier baignera dans un froid absolu (Big Freeze), jusqu'à ce que la gestation d'une nouvelle étoile primitive produise de la chaleur.

3) La *mathématique*, dans sa généralité, est la science du réel, qui formalise les lois fondamentales de l'univers (notamment les lois physiques et chimiques) ; c'est l'outil sur lequel s'appuie l'univers pour s'organiser, créer de la matière, des étoiles, des planètes, et enfin des êtres humains. C'est elle qui a attribué à l'univers les quatre forces fondamentales. Les deux premières (l'interaction faible et l'interaction forte) ne nous intéresseront pas ici, dans la mesure où elles n'interviennent qu'au niveau des particules subatomiques et nous sont invisibles. En revanche, les deux autres forces (l'électromagnétique et la gravitationnelle) sont incontestablement à la base de notre vie quotidienne, celles qui donnent à l'univers sa belle architecture, son harmonie et cette organisation hiérarchisée que respectent tous les corps célestes depuis la nuit des temps. C'est encore la mathématique qui soumet tous les objets de l'univers à la seconde loi de la thermodynamique, et les situe sur l'échelle du temps – à savoir : tout ce qui naît va inéluctablement vers sa mort. À l'instar de toutes les formes de matière existant dans l'univers, ces deux forces s'appliquent à tous les événements de notre vie, et le plus souvent nous n'en savons rien ! En voici quelques exemples :

1. La force électromagnétique est chargée de maintenir les atomes entre eux, pour former les molécules, les cellules, les tissus et finalement les organes qui constituent le corps humain. Sans elle, on ne tiendrait pas debout, et aucun corps céleste n'aurait d'état solide, liquide et gazeux. Elle produit aussi les ondes qui nous permettent de vivre à travers nos 5 sens – la plus utile à l'être humain étant la lumière grâce à laquelle nous pouvons voir. Enfin, elle permet à tous nos appareils électriques, informatiques, électroniques ou autres de fonctionner.

2. La force gravitationnelle (la courbure de l'espace-temps) – celle qui permet à la Terre d'avoir un satellite, la Lune, tout en restant, comme les autres planètes de notre système solaire, en orbite

autour du Soleil – est aussi celle qui nous permet de marcher, de sauter, de se coucher et dormir, etc.
3. À travers l'entropie, elle nous explique la flèche du temps qui nous conduit vers un futur incertain en passant par un passé et un présent que nous connaissons.
4. Notre naissance à travers les cellules microscopiques (spermatozoïdes et ovules) qui s'agrègent dans l'appareil génital de la femme (nous étudierons cela plus en détail dans la deuxième partie de ce livre), prouve qu'elle est dynamique, tolérante, élégante et harmonieuse.
5. Notre mort, en ce qu'elle illustre l'irréversibilité du système, respecte strictement la seconde loi de la thermodynamique : tout ce qui naît va inéluctablement vers la mort.

La mathématique est donc le langage universel unique qui s'applique à tous les objets de l'univers, quel que soit le référentiel (le lieu). C'est à partir de ses principes fondamentaux (thermodynamique, électromagnétisme, gravitation…) que la matière s'est concentrée en un point pour créer une étoile et provoquer le Big Bang. Elle est le catalyseur de l'interaction entre les éléments constitutifs de la matière pour créer les astres, et entre les cellules vivantes pour donner la vie (même au niveau microscopique)… ou pour nous rendre malade. Enfin, la mathématique, c'est TOUT ! Rien ne se fait sans elle. Notre cerveau et l'organe de reproduction de la femme en sont ses principaux foyers. Elle existait avant, pendant et après le Big-Bang. Elle est infinie.

Ces composants immuables que sont la thermodynamique, l'électromagnétisme et la gravitation, nous pouvons les qualifier de cosmologiques, au sens où ils occupent tout l'univers et les espaces primitifs, constituant les supports sur lesquels s'appuient les matières et les objets de l'univers. Je peux l'affirmer, ici et aujourd'hui : ils seront les sujets de la recherche fondamentale avant la fin de ce siècle, qui nous permettront de franchir les obstacles qui limitent nos connaissances actuelles. Sans oublier bien entendu que ces obstacles resteront toujours malicieusement infinis, quelle que soit l'amélioration de notre niveau de connaissance…

Parmi les trois éléments fondamentaux que sont l'espace noir, la température froide et la mathématique, c'est pour moi cette dernière qui représente l'outil essentiel de la créativité : c'est elle qui a transformé le ventre de la femme en un petit univers au sein duquel les corps cellulaires s'agrègent pour créer la vie, c'est elle qui nous permet de construire les objets qui peuplent notre environnement quotidien, *enfin c'est elle qui nous a imposé, sans notre avis, le seul menu que nous consommons par obligation pour notre survie qui est l'atome d'oxygène*. Et nous ne sommes qu'au début de sa connaissance ; songez qu'il n'y a même pas un siècle que nous avons appris à voyager en avion ! Les travaux de nos futurs chercheurs mathématiciens nous réservent encore bien des surprises, dans le domaine quantique (subatomique) comme dans celui de la force tranquille du vide, en passant par l'éventualité d'arriver à dépasser les limites de la vitesse de la lumière pour découvrir ce qui existait avant le Big Bang (avant que la lumière ne soit !). Si, avec notre intelligence infiniment petite, nous parvenons à utiliser la mathématique pour créer des objets, construire des routes, des maisons ou des ordinateurs, pourquoi un Super-Créateur, plus intelligent que nous, ne pourrait-il pas être à l'origine de cette mathématique ?

Pourquoi certains scientifiques, qui sont parfois des génies en mathématique, pensent-ils que l'univers est créé à partir du néant, et que l'atome primitif, très mystérieusement, est sorti de nulle part ? Si c'est le cas, peuvent-ils nous démontrer ce qui se cache derrière l'infini ?

La mathématique est le seul outil qui s'applique automatiquement à tous les objets de l'univers et à l'infini. Nous y sommes soumis dès notre naissance, et même déjà dans ce foyer de créativité qu'est le ventre de notre mère, ce qui lui confère un pouvoir mathématique. Nous pouvons vivre jusqu'à notre mort sans parler anglais ou français, ni apprendre à l'école l'histoire ou la géographie – bref, sans avoir passé la moindre seconde sur un banc de l'école (c'est d'ailleurs le cas de ma propre mère). Mais nous ne pouvons nous passer de la mathématique. Que vous soyez ou non croyant, elle est comme une prière universelle, et elle s'applique à vous comme à tous les objets de l'univers.

Pourquoi ne serait-elle pas l'outil de travail d'un Super-Créateur responsable de la belle architecture de l'univers ? Pourquoi faudrait-il réduire son rôle à un Dieu qui passe son temps à être spectateur de nos turpitudes sans agir, et qui n'attend que notre mort pour nous juger ? Pourquoi lui attribuer la responsabilité d'avoir créé les « races » et les déséquilibres sociaux qui en résultent ? Ou d'être à l'origine de la vie et de la mort ?

Voilà quelques questions essentielles. Chacun de nous se les pose souvent. Elles étaient jadis réservées aux philosophes, ou aux théologiens qui étaient à la source de l'inspiration religieuse. Mais c'est la rigueur de la mathématique qui a permis d'éclairer logiquement nos pensées en attribuant à la science la primauté de ces débats. La religion doit s'en inspirer pour se réformer : toutes deux ont pour point commun la tolérance et la vie en harmonie, et non le chaos.

Nous vivons à une époque de connaissance. C'est ce que je ne cesse d'affirmer à mes amis : ne soyez plus surpris de constater que vos enfants ne vous posent plus la question de savoir comment on fait un bébé, et comprenez que les plus malicieux sont ceux qui « croient » au père Noël (car ils ont bien compris que c'était pour les parents un immense plaisir de leur offrir un beau cadeau...). C'est cette connaissance qui nous permet d'analyser simplement notre vie quotidienne pour trouver des points communs, des particularités, ou enfin des singularités comme celle qui offre à la femme le pouvoir de créer la vie à travers ses organes de reproduction.

La logique mathématique permet d'affirmer que « Dieu ne joue pas aux dés » (expression par laquelle Albert Einstein voulait s'opposer à l'interprétation probabiliste de la mécanique quantique promue par Niels Bohr et l'École de Copenhague), car il ne peut être à la fois bon et mauvais à l'image de notre comportement : c'est l'un des sujets que je traiterai longuement dans ce livre. Mon ambition est de démontrer que notre existence n'a aucune singularité qui puisse nous conférer un lien privilégié avec Dieu, que tout peut s'expliquer *à notre niveau,* et que les mystères ne sont que des phénomènes qui sont pour l'instant hors de notre connaissance mathématique. Je souhaite qu'en lisant cet ouvrage tout un chacun puisse appréhender certaines vérités ignorées, qui contribueront peut-être à nous rendre plus tolérants et à vivre enfin en paix. Ne devient-on pas plus passionné, voire fanatique, lorsque l'on pense que, là-haut, il y a un Dieu qui nous observe en permanence ?

De nombreux ouvrages ont traité ces sujets en profondeur ; mais ils l'ont fait avec des termes scientifiques très complexes et difficiles à comprendre pour un simple lecteur comme vous et moi. Ce livre vous introduira « au cœur de la science », et après sa lecture vous pourrez élaborer votre propre opinion sur votre vie et sur le monde qui vous entoure. Vous verrez que certains principes mathématiques, comme la gravitation, l'électromagnétisme et la thermodynamique, dont vous aviez l'impression qu'ils étaient « sanctuarisés » par des experts mathématiciens, sont naturellement présents dans votre vie de tous les jours, et qu'à votre insu vous n'aviez cessé de les appliquer à tous les aspects de votre existence.

Enfin, je voudrais surtout destiner ce travail à la jeunesse universelle, à qui on a depuis longtemps caché la véritable histoire de l'humanité, pour l'exhorter à croire en la vérité mathématique : en diminuant notre forte teneur en entropie, elle va tôt ou tard imposer la paix et améliorer notre court séjour sur Terre. Je suis certain que, plutôt que de lui enseigner l'histoire des guerres, des rois et des luttes de pouvoir, il serait plus utile de lui apprendre l'histoire de l'évolution humaine, et celle des atomes, afin de comprendre que malgré nos différences de couleur et de sexe, aucune singularité « atomique » ne nous sépare.

Permettez-moi de vous souhaiter une bonne lecture…

Première partie

Les mathématiques et nous dans l'univers

Lors d'un séjour au Cameroun en 2003, j'ai eu l'occasion de passer une nuit dans le village natal de mon père, à environ 300 km de la ville de Douala. Mon père et moi étions assis auprès d'un feu pour nous protéger de la froideur de la nuit, et il me racontait – comme à son habitude – les belles histoires de nos ancêtres. Soudain, fixant le feu qui semblait perdre de son énergie, il me tint le discours suivant :

« Tu vois, mon fils, lorsque j'ai allumé ce feu, il a commencé à brûler tout doucement, puis il s'est mis à chauffer la pièce, et maintenant il commence lentement à s'éteindre. Je peux encore rajouter du bois pour le ranimer, mais il finira toujours par s'éteindre. »

Après un moment de silence, et en se frottant les yeux comme si ce qu'il voulait dire était d'une gravité absolue, il poursuivit :

« C'est exactement comme ma vie. J'ai été enfant, j'ai grandi tout doucement comme ce feu, je suis devenu fort, et à présent je m'affaiblis ; comme lui, je vais m'éteindre, et personne n'y pourra rien. Tu vois le Soleil, mon fils ? Je n'ai pas été à l'école, et je ne peux pas prouver ce que je vais te dire – mais le Soleil, il se comporte aussi exactement pareil ; la seule différence, c'est qu'il est plus gros que le feu, et plus gros que moi… Cela prendra plus de temps pour qu'il s'éteigne ! »

Croyant entendre un discours testamentaire, j'essayai de rajouter du bois pour ranimer les flammes. Mais il arrêta mon geste en disant :

« Laissons le feu s'éteindre ! »

Le froid finit par envahir la pièce. Il poursuivit :

« Si ce feu se refroidit tout seul, pourquoi ne peut-il pas se réchauffer tout seul ? Mon fils, voici la tâche qui attend votre génération : il vous faut trouver pourquoi le feu ne se rallume pas tout seul ! »

Mon père, qui n'avait même pas atteint la classe de 6e (son Certificat d'Etudes Primaires et Élémentaires lui a permis d'être aide-comptable à l'agence Air France de Douala), venait d'énoncer à sa façon quelques unes des lois fondamentales les plus complexes de la mathématique :

– La loi de la conservation de l'énergie élaborée par Newton, qui explique comment tout système acquiert de l'énergie à sa naissance et la transforme au cours de son évolution.

– Les lois électromagnétiques de Maxwell, qui décrivent les propriétés des ondes qui régissent notre vie quotidienne.

– Les lois de la thermodynamique édictées par Carnot et Clausius – et plus particulièrement la seconde, que nous illustrerons dans ce livre avec l'entropie, l'irréversibilité d'un système et la fameuse « flèche du temps » qui nous fait vieillir d'un jour tous les matins à notre réveil et conduit vers une mort inéluctable tous les objets de l'univers.

– La loi de la gravitation de Newton, revue par Einstein, qui explique pourquoi nous tournons autour du Soleil pendant 365 jours.

– Et enfin la fameuse formule $E = MC^2$ d'Einstein, d'après laquelle l'énergie brûlée par le Soleil se transforme en chaleur pour nous donner la vie – laquelle, au bout de l'évolution et en accord avec la seconde loi de la thermodynamique, finira par s'éteindre.

Voilà l'une des raisons qui m'ont poussé à écrire ce livre ; je venais de comprendre que l'on pouvait être la personne la plus diplômée du monde et ignorer les principes fondamentaux qui régissent notre existence, en affirmant que Dieu est à l'origine de tout ce qui nous entoure. Et qu'à l'inverse, dans un pauvre village du fin fond de l'Afrique un individu qui n'avait guère fait d'études pouvait énoncer, à sa manière, les lois essentielles de l'univers.

Chapitre 1
Mathématiques et naissance de l'univers

22 avril 2007. Mon avion s'est posé à Washington, D.C., capitale fédérale des États-Unis, pour une réunion importante concernant un projet d'hôtel de luxe que j'avais élaboré au Cameroun – projet qui, pour moi, s'est révélé peu exigeant en termes de ressources intellectuelles, mais très rentable financièrement – et j'ai rejoint mon hôtel à une heure tardive. Du fait du décalage horaire, impossible de trouver le sommeil. J'étais en train de regarder la télévision lorsque subitement, à deux heures du matin, j'entendis une voix féminine en provenance de la chambre voisine – un gémissement de plus en plus fort ponctué d'un crescendo de cris : « Oh my God !!! » Estimant mal venu, au pays de la liberté individuelle, d'aller frapper à la porte voisine pour faire cesser cette interpellation insistante de la puissance divine, je tentai de m'abstraire du contexte sonore en réfléchissant à cette étrange invocation de Dieu au moment le plus intense du plaisir sexuel, et je me fis d'abord la réflexion qu'elle était universelle. Ensuite, mon esprit dériva sur le type de rapport que cela supposait avec la puissance divine. Certes, selon les canons de la religion, ce « créateur » est omniprésent et omniscient ; mais au nom de quoi était-il censé se préoccuper d'ébats amoureux au point d'être ainsi interpellé par une femme qui, à mon sens, voulait le remercier, ou l'implorer pour que ce plaisir dure davantage – ou ne cesse jamais, qui sait... ! Enfin, il m'apparut (et je n'étais pas le premier à m'en

apercevoir) que ce type d'invocations pouvait se manifester dans bien d'autres actes de la vie et (encore plus troublant) dans une relation d'adultère… Comment Dieu, dans son omnisciente immensité, pouvait-il cautionner les actes des couples infidèles au même titre que ceux des couples fidèles… ?

J'ouvris la fenêtre pour voir défiler les belles voitures de luxe sur la prestigieuse Massachussetts Avenue, lorsque la beauté du ciel de ce début d'été attira mon attention, avec les étoiles accrochées dans le vide, magnifiquement calmes et brillantes… De nouveau, la proximité de ce couple qui réduisait Dieu à un voyeur qui s'occupe de leurs ébats amoureux me fit penser à la logique mathématique sans faille que représentait la simple présence de ces étoiles suspendues dans le vide sidéral, et que c'était cela qui pouvait nous laisser pressentir une action divine. Mais cette femme (dont les gémissements trahissaient un immense plaisir) et cet homme (qui partageait ce plaisir avec un sentiment de pouvoir absolu) ignoraient que la mécanique d'éjaculation mutuelle qui en découlait constituait la force motrice qui allait mettre en mouvement des cellules microscopiques (spermatozoïdes et ovule), appliquant les lois les plus complexes de la mathématique et s'agrégeant pour créer la vie humaine dans le ventre de la femme, en attribuant à cette dernière le vrai pouvoir mathématique[1].

Curieusement, personne n'est choqué lorsque l'on interpelle Dieu pour des actes aussi intimes et relevant de la liberté individuelle, comme les ébats amoureux. Il semble même que pour un homme, le fait d'entendre sa partenaire implorer le divin en ces circonstances constitue un indicateur de performance… En revanche, bien des scientifiques sont gênés dès lors qu'on explique qu'il est un Super-Mathématicien. Ils rétorquent que l'étoile primitive est sortie de nulle part, qu'elle a grossi en une infime fraction de seconde, et qu'une fois devenue une grosse étoile, sous la pression de la gravitation, elle a explosé pour créer l'univers – ce qu'on appelle le Big Bang. Leur réaction est compréhensible si l'on admet qu'ils ont encore en mémoire les postulats religieux traditionnels, qui nous expliquaient que la Terre était au centre de

[1] Voir le chapitre 2 de la deuxième partie, « Libre arbitre et pouvoir mathématique de la femme ».

l'univers (le géocentrisme) et que tout tournait autour d'elle, que Dieu résidait au ciel entouré d'anges et que sa tâche quotidienne consistait à nous observer et à nous juger… Mais il serait dommage, sous prétexte de lutter contre des idées absurdes, de commettre l'erreur inverse !

Pour appréhender la genèse de l'univers, il n'est pas nécessaire d'être scientifique – il suffit de comprendre que, dès sa naissance, l'étoile primitive avait des caractéristiques générales qui sont celles que manifeste aujourd'hui notre étoile (le Soleil), à savoir :

* Elle était issue de l'interaction entre les matières déjà présentes dans l'univers.
* Elle était composée d'un peu d'hélium, mais surtout d'hydrogène – ce « combustible des étoiles » découvert en 1921 par l'astronome anglo-américaine Cécilia Payne (1900-1979), dont nous verrons plus loin l'extraordinaire histoire.
* Malgré sa taille immense, elle occupait un espace fini (limité) de l'univers, tout comme notre Soleil.
* Elle obéissait aux lois de la mathématique, qui se manifestent à la fois par la gravitation (qui a permis la concentration de la matière en un point), par l'électromagnétisme (responsable de la cohésion des atomes), et par la fusion nucléaire de l'hydrogène en hélium (pour produire de la lumière).
* Sa masse étant infiniment grande, l'énergie qu'elle dégageait était infiniment forte : cela explique pourquoi certains astrophysiciens affirment que tout l'univers était chaud.

Autrement dit, dès sa naissance et comme notre Soleil, l'étoile primitive produisait en son cœur une réaction thermonucléaire, du fait de sa forte densité et de sa température très élevée. À l'image d'une centrale nucléaire, elle dégageait de la chaleur en fusionnant quatre atomes d'hydrogène en un atome d'hélium, le reste étant converti en énergie. Elle obéissait à la célèbre loi de la relativité $E=MC^2$, bien des milliards d'années avant sa découverte par Albert Einstein (1879-1955).

Sortie de nulle part, cette étoile primitive se comportait comme notre étoile actuelle, et n'avait aucune singularité. On peut ainsi conclure logiquement qu'elle était issue de la mathématique.

Après sa naissance, ayant grossi et chauffé l'univers pendant des milliards d'années en brûlant son hydrogène, arrivée à une température extrêmement élevée, l'étoile primitive a commencé à fabriquer des atomes lourds, comme le fer, le zinc et l'or. Puis, sous la pression de sa propre force de gravitation, elle a explosé exactement comme les supernovas (ces étoiles qui émettent de vives lumières lorsqu'elles meurent), libérant de la matière et émettant des rayons gammas dont les radiations se manifestent encore dans l'univers – ce que la religion exprime par la formule « et la lumière fut ! ». Elle s'est finalement effondrée en formant un grand trou noir primordial au centre de l'univers, autour duquel gravitent tous les objets qui le peuplent ; c'est ce que j'appelle le Centre de Gravité de l'Univers (nous examinerons cette notion plus tard).

Ouvrons une parenthèse à propos de cet élément mathématique appelé la *gravitation*, que nous étudierons plus en détail dans le chapitre « L'histoire de la science et Dieu », qui est au cœur de notre vie et qui va nous accompagner tout au long de ce livre. Chacun se rappelle cette histoire à la fois triviale et extraordinaire de la pomme tombant devant le célèbre mathématicien et astrophysicien anglais Isaac Newton (1642-1727) : elle devait changer notre regard sur l'univers.

Vers 1600, la conscience universelle est dominée par le concept géocentrique : la Terre est au centre de l'univers, tous les astres tournent autour d'elle, emboîtés dans des sphères. Ce concept était généralement défendu par des philosophes comme Aristote (384-322 av. J-C) aussi bien que par le monde religieux. D'un point de vue physique, le ciel était le toit de l'univers et, au-dessus, il n'y avait que Dieu – le méchant Diable se trouvant relégué dans les entrailles terrestres en fusion. N'avons-nous pas gardé ce vieux réflexe qui consiste à prier en regardant vers le haut, à vénérer les astres et à nous exclamer « Notre Père qui êtes aux cieux » ?

Mais la question qui intriguait tout le monde, y compris le monde religieux, était la suivante : comment pouvait-il se faire que les astres tournent autour de la Terre ? Impossible d'identifier le moindre dispositif liant ces corps célestes à la Terre et les maintenant à distance pendant qu'ils tournaient autour d'elle…

C'est alors qu'Aristote formula une explication de ce lien physique, en invoquant des sphères en verre transparent que nul ne pouvait voir à l'œil nu. L'explication paraissait solide, d'une part parce qu'elle justifiait le fait qu'on ne voyait aucune structure, et d'autre part parce qu'elle n'allait pas à l'encontre des croyances religieuses. Mais elle n'arrangeait guère certains esprits scientifiques. Isaac Newton, qui pourtant était croyant, estimait qu'aucune structure ne pouvait résister à un tel poids ; et si tel avait pourtant été le cas, les mouvements des corps célestes auraient dû être circulaires et former un cercle parfait autour de la Terre, toujours sur la même trajectoire. Or, le mouvement elliptique de la Lune (qui, comme nous le verrons plus tard, est la cause des marées), ainsi que l'observation des lunes de Jupiter qu'avait réalisée Galilée, excitaient leur curiosité et les poussait à trouver d'autres explications à un tel phénomène.

C'est ici qu'intervient la fameuse histoire de la pomme… On raconte qu'assis dans son jardin aux pieds d'un pommier, aux environs de 16 h (le *teatime* cher aux Anglais), Isaac Newton fut témoin d'un événement parfaitement anodin – une pomme tombant à la verticale à ses pieds ! – qui pourtant déclencha chez lui une série d'interrogations : Pourquoi la pomme tombe-t-elle verticalement vers la surface de la Terre, et pourquoi ne remonte-t-elle pas ? Pourquoi ne reste-t-elle pas en suspension (comme la Lune) ? Pourquoi la Lune ne tombe-t-elle pas sur la Terre (comme la pomme) ?

Il ramassa la pomme et la lança plus loin, observant qu'elle ne tombait plus à la verticale devant lui, mais à une certaine distance par rapport à la force qu'il venait d'exercer sur elle. Il comprit alors qu'existait un lien mathématique entre le mécanisme de la Lune qui tourne autour de la Terre et celui du fruit qui tombe, ce qui le conduisit à proposer deux réflexions logiques :

1. S'il y avait un moyen d'exercer sur cette pomme une force plus importante, elle pourrait aller beaucoup plus loin et – pourquoi pas – se mettre à tourner autour de la Terre comme le fait la Lune.
2. La Lune se comporte comme la pomme ; lancée avec une force plus importante, elle est aussi en chute libre permanente vers la surface de la Terre, mais grâce à sa vitesse initiale (inertielle),

celle qu'acquièrent tous les corps célestes à leur naissance, elle avance suffisamment vite pour ne pas chuter vers la surface de la Terre. Si sa vitesse devenait plus faible, elle viendrait percuter la Terre, comme le fait la pomme ; si elle devenait plus forte, elle s'en éloignerait. À partir de sa force initiale et de l'attraction que la Terre exerce sur elle, la Lune suit donc une trajectoire spécifique qui est dans le champ gravitationnel de la Terre.

Notre pauvre petite pomme, accrochée à un arbre, est affectée d'une masse presque nulle et se situe à une distance de la Terre proche de zéro... Subissant sa force d'attraction, elle ne peut qu'être attirée vers sa surface, comme nous ; dès qu'elle est mûre et que sa tige ne résiste plus à la force d'attraction terrestre, elle tombe. Newton avait compris que le mécanisme de la gravitation que subissait la pomme était identique à celui qui s'applique à tous les corps célestes de l'univers.

Newton était indiscutablement mû par le principe d'EMC (« Evitons de Mourir Con »)... Les calculs mathématiques auxquels il s'est livré ont abouti à la première loi d'attraction universelle, laquelle stipule que deux corps s'attirent de façon proportionnelle au produit de leur masse, et inversement proportionnelle au carré de la distance qui les sépare. Cette fameuse loi en carré inverse, très présente dans notre vie de tous les jours, s'écrit ainsi :

$$F = G \frac{m_1 m_2}{d^2}$$

C'est ce principe de la gravitation, dans son expression mathématique, qui est à l'origine de la création de la première étoile, des autres étoiles, des planètes et, en ce qui nous concerne plus immédiatement, de notre vie sur Terre – ce qui nous fait marcher, sauter, dormir, aimer, bref vivre... C'est lui qui empêche que le chaos s'installe dans l'univers, qui lui donne une organisation hiérarchique telle que chaque objet reste à sa place, tout en étant en mouvement (en chute libre) autour du corps céleste le plus puissant (trou noir, étoiles, planètes et autres). C'est encore lui qui maintient la Lune autour de la Terre, et ces dernières autour du Soleil. Enfin, c'est lui qui est responsable des marées, de la pluie et des feuilles qui tombent au printemps, etc.

Mais, direz-vous, tout cela est bien virtuel ! Comment, concrètement, se manifeste cette force de gravitation qui fait tourner harmonieusement des corps célestes autour du corps céleste le plus puissant ? A cela, Newton répondait qu'il s'agissait d'une manifestation divine ; mais sans doute craignait-il un procès pour sorcellerie…

Procédons par analogie et imaginons que vous rencontriez une charmante jeune fille (ou, bien entendu, un charmant garçon, à vous de choisir). Elle vous plaît tellement – sa force d'attraction est telle – que vous ne cessez de graviter autour d'elle en essayant de la séduire, en exerçant votre propre force d'attraction. Tant que vous gravitez autour d'elle, ce qui vous lie à elle se manifeste non par un lien matériel, mais par la force d'attirance, virtuelle, qu'elle dégage et qui provoque à distance une action mécanique sur vous.

Mais cela n'explique pas comment une telle force peut être effective, ce qui laisse encore possible l'hypothèse (ou le dogme) d'une intervention divine. C'est ici qu'intervient notre cher Einstein.

Dès 1905, le génial savant formula le principe de relativité restreinte, prouva que la lumière se déplaçait à 299 792 458 m/s (que l'on arrondit à 300 000 km/s) et démontra que cette vitesse de la lumière constituait une limite indépassable. Il établit ensuite que l'espace et le temps étaient indissociables et relatifs, rompant ainsi radicalement avec le principe de Newton pour lequel l'espace et le temps étaient deux entités distinctes et absolues. Pour Einstein, on ne peut parler d'espace sans parler du temps, et vice versa. Tout l'espace de l'univers est référencé par le temps, et le temps peut s'écouler différemment suivant l'espace que l'on occupe dans l'univers. Pour revenir à notre petit exemple, si la charmante fille qui vous fait rêver vous accorde 5 minutes de conversation galante, ces 5 minutes vous sembleront être une éternité – alors que pour moi qui vous observe, il s'agira très objectivement de 5 minutes. Et lorsque vous raconterez cet épisode à votre copain, vous aurez tellement tendance à l'embellir qu'il pourra croire que vous avez passé une demi-journée avec une telle déesse.

Dans la continuité de la relativité restreinte, Einstein va également critiquer le principe d'inertie de la masse d'un corps postulé par Newton dans ses lois sur le mouvement, d'après lequel une masse au repos ne produit aucune force (énergie), sauf si elle est soumise à une accélération. Einstein prétendait au contraire que, même au repos, une masse a une équivalence en énergie, et que dans un référentiel accéléré cette équivalence en énergie devient encore plus importante – c'est la fameuse loi $E=MC^2$, qui exprime que pour des particules en mouvement accéléré, l'énergie (E) est égale au produit de la masse (M) et de la vitesse de la lumière au carré (C^2). En physique, on parle de mouvement accéléré lorsque la vitesse de ce mouvement est proche de celle de la lumière, c'est-à-dire environ 300 000km/s.

En formulant la loi de relativité restreinte, Einstein voulait démontrer que, si dans le monde tranquille de Newton les événements peuvent se dérouler de façon identique ou absolue, lorsqu'il y a une accélération l'absolu devient relatif, et cette relativité est dite restreinte parce qu'elle concerne uniquement les mouvements (nous verrons plus loin en détail l'histoire de ces différentes lois). Le temps devient donc une nouvelle dimension géographique. Aux trois dimensions de notre univers que nous connaissions (se déplacer en avant ou en arrière ; à gauche et à droite ; en hauteur), il fallait en ajouter une quatrième (l'espace-temps).

Vers 1916, Einstein part des postulats de la relativité restreinte pour développer le principe de la relativité générale, remettant en question la conception qu'avait Newton de la force gravitationnelle. D'après ce dernier, c'est la force gravitationnelle induite par la masse du corps le plus massif qui se propage de façon instantanée dans l'espace pour maintenir autour de lui toutes les planètes. Or, si rien ne peut dépasser la vitesse de la lumière, comme l'établit l'un des principes de la relativité restreinte, la force gravitationnelle ne peut pas se propager de façon instantanée dans l'espace ; il faut donc en chercher la cause ailleurs. Considérant l'espace-temps comme une grandeur physique, Einstein démontre, grâce au principe d'équivalence masse et énergie de la relativité restreinte, que l'énergie induite par la masse d'un corps *courbe l'espace-temps* et crée un champ gravitationnel dans lequel les autres corps célestes se meuvent en suivant le chemin le plus court, appelé *géodésique*.

Cet argument n'a pas manqué de susciter de nombreuses oppositions de la part des scientifiques de l'époque. Intuitivement, pour un non spécialiste de ces questions, il n'est pas évident de concevoir que l'espace qui nous entoure est « courbé », ou que la Lune tourne autour de la Terre dans un espace courbé par celle-ci. Autrement dit, sur la surface de la Terre, nous sommes au fond d'un creux crée par la courbure de la Terre. Cette courbure de l'espace n'est pas physiquement visible à l'œil nu, parce qu'elle se manifeste sous forme d'ondes électromagnétiques, comme l'avait suggéré le père de l'électromagnétisme, le physicien anglais Sir Michael Faraday (1781-1867). Mais il est possible d'en donner une représentation concrète, comme nous le verrons plus loin, sous la forme d'un drap tendu par des enfants et courbé en son centre par le poids d'un objet.

Comment la Terre parvient-elle à courber l'espace-temps jusqu'à 400 000 km de rayon, soit environ 800 000 km de diamètre (la distance de son champ gravitationnel par rapport à la Lune) ? Comment le Soleil courbe-t-il l'espace-temps jusqu'à 18 000 000 000 km de rayon, soit environ 36 000 000 000 km de diamètre ? Et qu'en est-il du trou noir qui courbe l'espace-temps de notre galaxie… ? Il s'agit bien dans chaque cas d'une action mécanique à distance induite par la présence d'un astre massif, et si l'on tient compte de la barrière de la vitesse de la lumière, on aura toujours la même problématique. Or, depuis l'avènement de la mathématique quantique (la mathématique du monde infiniment petit), le comportement intrigant des particules subatomiques (électrons, protons, neutrons, neutrinos, pions, positrons, etc.) montre que l'on peut dépasser la barrière de 300 000 km/s. C'est justement ce comportement probabiliste des microparticules, qui montre qu'une particule peut être à plusieurs endroits à la fois, et de façon simultanée, qui avait intrigué Einstein au point qu'il déclara que « Dieu ne joue pas aux dés », pour désapprouver ces comportements indéterministes des particules microscopiques.

Ainsi, nous pouvons conclure que la courbure de l'espace-temps au voisinage d'un astre massif est provoquée par sa force d'attraction : cette même force issue de la masse du corps céleste produit la gravitation (champ gravitationnel), sa forme géométrique est la courbure de l'espace et ses manifestations sont les corps célestes qui gravitent autour, comme la Lune gravite autour de la Terre.

En fermant cette parenthèse sur la gravitation, nous pouvons affirmer logiquement que :

* Chaque corps céleste courbe l'espace-temps en fonction de sa masse. Plus sa masse est importante, plus la courbure a des effets à son voisinage ; moins elle est importante, moins la courbure a des effets à son voisinage.
* Tous les corps célestes dans l'univers sont soumis en permanence à ce champ gravitationnel créé par la courbure de l'espace-temps, qui est à l'origine de l'organisation hiérarchique des corps célestes en fonction de leur masse.
* Les galaxies gravitent aussi autour d'un objet céleste plus puissant, qui est le trou noir primordial. Enfin, rien n'est solitaire au sein de l'univers – on se fait toujours piéger par la gravité du plus fort !

Après ce bref retour sur la gravitation, analysons maintenant l'effet de l'électromagnétisme sur notre existence. En tant que mariage de l'électricité et du magnétisme, il provoque une force attractive et répulsive sur des objets ayant une charge électrique. Par exemple, deux objets de même charge se repoussent, et deux objets de charge différente s'attirent. Mécanisme souvent invoqué pour expliquer l'union entre l'homme et la femme !

Pendant des siècles (mais c'est encore le cas à notre époque), certains peuples considéraient que les éclairs étaient une manifestation de la mauvaise humeur divine. En 1750, l'américain Benjamin Franklin (1706-1790) – qui était non seulement ministre plénipotentiaire des États-Unis en France mais aussi imprimeur, inventeur et philosophe – démontra (grâce à une expérience utilisant un cerf-volant) que l'éclair était une décharge électrique entre deux nuages de charge électrique opposée ; c'est ainsi qu'il inventa le principe de la charge positive et négative, celui-là même que vous respectez lorsque vous installez vos piles dans la télécommande de votre télévision. En 1820, le danois Hans Christian Oersted (1777-1851) démontra qu'à proximité d'un fil électrique, l'aiguille d'une boussole était déviée : tout comme un aimant, l'électricité créait du magnétisme.

Le père de l'électromagnétisme est incontestablement Sir Michael Faraday (1791-1867). Malgré un parcours scolaire limité aux classes primaires, il démontra empiriquement comment l'électricité produisait du magnétisme. C'est grâce à sa fameuse « cage de Faraday », inventée en 1831 pour isoler les nuisances électriques, qu'il m'est aujourd'hui possible d'écrire ce livre, avec sur mes genoux un ordinateur portable relié au courant électrique, sans risquer de me faire électrocuter.

Mais il fallut attendre 1860 pour que le mathématicien et physicien écossais James Clerk Maxwell (1831-1879) unifie l'électricité et le magnétisme à travers les équations qui portent son nom, faisant de la lumière visible une manifestation des ondes électromagnétiques. La force électromagnétique émise par les objets ou les particules crée le champ électromagnétique dans lequel se déroule l'interaction électromagnétique – laquelle peut se manifester de différentes façons :

* Soit en créant des ondes électromagnétiques (par exemple la lumière à travers les photons, les ondes acoustiques lorsque nous écoutons la radio, les rayons X permettant le traitement des maladies, les ondes qui permettent à nos téléphones portables de fonctionner, etc.).
* Soit en étant responsable de la cohésion des atomes en liant le noyau de charge positive aux électrons de charge négative. Cette liaison entre noyau et électrons peut provoquer une réaction chimique entre les atomes pour engendrer des molécules qui deviendront des cellules, et des tissus de nos organes (le détail de cela sera exprimé plus loin). Par exemple, la molécule d'eau (H_2O) est la liaison de deux atomes d'hydrogène et d'un atome d'oxygène. Les atomes étant électriquement neutres, l'interaction électromagnétique n'a aucun effet sur eux, mais uniquement sur ses composants subatomiques (noyau et électrons).
* Soit enfin en repoussant des objets de même charge électrique (comme c'est le cas de deux aimants).

Si l'on met de côté la pesanteur induite par la force d'attraction de la Terre, qui nous attire vers le sol, tous les autres phénomènes de notre vie quotidienne sont régentés par l'interaction électromagnétique qui est la source d'information de nos cinq sens – par exemple, c'est grâce aux ondes de la lumière que nous voyons.

Nous pouvons donc scénariser la naissance de l'univers de la manière suivante :

1. Grâce à la force électromagnétique et à celle de la gravitation, la matière présente dans l'Univers (voir le principe de l'Univers cyclique ci-après) s'est concentrée en un point et s'est agrégée (comme elle s'agrège dans le ventre de la femme pour *créer* la vie) pour *engendrer* l'étoile primitive.
2. Cette étoile primitive était composée en abondance d'hydrogène et d'un peu d'hélium, comme notre Soleil aujourd'hui.
3. Elle a grossi et chauffé l'univers (comme le Soleil nous chauffe aujourd'hui) pendant des milliards d'années, par la transformation de l'hydrogène en hélium.
4. Après avoir consommé la totalité de son combustible par la pression de sa propre force de gravitation, elle a explosé (c'est le Big Bang) en projetant du gaz et de la poussière dans l'espace primitif, au sein duquel régnaient déjà les lois de la mathématique.
5. L'électromagnétisme a ensuite catalysé l'interaction entre les matières, et grâce à la gravitation, elles se sont agrégées pour former des milliards d'étoiles mères qui gravitaient autour du trou noir primordial issu de l'effondrement de l'étoile primitive.
6. Après des milliards d'années, ces étoiles mères se sont ensuite effondrées à leur tour et ont explosé comme des supernovas, pulvérisant dans l'univers du gaz et de la poussière. Grâce encore à la gravitation, ces matières se sont agglomérées pour former les galaxies, chacune gravitant autour du trou noir appelé Centre de Gravité Galactique, issu de l'effondrement de son étoile mère. C'est pourquoi au milieu de notre galaxie (la Voie lactée), il y a un trou noir autour duquel gravitent tous les systèmes de planètes et notre système solaire.
7. Ensuite, les galaxies (comme la Voie lactée) se sont organisées, chacune ayant ses propres hiérarchies, en nébuleuses autour des étoiles les plus grosses, des étoiles moyennes (comme notre Soleil)

et des petites étoiles, en systèmes planétaires (comme notre système solaire).

8. Enfin, les planètes se sont formées à travers des poussières qui se sont fait « piéger », pendant leur course folle, par la courbure de l'espace-temps des astres les plus massifs, pour former les planètes rocheuses et gazeuses (comme la Terre et les autres planètes se sont formées autour du Soleil). Au bout de la chaîne de la création de l'univers que nous connaissons, se trouvent logiquement les êtres vivants ; ce sont les derniers arrivés (car il fallait que tout se calme pour que se constitue un espace propice à la vie – *cf.* plus loin), mais ce seront aussi les premiers à partir (physiquement, l'être humain ne peut pas supporter le moindre changement susceptible d'intervenir dans notre petit système solaire).

Il nous faut donc conclure que l'étoile primitive n'a aucune singularité. Elle n'est en rien différente de notre étoile actuelle par sa structure, sa composition chimique ou sa soumission aux lois de la mathématique qui gouvernent tout l'univers. Elle a illuminé celui-ci au maximum de son entropie (le degré de désordre d'un système) et elle s'est éteinte en donnant la vie à d'autres corps célestes. Elle a aussi respecté le principe de la seconde loi de la thermodynamique, à savoir que l'univers est dynamique dans un système irréversible. En d'autres termes, tout ce qui est créé va vers la mort – ce qui nous concerne aussi ! Pour moi, cette étoile primitive n'est pas vraiment primitive, au sens où c'est un modèle cyclique qui s'appuie sur les trois composants cosmologiques que j'ai mentionnés plus haut.

Chapitre 2
Mathématique et système solaire

Intéressons-nous à présent à notre étoile, le Soleil. C'est en un sens bien peu de chose à l'échelle de l'univers : non seulement il se trouve à la périphérie de notre galaxie, la Voie lactée, mais encore la présence de cette dernière est insignifiante. Il est plus que vertigineux d'imaginer qu'il y en a environ 250 milliards d'étoiles dans notre galaxie ! Pourtant, les mensurations du Soleil sont hors normes dans notre système planétaire : avec une masse de $1{,}9^{30}$ kg, il représente 99,8 % de la masse de tout le système solaire, les planètes et les autres corps célestes se partageant les 0,2 % de la masse restante. Son rayon est de 700 000 km et sa zone d'influence s'étend jusqu'aux héliosphères à environ 120 ua (une Unité Astronomique = 150 millions de km), soit 18 milliards de km. Il s'apparente à une gigantesque centrale nucléaire dont le cœur atteint la température d'environ 15 millions de degrés – une fusion nucléaire naturelle qui produit une chaleur telle qu'elle provoque l'instabilité de la matière. Autrement dit, elle transforme toutes les secondes environ 630 millions de tonnes d'hydrogène en 625 millions de tonnes d'hélium, en accord avec le principe d'Einstein ($E=MC^2$). Les 5 millions de tonnes manquantes se convertissent en énergie qui alimente tout le système solaire et nous offre la vie sur Terre. Son stock de combustible d'hydrogène est énorme (de quoi tenir encore environ 5 milliards d'années) et son énergie est inépuisable (environ 390 milliards de milliards de mégawatts, l'équivalent de 3 900 milliards de fois la production de toutes les centrales nucléaires dans le monde).

Il est composé de 74 % d'hydrogène et de 24 % d'hélium (ses carburants) ; c'est donc en transformant quatre atomes d'hydrogène en un atome d'hélium qu'il produit en son cœur de l'énergie sous forme de particules, appelées photons, qui voyagent de son cœur à sa surface pendant environ 200 000 ans, et qui nous parviennent sous forme de lumière à travers les ondes électromagnétiques ; cela prend un peu plus de 8 minutes, le temps de parcourir la distance d'environ 150 000 000 km qui sépare la surface du Soleil de celle de la Terre, à une vitesse de 300 000 km/s. Autrement dit, la lumière du Soleil qui nous parvient aujourd'hui est née il y a 200 000 ans, au moment ou l'homo-sapiens apparaissait en Afrique. Ou encore : dans 200 000 ans, nos descendants recevront la lumière née aujourd'hui dans le cœur du Soleil.

En réalité, le disque solaire que nous observons n'est que le plasma sur lequel se concentrent les photons (particules de la lumière). Votre télévision fonctionne selon le même principe : la production des images par une chaîne est équivalente à la production de photons au cœur du Soleil, l'apparition des images sur l'écran (le plasma) est équivalente à l'arrivée de photons sur la surface du Soleil, et la lumière de l'image qui illumine votre salon est équivalente au photon qui voyage vers la Terre pour produire de la lumière.

Le Soleil est notre étoile. C'est lui qui, par sa lumière et sa chaleur, nous offre la vie et l'embellit tous les jours. C'est grâce à sa masse que sa gravité est suffisamment forte pour attirer autour d'elle tous les objets qui s'approchent de son champ gravitationnel ; l'espace-temps courbé dans lequel il exerce sa force s'étend jusqu'à l'héliosphère (distante de 120 ua du Soleil). Ceci est conforme au principe de la relativité générale d'Einstein que nous avons analysé plus haut. Afin de rendre plus concrète cette notion de courbure de l'espace-temps par le Soleil, faisons une expérience : prenez un drap de lit, demandez à vos enfants de le tendre en tirant sur les quatre coins, et faites-y rouler une pastèque ; un creux va se créer au milieu (c'est la courbure de l'espace-temps). Si vous jetez une bille d'un bord du drap vers le bord opposé, elle aura trois comportements possibles :

– Soit sa vitesse est suffisamment importante pour qu'elle traverse le creux du drap et continue en ligne droite. C'est le cas de la lumière qui, avec sa vitesse de 300 000 km/s, bien que déviée, échappe à la courbure de l'espace-temps (mais pas aux trous noirs, qui ne laissent rien passer). Ceci a été confirmé par les observations de l'astrophysicien anglais Eddington (1882-1944), lors de l'éclipse du Soleil en 1919 à Sao Tomé-et-Principe : il constatait que la lumière des étoiles situées derrière le Soleil était déviée par la courbure de l'espace-temps à son voisinage.
– Soit elle a une vitesse suffisamment faible pour tomber dans le creux en se faisant happer par la pastèque (ou le Soleil). C'est le cas des météorites ou des satellites qui tombent sur la Terre. Nous-mêmes, sur la surface terrestre, avons une vitesse presque nulle : c'est pourquoi nous sommes en permanence en chute vers le centre de la Terre, l'écorce terrestre déviant notre trajectoire.
– Soit elle a une vitesse adéquate et constante qui, compte tenu de sa masse et de la distance par rapport à la pastèque, lui permet de tourner autour du creux sans trop s'approcher. Comme la Terre autour du Soleil, elle se maintient dans sa trajectoire orbitale. Il en va de même pour la Lune et les satellites qui tournent autour de la Terre.

Comment se manifeste cette courbure de l'espace?

Revenons aux travaux d'Isaac Newton, dont la première loi ou principe d'inertie stipule qu'en l'absence de toute contrainte externe, tout corps reste en mouvement rectiligne et uniforme ; autrement dit, à sa naissance, tout corps acquiert une certaine vitesse et avance à la même vitesse, en ligne droite. Il faut ici comprendre que la notion d'inertie en physique est différente de celle qui nous est familière : pour nous, être inerte signifie ne pas bouger ! C'est bien entendu une illusion, car prétendre que lorsqu'on reste immobile sur une chaise on ne bouge pas, c'est ignorer qu'on est dans un véhicule qui s'appelle la Terre, que n'importe quel policier pourrait verbaliser pour excès de vitesse :

* Elle tourne sur elle-même à une vitesse d'environ 1 670 km/h.
* Avec la Lune, elle tourne autour du Soleil à une vitesse d'environ 100 800 km/h.

* Avec le Soleil, elle tourne autour du trou noir de notre galaxie (la Voie lactée) à une vitesse de 400 000 km/h – et sans doute pourrait-on ajouter que notre galaxie, avec tous ses corps célestes, doit elle-même tourner autour d'un autre corps céleste, et ainsi de suite...

Par conséquent, aucun corps céleste n'est solitaire et immobile dans l'univers. Mais lorsqu'une force externe s'exerce sur ce corps, cela modifie son mouvement. Normalement, notre bille lancée en ligne droite avec une vitesse inertielle (vitesse de départ) non nulle devrait dans tous les cas continuer sa route, sans modifier sa trajectoire. La seule chose qui peut altérer sa trajectoire n'est qu'une déformation de celle-ci, appelée en géométrie non euclidienne (non classique) « courbure de la trajectoire ». Pour Isaac Newton, la notion d'espace entre deux astres était caractérisée par deux points liés par une droite – notre géométrie classique appelée « géométrie euclidienne ». Pour Einstein, cet espace qui relie les deux astres est courbé comme la courbure de la surface de la Terre – c'est la géométrie non euclidienne. Faisons une parenthèse relative à la géométrie non euclidienne (ou non classique), qui concerne la géométrie des courbes.

Euclide (325-265 av. J-C) est un mathématicien grec né à Alexandrie, en Égypte. Dans cette ville, qui abritait la grande bibliothèque scientifique mondiale, avaient émigré de nombreux scientifiques grecs pour s'imprégner des mathématiques dans lesquelles excellaient les Arabes après le règne d'Alexandre le Grand (356-323 av. J-C) – d'où le nom donné à la ville. C'est d'abord en mathématiques qu'Euclide brilla, en créant entre autres choses la division euclidienne, ou division classique, qui nous permet d'effectuer des divisions avec des restes sans décimales. Mais il est plus particulièrement connu comme le fondateur de la géométrie classique (dite euclidienne) telle que nous l'avons apprise en classe de CM2, qui concerne une surface plane à deux dimensions. Elle s'appuie notamment sur les postulats ou axiomes suivants :

– Le chemin le plus court entre deux points est la ligne droite.
– La somme des angles d'un triangle ne peut jamais dépasser 180°.
– Deux droites parallèles ne peuvent jamais se rencontrer.

C'est en 1813 que le mathématicien et astrophysicien

Friedrich Gauss (1777-1855) formula une géométrie différente de celle d'Euclide (on l'a appelée géométrie non euclidienne), plus complexe, qui prend en compte une troisième dimension spatiale (la représentation euclidienne d'une surface plane devenant une surface courbée), illustrée par la forme sphérique de la Terre.

Cette nouvelle géométrie accepte les propriétés suivantes :

– Le chemin le plus court entre deux points A et B est un chemin courbé, et l'on n'admet plus la notion de « ligne droite » – un peu comme si, pour aller d'une extrémité à l'autre d'un lac de forme ovale, le plus court chemin était celui qui suit les berges du lac.

– La somme des angles d'un triangle dépasse 180 °. Pour en avoir une représentation visuelle, prenez un globe terrestre, tracez un triangle dont un sommet part du pôle Nord, les deux autres étant situés sur l'équateur : les deux droites qui arrivent sur les deux points de la ligne de l'équateur forment chacune avec celui-ci un angle de 90 °, et si l'on rajoute la valeur de l'angle du sommet, la somme est strictement supérieure à 180 °.

– Deux droites parallèles peuvent se rencontrer – ce que l'on peut constater de la même façon sur un globe terrestre en traçant deux droites parallèles (les méridiens) qui viennent couper l'équateur en angle droit : lorsqu'on les prolonge vers les pôles, elles se rencontrent.

Il faut imaginer que la Terre, comme notre bille, mue par sa vitesse inertielle, aimerait traverser en ligne droite le creux (la courbure de l'espace) créé par le Soleil pour continuer son chemin dans le vide. Mais la présence du Soleil courbe sa trajectoire, l'oblige à prendre le chemin le plus « court » en faisant une boucle autour du Soleil (une révolution en 365 jours).

Supposons un instant que l'on fasse brutalement disparaitre le Soleil : chacune des planètes (et la Terre n'y échappe pas) va continuer son chemin dans le vide spatial, en ligne droite, jusqu'à se faire piéger par l'espace courbé d'un autre corps céleste plus massif rencontré sur sa trajectoire. Il en va de même avec la Lune qui gravite autour de la Terre : si celle-ci disparaissait, la Lune s'éloignerait dans le vide, libérée de la courbure de l'espace-temps créée par la masse de la Terre.

On peut donc parler de deux actions inverses : d'un côté, le Soleil attire la Terre vers sa surface, et inversement cette dernière, à travers sa masse, courbe aussi l'espace-temps pour attirer le Soleil. Mais son action étant dérisoire par rapport à celle du Soleil, c'est grâce à la combinaison de sa vitesse, de sa masse et de la distance adéquate qu'elle ne tombe pas totalement dans le fameux creux du Soleil (on verra plus loin cette notion de vitesse et de gravitation).

Cette courbure de notre espace-temps par le Soleil, appelée aussi champ gravitationnel, permet de maintenir la trajectoire relativement constante autour du Soleil des huit planètes (Mercure, Vénus, Terre, Mars, Jupiter, Saturne, Pluton, Uranus avec leurs lunes) et des autres corps célestes. De même, chacune de ces planètes peut maintenir en orbite ses satellites naturels ou ses « lunes » (la Terre en a une, Mars deux, Jupiter seize, Saturne dix-huit, Uranus quinze, Neptune huit, et Pluton une). C'est cette courbure qui a piégé tous les objets s'approchant de notre système solaire, il y a environ 4,5 milliards d'années, pour former le système solaire.

On parle du coucher du Soleil (la nuit) ou de son lever (le jour), alors que c'est la Terre, du fait de sa taille minuscule, qui tourne autour du Soleil de l'est à l'ouest en 24 h. L'inclinaison de la Terre (de 23,23 % par rapport à son axe de rotation d'origine perpendiculaire au plan écliptique du Soleil) produit le phénomène des quatre saisons lors de sa révolution autour du Soleil (on en parlera plus loin).

Du fait de la gravitation, tous les corps célestes du système solaire tournent sur eux-mêmes (rotation), mais aussi autour du Soleil (révolution). Celui-ci tourne également sur lui-même, et entraine avec lui tous les corps célestes (y compris la Terre) en révolution autour du trou noir de notre galaxie. Cette organisation harmonieuse de notre univers démontre la puissance infinie et malicieuse de la mathématique – comme si on ne pouvait en découvrir ses origines ou ses limites. On dirait que quelqu'un l'a créée, et que personne n'a conscience de cet extraordinaire héritage naturel.

Il nous est à présent possible de dresser une synthèse des mouvements des corps célestes :

* Tout corps céleste est en mouvement dans l'espace. Le temps que vous lisiez cette phrase : « j'écris un livre pour les hommes et les femmes de la Terre », le Soleil aura déjà parcouru 2 300 km, la

Lune 10 km et la Terre environ 300 km. Comme si nous étions dans un très grand TGV qui file à une vitesse de 300 km/10 s.
* Tout corps céleste de masse non nulle courbe l'espace-temps qui peut s'étendre sur des distances importantes et créer ce qu'on appelle un champ gravitationnel, en fonction de sa masse.
* Le champ gravitationnel est l'espace au voisinage du corps céleste dans lequel ce dernier exerce une action mécanique à distance sur les autres corps célestes les moins massifs en les attirant vers sa surface.
* La forme géométrique de ce champ gravitationnel est appelée la courbure de l'espace.
* La manifestation visible de ce champ gravitationnel est le corps céleste qui gravite autour de l'astre, comme la Lune autour de la Terre. Autrement dit, lorsque vous observez la Lune, imaginez qu'elle est piégée dans le creux créé par la courbure de la Terre ; que cette force défaille un jour : je vous laisse imaginer les conséquences…
* Malgré leur masse faible, les corps célestes, qui gravitent autour de l'astre le plus massif, courbent aussi l'espace-temps à leur voisinage, et c'est la conjugaison des deux courbures et des forces induites opposées qui maintient en permanence ces corps en mouvement et en orbite autour de cet astre. De fait, la Terre attire la Lune, mais cette dernière attire aussi la Terre en provoquant le phénomène des marées (on en parlera plus loin).

Comme l'étoile primitive – et comme d'autres étoiles – notre Soleil finira par s'éteindre dans environ 5 milliards d'années, lorsqu'il aura consommé la totalité de son carburant, l'hydrogène. Pas d'inquiétude, la vie aura déjà disparu sur Terre depuis des millions d'années ! De plus, la mort d'une étoile est un espoir de création d'une nouvelle étoile, avec un nouveau système planétaire pouvant offrir un nouvel espace de vie intelligente.

Chapitre 3
Nous sommes tous issus de l'étoile primitive

L'étoile primitive, qui a donné la vie à l'univers, est donc née de la mathématique et avait la même composition chimique que notre étoile, le Soleil. Nous en sommes les descendants lointains, car nous sommes composés à 100 % d'atomes (CHONPS = carbone, hydrogène, oxygène, azote, phosphore et soufre) qui étaient déjà présents dans l'univers avant l'apparition de la vie sur Terre. En d'autres termes, ce qui a permis d'engendrer la vie sur Terre était déjà présent dans l'univers avant même la création de la Terre.

Comme tous les objets de l'univers, l'être humain est composé de structures macroscopiques (la tête, le tronc, les membres…) et de structures microscopiques qui sont les cellules, les molécules et les atomes – en particulier l'atome de carbone qui offre de nombreuses liaisons moléculaires sur lesquelles se sont agrégés d'autres atomes, les protéines et les acides aminés, pour former la vie.

Découvert par le philosophe grec Démocrite (460-370 av. J-C), l'atome est le plus petit élément constituant le corps humain et tous les objets de l'univers. Il est composé d'un noyau central de charge électrique positive et d'électrons de charge électrique négative qui tournent autour du noyau central, ce qui confère à l'atome une neutralité électrique. Notre corps est constitué de milliards d'atomes, mais du fait de leur taille microscopique et de leur masse infiniment petite, ils sont invisibles à l'œil nu et nous ne ressentons pas leur présence au quotidien.

Le noyau, qui représente la masse totale de l'atome, est composé d'un ou plusieurs protons qui lui donnent cette charge positive, et de neutrons (appelés ainsi parce qu'ils sont « neutres », dénués de toute charge électrique). Les milliards d'atomes composant notre corps (et tous les objets de l'univers) doivent leur existence et leur survie aux protons qui portent des charges électriques positives.

Nous avons tous étudié en classe de 5e le tableau conçu par le célèbre chimiste russe Dimitri Mendeleïev (1834-1907), avec les 90 atomes et leurs charges électriques représentées par la lettre Z (les protons) et la lettre A (la somme protons + neutrons, appelée nucléons). Le tableau page 47 donne la représentation chimique des principaux atomes qui constituent le corps humain. On peut ainsi résumer la chaîne de l'organisation du corps humain :

l'atome ➔ les molécules➔ les cellules ➔les tissus ➔ les organes➔ le corps humain

Ces nains microscopiques étant invisibles et impalpables, nous n'avons malheureusement affaire à eux que dans des circonstances particulières, le plus souvent en période de maladie : les analyses de sang, qui révèlent le taux de leur présence, permettent d'évaluer le type de maladie dont vous souffrez. Autrement dit, lorsque vous allez faire une analyse de sang, votre médecin va étudier le comportement de certains de vos atomes, et si vous êtes curieux, vous observerez dans les résultats de vos analyses que les atomes suivants apparaissent fréquemment : ferritine (fer), potassium, magnésium, calcium, etc. L'atome fondamental pour l'être vivant, en particulier pour les humains, est l'oxygène (O_2), que nous consommons par obligation à travers l'air que nous respirons à chaque instant de notre vie, et dont la moindre absence nous conduirait vers la mort. Nous les trouvons aussi dans les aliments que nous consommons – autrement dit, manger n'est pas seulement se faire plaisir, c'est aussi fournir de l'énergie atomique à nos cellules. Ce sont ces nains microscopiques

Atome	Notation atomique	Z (nombre de protons)	% de la masse de notre corps	Utilité dans notre corps	En abondance dans
Oxygène	8 **C**	8	65	Composition de l'ADN, c'est la principale nourriture de nos cellules	Air et eau
Carbone	6 **C**	6	18	Atome fondamental pour la vie sur terre (composition de l'ADN, du squelette, des protéines, etc.)	Roches calcaires, air
Hydrogène	1 **H**	1	10	Besoin en eau de notre organisme, digestion d'aliments	Eau, univers
Azote	7 **N**	7	3	Indispensable à la formation de nos protéines, à la croissance et l'ADN	Atmosphère
Calcium	20 **CA**	20	1,5	Pour la formation et la solidification des os et des dents	Croûte terrestre
Phosphore	15 **P**	15	1	Participe à la structure des os et des muscles	Roches phosphatées
Potassium	19 **K**	19	0,4	Pour le bon fonctionnement de nos organes (comme les reins)	Croûte terrestre
Soufre	16 **S**	16	0,3	Important pour les protéines	Régions volcaniques
Chlore	17 **Cl**	17	0,2	Régule notre organisme et la digestion	Sel de cuisine
Sodium	11 **Na**	11	0,2	Régule l'eau dans l'organisme	Croûte terrestre
Iode	53 **I**	53	0,1	Composant des hormones thyroïdiennes	Croûte terrestre
Fer	26 **Fe**	26	0,1	Nécessaire pour la fabrication du sang	Noyau de la Terre, gisements de fer
Magnésium	12 **Mg**	12	0,1	Fournit l'énergie aux muscles	Croûte terrestre

Les principaux atomes qui constituent le corps humain

qui régulent notre vie, et malgré leur taille insignifiante (par rapport à celle de nos organes) leur moindre défaillance nous rend malade. Par exemple, la masse de l'atome de fer dans le corps humain est de 0,1 % ; pour un individu de 80 kg, cela représente 80 g – ce qui peut sembler insignifiant. Mais il suffit que cet individu perde le quart de ces 80 g, et il se trouvera incapable de se lever de son lit et se sentira plus proche de la mort que de la vie.

L'histoire du corps humain est ainsi la somme des histoires des atomes présents dans notre corps, et c'est l'interaction électromagnétique qui est responsable des réactions chimiques entre les atomes pour créer les molécules, puis les cellules, les tissus, et enfin les organes qui constituent l'être humain. En outre, nous observons que ces atomes ne sont pas seulement présents dans l'être humain : ils le sont également chez les animaux, dans vos chaises, votre voiture, votre appartement, vos aliments, les planètes, les étoiles – bref, dans tous les objets existant dans l'univers.

On ne peut terminer l'histoire des atomes sans avoir clarifié un phénomène que j'ai mentionné par rapport à l'interaction électromagnétique : deux particules de même charge électrique se repoussent. Je devine votre question : pourquoi les protons qui composent le noyau de l'atome, avec les mêmes charges électriques, ne se repoussent-ils pas en provoquant une désintégration de l'atome ? Si tel était le cas, il n'y aurait pas eu d'objets dans l'univers, et on ne serait pas là pour poser cette question.

Il est vrai que j'avais décidé au début de ce livre de ne pas traiter la « force forte », qui fait partie des quatre forces fondamentales de l'univers, simplement parce que, comme la « force faible », elle concerne uniquement les particules subatomiques, ou microscopiques (le monde quantique), qui ne constituent pas le sujet de ce livre. Mais je réponds tout de suite à la question en précisant que si les protons ne se repoussent pas, c'est parce qu'ils sont liés par la force forte, qui est infiniment plus puissante que les trois autres. C'est justement la cassure de cette liaison par scission ou par fusion de la matière qui libère de l'énergie, comme pour la bombe atomique ou pour les centrales nucléaires.

Enfin, les atomes qui constituent notre corps humain sont présents dans les astres (le Soleil, mais aussi l'étoile primitive), qui sont les premiers objets de l'univers (du moins existaient-ils avant nous). C'est la preuve irréfutable que les atomes qui sont à la base de notre vie étaient déjà présents dans l'univers avant notre apparition. Autrement dit, avant même la création de la Terre il y a environ 4,7 milliards d'années, les atomes qui la constituent et qui constituent les êtres vivants étaient déjà présents dans l'univers pour former l'étoile primitive, il y a environ 13,7 milliards d'années. Le schéma suivant montre clairement « que nous sommes tous des descendants des étoiles » :

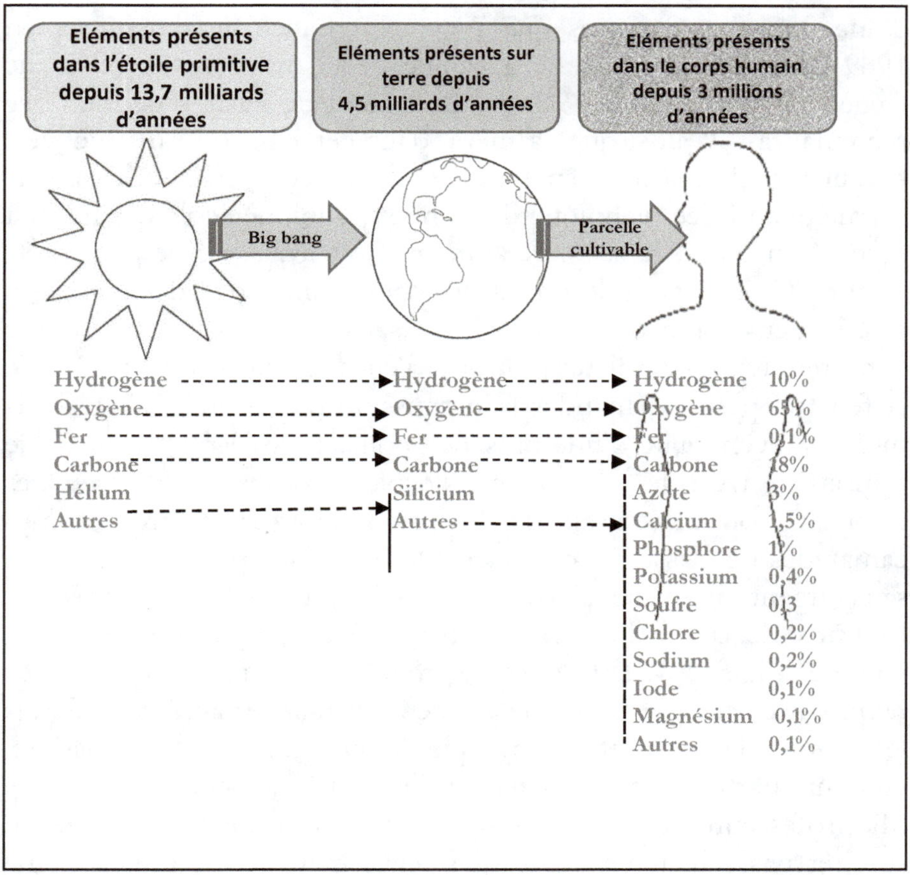

La composition chimique de l'être humain ne montre aucune particularité fondamentale permettant de le différencier des autres objets de l'univers et de lui conférer un statut privilégié, devant quelque créateur que ce soit. Mais aussi, quelles que soient les différences de couleur de peau, *nous sommes issus de la même matière*. Il en résulte que ces fléaux humanitaires que sont l'esclavage, les génocides, ou les guerres, que nous allons analyser dans les paragraphes suivants, sont du ressort de notre seul libre arbitre et des erreurs fondamentales produites par notre ignorance et nos idéologies.

Avant d'aborder la question de l'esclavage, c'est-à-dire la supposée infériorité de la race noire par rapport à la race blanche, je voudrais rendre hommage à ce Français « blanc aux yeux bleus » d'une douzaine d'années que j'ai eu la chance de rencontrer en 1989 dans une boulangerie à l'angle de la rue Petit et de la rue Eugène Jumin, dans le 19e arrondissement de Paris – peut-être se reconnaîtra-t-il, ainsi que sa mère, dans cette histoire instructive ? C'était lors de ma deuxième année en France ; j'étais en classe de première au lycée technique d'Alembert, l'unique école qui m'avait accepté en classe de seconde alors que je n'avais pas de papiers de séjour. (Oui, je vous le confirme, chers camarades de classe, j'ai passé deux années avec vous sans papiers : sans doute comprendrez-vous mieux pourquoi j'étais toujours assis à côté de la fenêtre, prêt à demander la permission d'aller aux toilettes à la moindre éventualité d'une présence policière à l'école). Comme je refusais de faire des sorties avec l'école, en utilisant des prétextes fallacieux, on m'accusait de ne pas vouloir m'intégrer et mes camarades de classe se moquaient de moi. Sans papiers mais aussi sans argent, il m'arrivait de sortir très affamé du supermarché Franprix de la rue Petit sans avoir volé un paquet de biscuits – comme si le simple fait de les regarder dans les rayons calmait ma faim. J'avais alors élaboré une astuce pour manger à midi : je faisais les devoirs de maths et de physique de mes camarades de classe et, en contrepartie, ils me ramenaient des petits paquets de la cantine. Ma professeure de français, qui avait raison de s'inquiéter de mon sort (et pas seulement parce que j'étais mauvais en français), me demandait si je dormais la nuit et si tout allait bien pour moi ; je lui cachais la vérité – qu'elle veuille bien m'en excuser – parce que j’avais peur de perdre ce qui était vital pour moi, c'est-à-dire mes études. Par ignorance, je pensais que si elle savait que j’étais sans papiers, elle me dénoncerait. Je gagnais malgré tout un peu d’argent, grâce aux travaux de déménagement que je faisais le week-end.

Un jour, ayant de quoi acheter une demi-baguette de pain pour manger à midi, je faisais la queue derrière une dame et son enfant. Lorsqu’arriva leur tour, sa mère lui demanda ce qu’il voulait. Je me rendis compte que le jeune garçon blond aux yeux bleus regardait tantôt les gâteaux dans la vitrine, tantôt moi-même, en me jetant un coup d’œil craintif comme s’il avait peur de dire quelque chose qui pourrait me choquer. Regardant à mon tour la vitrine, je vis que le gâteau qu’il pointait du doigt portait le nom de « tête de nègre ». C’était ma deuxième année en France, et j’ignorais qu’il existait un gâteau qui s’appelait « tête de nègre » ! Lorsque la boulangère et la mère de l’enfant eurent compris le choix de l’enfant, elles tentèrent de s’excuser auprès de moi, mais je les gratifiai d’un grand sourire en leur assurant qu’il n’y avait aucun problème – ce qui était tout à fait exact car j’étais capable de commander ce gâteau et d’en manger des tonnes sans pour autant être offusqué par son nom… Dans la boulangerie, le malaise était général. Mais après avoir fait leurs achats, la mère et l’enfant m’attendirent à la sortie. Il me demanda : « Monsieur, pourquoi vous n’êtes pas fâché contre moi ? » Sans abandonner mon sourire, je me suis penché vers lui pour lui dire, en lui touchant affectueusement l’épaule : « Mon petit, tu comprendras pourquoi lorsque tu seras grand ! » Puis, s’éloignant avec sa mère, il me salua de la main, comme s’il voulait m’exprimer encore sa gentillesse. Je lui dédie ce chapitre.

J’aimerais aussi dire un mot de l’expérience que j’ai personnellement vécue au Cameroun avant mon départ pour la France en 1987. Lors d’une réunion familiale qui devait décider de l’apport financier permettant de m’aider à faire mes études en France – ma famille est très pauvre – un parent me prodigua des conseils qui étaient bien en phase avec la logique de notre éducation à cette époque : « Mon fils, tu vas faire des études dans le pays des Blancs. Je tiens à t’informer que cela ne sera pas facile pour toi, car le niveau est très élevé, puisque le dernier des Blancs (le moins sage) est chez nous le plus sage. » Aussi ignorant que lui, j'avais accepté son conseil et l'avais assuré que je ferais de mon mieux pour me rapprocher du dernier Blanc de la classe… À l'époque, n'ayant accès ni à la télévision, ni à internet, l'image dominante des Blancs était celle de gens riches et intelligents. Nos livres d'histoire regorgeaient des exploits des hommes blancs, parlaient d'explorateurs comme Christophe Colomb ou Fernand de Magellan, et de savants comme Louis Pasteur (avec sa méthode de vieille culture pour la découverte des vaccins) ou Alexander Fleming (pour la découverte de la pénicilline), etc. La presse, le cinéma, mettaient en scène l'homme blanc. La religion elle-même diffusait l'image d'un Dieu barbu blanc, et tous ses représentants sur Terre, à la tête des différentes religions, étaient aussi des Blancs. Dans toutes les régions d'Afrique, et en particulier dans mon pays, le Cameroun, Dieu et ses disciples étaient toujours de couleur blanche. Jésus lui-même était Blanc. Le noir était symbole de malheur – il se manifestait sous la forme du Diable avec sa queue – et l'histoire qui lui était associée concernait avant tout l'exploit qu'il avait réalisé d'avoir été esclave. Bref, tout contribuait à alimenter une conception hiérarchique des races.

Arrivant en France en classe de seconde, il me paraissait logique de respecter une telle hiérarchie, qui se manifestait aussi bien dans le contexte scolaire que social. Lorsque j'ai eu cette chance extraordinaire d'embrasser ma première copine de classe, qui était blanche, ce fut pour moi un événement tellement extraordinaire que j'en ai été déstabilisé pendant plusieurs jours. Imbu de mes préjugés de hiérarchie raciale, je n'imaginais pas qu'une telle chose était possible ! Je vous laisse imaginer dans quel état mental je me trouvais le jour de notre première relation amoureuse… Je ne pouvais qu'imaginer qu'il s'agissait là d'un événement forcément épisodique, et probablement sans précédent. C'est pourquoi je me persuadai qu'il fallait être à la hauteur, comme pour mes études, en essayant, conformément à mes engagements, de me rapprocher du « dernier Blanc ». À l'école, dès mes premiers devoirs de mathématiques, je me suis trouvé face à un sérieux problème qu'il m'a fallu résoudre discrètement : pourquoi étais-je parmi les dix meilleurs de la classe, et devant certains Blancs ? Il m'a fallu en parler à mes parents au Cameroun, ainsi qu'à certains de mes amis, pour commencer à comprendre, et ma curiosité s'en est trouvée fortement stimulée. Au-delà de ma situation personnelle, existait-il aussi des cancres, des pauvres et des riches en France ? Quelle était la logique de la singularité sociale qui pouvait fonder ce décalage par rapport aux idées qu'avaient les Africains ?

C'est ainsi que j'ai compris qu'il y avait à peu près autant de pauvres en France qu'au Cameroun, et que le dernier de la classe chez les Blancs n'était pas le premier chez les Noirs ; que ma nouvelle copine de race blanche n'était pas un ange, et que j'avais tort de croire que cette rencontre était une faveur de Dieu ; que les hiérarchies sociales se rencontraient dans toutes les sociétés, mais que d'un pays à l'autre les seules différences se situaient au niveau de la couleur de peau ou des différents aspects du développement économique et social. Pourtant, j'avais encore des doutes concernant la hiérarchie des races devant le divin, car cette opinion était entretenue et amplifiée par la religion, par la sacralisation du rôle très médiatisé des chefs religieux, et surtout par les grands conflits entre les différentes religions. Là, par contre, c'était du sérieux ! Si les Blancs plus intelligents s'entretuaient pour obtenir le statut de peuple élu de Dieu, alors quelle pouvait être la place des Noirs ? Donc, je devais continuer ma recherche au-delà du contexte scolaire et social.

Mû par le principe d'EMC (Evitons de Mourir Con), et n'ayant toujours pas trouvé ce qui pouvait fonder la singularité sociale des Blancs par rapport aux Noirs dès lors qu'ils avaient les mêmes outils d'apprentissage, je m'interrogeai sur les raisons pour lesquelles les pays des Blancs étaient plus développés que ceux des Noirs. Il me fallait poursuivre mes recherches sur la dimension structurelle du phénomène.

Je me souviens du premier voyage de mon père en France, en 1991. Il était fasciné par le degré d'organisation du pays, et notamment par les moyens de transport, comme le métro. Lors d'une conversation à ce sujet, il m'entraîna dans une discussion concernant une supposée responsabilité du divin quant à la différence de couleur de peau, et du déséquilibre de richesse et d'intelligence entre les pays des « Blancs » et les pays des « Noirs ». Mon père est expert dans l'art de jouer l'ignorant pour me faire parler… Pour lui, il était clair que Dieu avait aidé les « Blancs » et pas les « Noirs ». Tout en doutant que mes explications logiques lui paraissent convaincantes, je décidai néanmoins de faire une tentative.

J'évoquai en premier lieu les postulats : Dieu est-il juste ? (Il me répondit : oui). Est-il juste pour tout le monde ? (Il me répondit : oui). Alors, lui demandai-je, pourquoi aurait-il préféré les Blancs, au détriment des Noirs pauvres d'Afrique ? Et qu'ont fait les Africains pour subir sa colère – d'autant qu'à ma connaissance (en tout cas à cette époque), l'Afrique n'a jamais été un foyer conflictuel pour la religion ? C'est au contraire le continent où l'on trouve le plus de croyants par rapport au nombre d'habitants, et celui dont la contribution financière en faveur des religions est la plus importante par rapport au revenu – c'est ce que l'on appelle le paradoxe du « pauvre riche » devant la religion. Je me souviens que, pendant la fête de la Pentecôte, alors que nous n'avions pas suffisamment de quoi manger, ma mère allait distribuer des offrandes de nourriture aux pasteurs de sa paroisse.

Je l'ai senti un peu perplexe, et curieux de savoir où j'allais en venir. Je lui demandai alors d'oublier Dieu pour l'instant, de bien m'écouter, mais aussi de m'arrêter s'il ne comprenait pas ce que je voulais dire. Je lui expliquai que nous ne sommes pas les rejetons de Dieu, que ce dernier n'y est pour rien quant à la différence de couleur de peau ou aux degrés de développement inégal entre Blancs et Noirs : il s'agit là uniquement des conséquences d'un long processus naturel, depuis la création de l'univers et l'apparition des hommes sur la Terre jusqu'à nos jours. Je lui parlai des résultats de mes recherches personnelles. Je lui exposai que j'avais rencontré des Blancs plus pauvres que lui et des Noirs plus riches que des Blancs. Je lui montrai les notes de physique que j'avais obtenues en classe de seconde en France, alors que je n'avais jamais fait de physique avant au Cameroun. Je lui demandai de m'expliquer pourquoi j'étais parmi les dix meilleurs élèves de ma classe après deux mois de scolarité en France – moi sans papiers et à la peau toujours noire. Et j'en conclus qu'il fallait trouver les raisons de ce déséquilibre social dans l'histoire et l'évolution des êtres humains, de la naissance de l'humanité jusqu'à nos jours.

Mais lorsque je lui expliquai que non seulement son corps était composé des mêmes atomes que celui d'un Blanc, mais encore que ces atomes étaient identiques à ceux que l'on trouve dans les corps célestes de l'univers, il commença à s'inquiéter de mon état et à se demander si j'étais bien normal…

Je dois ici ouvrir une parenthèse (ce n'est pas la première, et ce ne sera pas la dernière), pour vous raconter l'histoire de l'entrecôte saignante. Lors d'un séjour en France, mon oncle, étant fatigué, est allé voir un médecin qui lui avait prescrit une prise de sang. S'ensuivit l'échange suivant lors de l'analyse de son résultat :
Médecin – Cher monsieur, comment mangez-vous votre viande, à point ou saignante ?
Mon Oncle (surpris) – Pardon… ?
M – Je vous demande si vous mangez votre viande peu cuite, cuite, ou très cuite ?
O – Très cuite.
M – Alors je comprends pourquoi vous avez une carence en fer. Pour vous remettre en forme, votre neveu vous fera une entrecôte saignante accompagnée d'épinards, vous en mangerez 500g pendant deux jours, afin de reconstituer votre taux de fer.
O – Mais Docteur, il hors de question de consommer de la viande saignante, je crois que vous avez oublié que j'étais Africain.
M – Mais, je ne vois pas le problème ?
O – Justement, si vous soignez votre manque de fer en mangeant de la viande saignante (ce qui n'est pas le cas pour nous, les Noirs), c'est tout simplement parce qu'on n'a pas le même sang !

Le médecin était aussi surpris que moi, et mon oncle s'en alla assez mécontent.

Deux jours après cette rencontre, mon oncle était toujours fatigué. Je réussis à le convaincre d'appliquer les conseils du médecin (ce qu'il accepta « avec douleur »), et après quelques jours de consommation d'entrecôtes crues/épinards, il redevint en forme. Vérifiant à nouveau son taux de fer, il constata qu'il avait effectivement augmenté. Ainsi venait-il de vivre une preuve concrète que, malgré les différences de couleur de peau, la composition chimique du corps est identique entre toutes les races. Autrement dit, s'il était atteint d'une maladie grave et avait besoin d'une transfusion sanguine, on pouvait très bien lui administrer le sang d'un Blanc sans aucun problème. Pour terminer ma démonstration, je lui montrai une cuillère en fer et lui dis que le fer présent dans son sang était exactement le même que celui de la cuillère – la seule différence se situant à un niveau quantitatif : la proportion de fer dans le sang est microscopique, celle du fer dans la cuillère est macroscopique.

Histoire d'enfoncer le clou, je lui expliquai que nous sommes tous des lointains descendants d'une étoile qui a explosé il y a des milliards d'années, dont les miettes se sont éparpillées dans l'espace et ensuite entremêlées pour créer d'autres étoiles, les planètes, et la Terre. C'est à dire que les matières (oxygène, hydrogène, carbone, fer, azote, etc.) qui constituent les atomes, les molécules et les cellules qui nous donnent la vie sont les mêmes que celles qui sont disséminées partout, dans d'autres planètes de l'univers : à ce niveau il n'y a donc aucune singularité de notre planète Terre par rapport aux autres planètes, et il n'y en a pas davantage entre les races. Ce qui permet de conclure que Dieu n'a pas créé spécialement la Terre différemment des autres planètes, et qu'il n'a pas non plus créé des races différentes.

Mon père n'avait pas complètement abandonné. « D'accord, me dit-il, Dieu n'y est pour rien ; mais alors pourquoi la vie est-elle apparue sur la Terre, et non sur d'autres planètes ? » Cette excellente question méritait une… autre question : « Papa, quand tu sèmes des graines de maïs dans ton champ, les épis de maïs poussent-ils partout ? » Non, me répondit-il, m'expliquant que toutes les parcelles de son champ n'étaient pas cultivables : certaines peuvent manquer d'eau, être trop exposées au soleil, avoir un sol trop dur, etc.

Mon père avait compris qu'il en allait exactement de même avec la Terre…

Chapitre 4
Le principe de la parcelle cultivable

Ainsi, la Terre est l'unique parcelle de notre système solaire qui soit favorable à la culture de la vie, parce qu'elle a de l'eau, et qu'elle n'est ni trop exposée au Soleil, ni trop éloignée de lui. Tout cela grâce à sa taille et à sa distance par rapport au Soleil : ce sont les deux conditions principales pour avoir le statut de parcelle de champ cultivable.

La taille

L'univers est composé à 75 % d'hydrogène (H_2) et à 25 % d'hélium (He), qui sont des gaz légers très inflammables, dangereux pour les êtres vivants, mais qui constituent les carburants des étoiles, en particulier de notre précieux Soleil.

– Si une planète est trop massive, sa force d'attraction induite par sa masse va retenir ces deux gaz – c'est ce qui se passe avec les deux planètes gazeuses que sont Jupiter et Saturne. C'est pourquoi je mentionnais plus haut que Jupiter, le deuxième corps céleste le plus massif de notre système solaire après le Soleil, a les atouts d'une étoile qui aurait raté sa combustion. Si la combustion avait réussi, on aurait un système avec deux étoiles. Intercalée entre les deux, la Terre serait en permanence illuminée, et la nuit nous serait inconnue ; c'est la situation qui prévaut dans le système Alpha du Centaure, qui est composé de deux étoiles.

– Si une planète est très petite, sa force d'attraction est inférieure, et elle laissera s'échapper du gaz avec évaporation d'eau, comme Mercure et la Lune.
– Enfin, si une planète est comme la Terre, massive mais pas trop, sa force d'attraction sera suffisante pour laisser s'échapper les gaz légers (hydrogène et hélium) et retenir la vapeur d'eau ainsi que les gaz moins légers et nécessaires à la vie comme le dioxyde de carbone (CO_2), l'azote (N_2), l'oxygène (O_2) ou l'ozone (O_3), qui vont constituer notre atmosphère. C'est cette atmosphère qui va jouer un rôle fondamental de bouclier pour protéger la Terre contre tous les objets célestes qui se dirigent vers elle – météorites, astéroïdes, comètes ou satellites hors d'usage. Ils vont tous se désintégrer au contact de notre atmosphère, en prenant l'apparence d'étoiles filantes.

La protection que notre atmosphère réalise de la façon la plus vitale concerne les radiations solaires, ce qui nous permet d'avoir une température très clémente, dont la moyenne est d'environ 15 °C (les gaz à effet de serre, nous le verrons à la fin de ce livre, en sont aussi responsables). Le champ magnétique terrestre, induit par son noyau, a aussi un rôle protecteur contre les vents solaires, qui sont déviés au voisinage de la Terre, surtout aux pôles (en formant des aurores boréales).

La distance

J'appelle « distance du rendez-vous vital » la distance à laquelle doit être une planète par rapport à son étoile (Soleil), à un instant précis, pour avoir une température moyenne d'environ 15 °C, favorable à la vie. En effet, notre Soleil brûle en permanence son carburant, en transformant par seconde environ 650 millions de tonnes d'hydrogène en hélium, ce qui provoque une réaction nucléaire qui libère environ 5 millions de tonnes de matière converties en énergie équivalente selon le principe einsteinien $E=MC^2$.

Comme nous l'avons vu, l'énergie ainsi libérée se propage dans l'espace sous forme d'ondes électromagnétiques à une vitesse d'environ 300 000 km/s, et elle s'étend dans tout le système solaire. Cette énergie est distribuée sous forme de chaleur à tous les objets du système solaire en fonction de leur distance et de leur configuration. Autrement dit, il faut être à la bonne distance pour ne pas être affecté par le courroux du Père Soleil. Plus on est proche du Soleil, comme Mercure et Vénus, plus la chaleur est intense – ce qui explique pourquoi ces deux planètes ont respectivement une température de 430 °C (-100° C la nuit) et 470 °C. En fait, Mercure est deux fois plus proche du Soleil que Vénus, mais il fait plus chaud sur Vénus à cause des gaz à effet de serre et de son atmosphère très dense (nous verrons cela dans le dernier chapitre). À l'inverse, de Mars jusqu'à Uranus, on reçoit de moins en moins de chaleur solaire, ce qui donne des températures extrêmement négatives.

Par conséquent, le lieu de rendez-vous vital dans notre système solaire est l'espace compris entre 0,9 ua (135 millions de km) et 1,2 ua (180 millions de km) : lors de sa course folle, c'est notre Terre qui, attirée par le Soleil, a gagné le gros lot en se retrouvant (pour l'instant…) à peu près au milieu de ces deux distances, c'est-à-dire à 1 ua (150 millions de km). Vénus et Mars n'ont pas raflé la mise – Vénus étant un peu trop proche de ce qui est acceptable (à 0,72 ua, soit 108 millions de km) et Mars un peu trop éloignée (à 1,52 ua, soit 228 millions de km). Bien entendu, expliquai-je encore à mon père, cette distance dépend surtout de la taille du Soleil : si elle avait été légèrement plus petite, c'est Vénus qui aurait remporté le gros lot (et on ne serait pas là pour en débattre) ; si elle avait été légèrement plus grande, alors Mars aurait eu des Martiens – pour de vrai !

C'est alors que mon père me posa la question suivante : Mais pourquoi est-ce la Terre qui s'est retrouvée à cette distance… ?

Bon, lui répondis-je : pourquoi est-ce *moi* qui suis né ? Pourquoi pas quelqu'un d'autre à ma place ? Imagine que quand vous avez fait l'amour, toi et maman, le moment précis où vous m'avez engendré ait été perturbé (maman subitement prise d'une quinte de toux !) : mon heure serait passée, quelqu'un d'autre serait né à ma place, et je ne serais pas là pour te raconter cette belle histoire de l'univers ! Eh bien, c'est la même chose pour la Terre : si elle est là pour nous et avec nous, c'est du fait de la structuration mathématique de l'univers à un moment précis.

J'en profite (oui, il s'agit d'une nouvelle parenthèse…) pour rendre hommage à toutes les femmes, à travers ma mère et la mère de mes enfants, pour leur capacité intrinsèque à donner la vie – même si, bien entendu, la participation du mâle n'est pas négligeable ! J'aimerais affirmer ici que c'est la mathématique qui a privilégié l'organisme de la femme (nous étudierons plus loin ce pouvoir mathématique de la femme) en lui conférant la capacité d'être un foyer de la créativité. La capacité intrinsèque à donner la vie, c'est aussi bien celle de la mère par rapport à son fils que celle du système solaire par rapport à la Terre.

Revenons maintenant à cette dernière, pour examiner certaines de ses caractéristiques. Il s'agit d'un gros caillou dont la forme sphérique est aplatie aux pôles, ce qui lui donne un diamètre à l'équateur supérieur d'environ 42 km au diamètre passant par les pôles. Son diamètre moyen est d'environ 12 700 km. En son centre se situe un noyau constitué de fer (exactement le même fer qui est présent dans notre sang) qui représente 32 % de sa masse totale, laquelle est de 6×10^{22} kg. Elle s'est formée il y a plus de 4 milliards d'années à partir de la nébuleuse solaire, qui était un concentré de matière gazeuse et de poussières issues de l'explosion d'une étoile. C'est cette explosion de l'étoile mère qui, on l'a vu, est à l'origine de la création de notre galaxie, la Voie lactée : pour l'essentiel, ces émissions de gaz et de poussières se sont agrégées pour former le Soleil, et c'est l'infime partie restée en orbite autour de ce dernier qui s'est agglomérée pour former les planètes – dont « l'avant-Terre », ou encore « la proto-Terre ».

Quelque temps après sa création, notre future Terre partageait sa trajectoire autour du Soleil avec une autre planète appelée Théia, jusqu'à ce qu'elles finissent par entrer en collision. De cette rencontre peu amicale naîtront trois événements qui vont totalement conditionner notre vie :

– La création de notre planète actuelle.

– La création de la Lune, qu'on peut considérer comme étant le reste de Théia après la collision. Elle est le satellite naturel de la Terre, responsable de ses marées, mais aussi de la permanence de sa trajectoire inclinée et elliptique autour du Soleil.

– L'inclinaison de la Terre par rapport à son axe de rotation (23,25 %), responsable des quatre saisons dans les deux hémisphères.

Cette organisation du climat et des quatre saisons (dont nous verrons plus loin que c'est elle qui a fait la différence dans l'évolution humaine) n'est pas un mystère que nous pourrions, là encore, attribuer à Dieu, mais simplement une conséquence logique de l'inclinaison de la Terre après cette rencontre peu galante avec Théia. Pendant la révolution des planètes autour du Soleil, la surface de chaque planète reçoit les rayons du Soleil en fonction de sa position et de sa distance. La Terre fait le tour du Soleil, en 365 jours et en position inclinée ; or, ce tour n'a pas une forme circulaire, mais ovale (elliptique). La distance entre les deux objets célestes n'est donc pas la même tout au long de l'année. Cette ellipse comporte deux extrémités ; le *périhélie* est la plus proche du Soleil (147 millions de km) – et la Terre y parvient le 5 janvier : il fait alors très froid dans l'hémisphère nord, à Paris, Londres ou New York ; l'*aphélie* est la plus éloignée (152 millions de km) – et la Terre y parvient le 5 juillet : il fait alors très chaud dans l'hémisphère nord.

Contrairement à ce que votre bon sens pourrait suggérer, ce n'est donc pas parce que la Terre se rapproche du Soleil qu'il fait plus chaud, mais du fait de l'inclinaison de notre planète : les rayons du Soleil qui l'atteignent ont un impact différent suivant qu'ils atteignent les régions situées vers le pôle Nord, vers le pôle Sud ou vers l'équateur. Pour mieux le comprendre, supposons que la Terre ait une position « normale », non inclinée ; son axe de rotation, qui passe par les deux pôles, serait perpendiculaire au plan écliptique (qui part du centre du Soleil) au niveau de l'équateur ; le plan équatorial (qui inclut le cercle qui fait le tour de la Terre en son milieu) serait confondu avec le plan écliptique. La durée du jour serait égale à celle de la nuit, tout au long de l'année. Et nous aurions un climat bien différent du fait de la carence des glaces polaires. On pourrait alors dire que la Terre ne connaît que deux saisons, l'hiver (lorsqu'elle est éloignée du Soleil) et l'été (lorsqu'elle en est proche) : ni printemps, ni automne.

L'écart angulaire entre ces deux axes de rotation (l'axe primaire avant la collision et l'axe actuel incliné) est de 23,5 °. C'est le même angle que l'on retrouve entre le plan équatorial et le plan écliptique. Pendant les 365 jours de sa révolution autour du Soleil, la Terre aura son axe de rotation toujours incliné du même côté (c'est pourquoi nous avons toujours la même étoile polaire). Par conséquent, les deux pôles n'auront pas la même position face au Soleil pendant la durée de cette révolution et nous aurons quatre saisons de trois mois chacune. On peut en décrire le déroulement ainsi.

1) Lorsque la Terre parvient à l'extrémité du périhélie (plus proche du Soleil, au maximum le 5 janvier), le pôle Nord est incliné loin du Soleil et en reçoit donc des rayons plus faibles, qui n'en couvrent qu'une faible partie, ce qui explique que les journées y soient très courtes. En revanche, le pôle Sud sera lui aussi incliné, mais vers le Soleil. Quant à l'équateur, il sera toujours face au Soleil avec une inclinaison moins prononcée. Ce scénario se déroule à partir du 21 décembre, le début de l'hiver, avec les conséquences suivantes :

– L'hémisphère nord est plongé dans la *saison d'hiver* ou le solstice d'hiver, qui va durer trois mois. L'inclinaison de la Terre fait que le pôle Nord (Arctique) est dans l'ombre, et la nuit y dure 24 h. Paris, Londres, New York (et d'autres villes des pays de l'hémisphère nord) reçoivent de faibles rayons de Soleil, il fait froid et la journée est courte (il fait nuit à 17 h à Paris).

– L'hémisphère sud est plongé dans la *saison d'été* ou le solstice d'été, qui va durer trois mois. C'est le pôle Sud (Antarctique) qui est penché vers le soleil, et il est éclairé toute la journée car le Soleil y est au zénith. C'est la canicule à Sydney, Melbourne ou Johannesburg.

– C'est le début de la saison sèche à l'équateur : elle va durer six mois. Le jour et la nuit ont la même durée (12 h), le climat est doux. Il commence à faire plus chaud à Douala.

2) Puis la Terre quitte l'extrémité du périhélie en direction de l'autre extrémité (l'aphélie). Le 21 mars, elle arrive exactement à équidistance des deux extrémités, toujours en position inclinée et orientée du même côté. Le jour et la nuit ont la même durée sur toute la surface de la Terre, et il s'ensuit que :

– La saison sèche commence à diminuer à l'équateur : à Douala, il fait un peu moins chaud, et on va vers le début des pluies.

– La saison de printemps (ou équinoxe de printemps) s'installe dans l'hémisphère nord, et va durer trois mois : à Paris, il commence à faire moins froid.
– La saison d'automne (ou équinoxe d'automne) s'installe dans l'hémisphère sud, et va durer trois mois : à Sydney, la chaleur diminue.

3) La Terre continue ensuite son chemin pendant 90 jours vers l'autre extrémité de l'ellipse (l'aphélie), qu'elle atteint le 5 juillet ; elle est alors très loin du Soleil. Mais souvenons-nous bien : comme au périhélie son inclinaison éloignait le pôle Nord du Soleil, à l'aphélie, toujours inclinée du même côté, le pôle Nord s'en sera rapproché, et le pôle Sud éloigné. Avec les conséquences suivantes sur le climat :
– C'est l'été dans l'hémisphère nord, il va durer trois mois. La même inclinaison de la Terre oriente cette fois-ci le pôle Nord vers le Soleil, tout le cercle polaire arctique est éclairé pendant qu'elle tourne sur elle-même en 24 h, le Soleil est très haut et il n'y a pas de nuit. À Paris il fait chaud et à 22 h il fait encore jour.
– C'est l'hiver dans l'hémisphère sud, il va durer trois mois. Le pôle Sud étant loin du Soleil du fait de l'inclinaison de la Terre, le cercle polaire antarctique reste dans l'ombre toute la journée. À Sydney, Melbourne ou Johannesburg, les jours sont courts parce que le Soleil est très bas et va se coucher plus tôt.
– C'est la saison des pluies à l'équateur, elle va durer 6 mois. À Douala, il pleut toute la journée.

4) Enfin, la Terre boucle sa révolution de 365 jours autour du Soleil, quittant l'aphélie pour se diriger vers le périhélie, en arrivant le 21 septembre à équidistance des deux extrémités. Elle conserve sa position toujours inclinée du même côté, avec toute sa surface vers le Soleil. En conséquence :
– C'est l'automne (ou équinoxe d'automne) au pôle Nord, il va durer 3 mois. L'inclinaison n'étant plus du côté du Soleil, toute la surface de la Terre est face à lui, le jour et la nuit ont la même durée. Il fait moins chaud et on tend vers l'hiver.
– C'est le printemps (ou équinoxe de printemps) au pôle Sud, il va durer 3 mois. L'inclinaison n'étant plus du côté du Soleil, toute la surface de la terre est face à lui, le jour et la nuit ont la même durée. Il fait moins froid et on tend vers l'été.

– On tend vers la fin de la saison des pluies à l'équateur. Il n'y a pas de changement notable, le temps est doux.

À la toute fin du processus, la Terre revient au périhélie le 21 décembre, ayant terminé sa révolution de 365 jours.

Notons-le bien : l'axe de rotation de la Terre, au cours de sa trajectoire, ne change jamais d'inclinaison. Pendant qu'elle est en mouvement autour du Soleil, elle va faire progressivement le tour complet de son axe d'origine (vertical), en 26 000 ans. La position de l'inclinaison de l'axe va donc changer tous les 13 000 ans, c'est-à-dire la moitié de ce cycle qu'on appelle précession. Autrement dit, dans 13 000 ans le pôle Nord sera incliné en hiver du côté du Soleil, l'été sera au mois de décembre et l'hiver au mois de juin. En plus de cette inversion des saisons, l'autre conséquence visible sera le changement de l'étoile polaire – ce qui est logique puisque, en changeant sa position inclinée, l'horizon du ciel ne sera plus le même dans les pôles.

Pour en finir avec ce mouvement de la Terre, et pour rassurer ceux qui croient qu'elle ne tourne plus à la même vitesse à cause du temps qui « passe très vite en ce moment »… Il s'agit bien entendu d'une illusion : le temps ne passe pas plus vite, c'est nous qui allons plus vite que lui. La responsabilité de cette illusion revient à notre mode de vie moderne, où la journée est plus dense qu'elle ne l'était avant et où nous sommes sous l'emprise du TOM (Temps d'Occupation Multimédia) ! Aujourd'hui, nous sommes en permanence en mouvement, notre TOM est très élevé (au point d'approcher les 24 h d'emprise journalière), et nous ne voyons plus le temps passer. Méthode la plus simple pour déterminer votre TOM : additionnez les moments de la journée pendant lesquels vous n'utilisez pas (ou ne pensez pas à utiliser) votre téléphone portable, votre ordinateur, votre télévision, votre GPS, etc. Vous pouvez constater dans les transports en commun, par exemple le métro, le nombre des usagers qui sont scotchés à leur téléphone portable au point d'oublier de descendre à leur arrêt… Est-ce le métro qui va plus vite, ou l'usager qui est très occupé ?

J'en étais donc venu à ce point de ma démonstration où j'avais expliqué à mon père que, du fait de sa force d'attraction « convenable », la Terre pouvait avoir :

* Une atmosphère moins dense, respirable, qui nous protège contre les radiations solaires, les comètes et les astéroïdes qui nous bombardent en permanence. Du fait de leur petite taille, ces corps célestes se désintègrent et prennent feu au contact de notre atmosphère, se transformant en étoiles filantes. Elle nous protège aussi contre les vents solaires, qui se transforment en Aurores boréales au contact de notre atmosphère. Autrement dit, pour entrer dans l'espace de la Terre, chers corps célestes, il vous faut d'abord bien négocier avec l'atmosphère qui nous sert de bouclier – faute de quoi vous serez réduits en boules de feu comme la navette Columbia, qui s'est désintégrée le 1er février 2003 au contact de l'atmosphère terrestre en rentrant de mission, tuant sept astronautes au-dessus du Texas.
* Un espace de vie qui permet aux êtres vivants d'y séjourner convenablement, sans avoir particulièrement besoin de se protéger. De surcroît, le noyau de la Terre, étant composé en majorité de fer, émet un champ magnétique à son voisinage, ce qui lui sert de bouclier de protection contre le vent solaire. Sinon, nous serions réduits à l'état peu enviable de poulets braisés.

« Et pour conclure, lui dis-je, ces particularités sont *une conséquence logique de l'effet de la mathématique.* »

C'est alors qu'il me posa une autre question : « D'accord mon fils – mais comment expliquer que l'être humain soit apparu avec des différences de couleur de peau ? »

Nous avons vu plus haut le mécanisme qui a produit les différences de climat. Il est évident que les saisons les plus rudes, à savoir l'été et l'hiver, sont moins favorables à une gestation primitive ou à une adaptation de l'homme primitif à son environnement, alors que vers l'équateur le climat y est plus favorable – ce que l'on peut considérer comme une forme de sélection naturelle : c'est dans les régions équatoriales que le climat est en permanence le plus doux, et l'Afrique constitue 70 % de sa surface habitable. Autrement dit, les premières gestations primordiales de l'être humain ne pouvaient avoir lieu que dans la partie de la Terre où le climat était propice à la vie, c'est-à-dire dans les régions équatoriales et en particulier en Afrique, où l'on a d'ailleurs découvert les traces des premiers êtres humains.

Lorsque la Terre s'est formée il y a des milliards d'années et qu'elle a subi le bombardement des différents corps célestes, ces derniers étaient composés de matière (acides aminés) et d'eau, et la présence dans l'atmosphère terrestre d'éléments chimiques comme le carbone offrait la possibilité de liaisons moléculaires permettant de créer les cellules et la vie. Ces matières se sont répandues partout sur la Terre, et le climat favorable en Afrique a favorisé l'évolution vers l'être humain en passant par la forme animale. Dieu n'y est vraiment pour rien, c'est toujours le principe de la *parcelle de champ cultivable* qui s'impose ici. On peut donc en conclure, sans passion aucune, que les premiers êtres humains, descendants lointains des étoiles et de la matière, étaient Noirs.

Chapitre 5

Le climat fait la différence

« Ensuite, comment sont-ils devenus Blancs, mon fils? »

Avant de poursuivre ma démonstration, j'aimerais m'adresser plus spécifiquement à mes frères noirs, et notamment à ceux qui pourraient être déçus par mon discours parce qu'ils ont cru trouver en moi un de leurs défenseurs. Il y a en effet une façon de présenter les relations entre Blancs et Noirs et leur évolution qui ne rend pas justice à la réalité historique dans la mesure où elle ne met en scène que des oppositions entre les deux communautés. On ne raconte généralement qu'une partie de l'histoire, et c'est tout à fait contre-productif. Savez-vous que, selon un sondage réalisé aux États-Unis auprès d'Afro-Américains, 70 % d'entre eux pensent que la Guerre de Sécession n'avait rien à voir avec la cause des Noirs ? Dans cette même communauté, ils sont 90 % à croire que Martin Luther King a été le premier à défendre la cause des Noirs, alors que le plus grand défenseur des esclaves aux États-Unis n'était pas un Noir, mais un Blanc du nom d'Abraham Lincoln. Ils sont presque 100 % à penser que ce dernier était membre du Parti démocrate, alors qu'il fut en 1860 le deuxième candidat (le premier ayant été John Fremont en 1856, lui aussi anti-esclavagiste) du très jeune Parti républicain fondé en 1854 pour lutter contre l'esclavage…

Ce chapitre, consacré à l'influence décisive du climat sur les relations entre Blancs et Noirs, part du principe qu'il est parfaitement logique que nos ancêtres blancs aient été la force motrice qui a permis au monde de sortir de l'obscurantisme, en mettant en mouvement la vérité mathématique. Et qu'il est parfaitement normal que nous suivions ce mouvement.

Une des particularités qui distinguent les êtres vivants (humains et animaux) des autres objets de l'univers, c'est certainement la curiosité. Et parmi les êtres vivants, nous oserons affirmer que les humains sont les plus intelligents… C'est cette curiosité intellectuelle qui nous permet aujourd'hui de faire la conquête de l'espace, d'envoyer des hommes sur la Lune, et sans doute bientôt sur Mars. C'est elle qui a provoqué la migration primordiale des hominoïdes de couleur noire, à la recherche des espaces libres et vivables au-delà de l'équateur. Au fil du temps, Homo sapiens et autres hommes de Neandertal se sont dispersés dans toute l'Afrique. La migration vers le sud étant très difficile du fait de la présence de deux océans (Indien et Atlantique Sud) et de la pénurie de zones habitables, elle a surtout eu lieu vers l'hémisphère nord, où ne se manifestait aucune contrainte maritime (la Méditerranée n'était alors qu'une petite rivière). Elle s'est produite lentement, pendant des milliers d'années, et s'est orientée le plus souvent vers l'Europe, qui était géographiquement plus proche mais avait un climat froid et hostile que nos ancêtres néandertaliens ont courageusement affronté et auquel ils se sont progressivement adaptés.

Nous avons tous appris, en classe de 4e, que la peau du corps humain tient sa couleur d'une substance qu'elle contient, la mélanine, qui nous protège des rayons solaires (ou des rayons ultraviolets pour les adeptes des produits de bronzage). Plus la peau est foncée, plus elle nous protège. La peau noire contient donc davantage de mélanine que la peau blanche. Nos ancêtres Homo sapiens, qui avaient migré vers un hémisphère nord moins ensoleillé, ont subi un long processus de pigmentation, la couleur de leur peau noire pâlissant graduellement pendant des centaines de milliers d'années pour devenir blanche et s'adapter à ce nouveau climat. D'autres variantes de la mélanine vont se créer dans différentes régions, donnant naissance à d'autres couleurs de peau (jaune, rouge, etc.). Cela s'est manifesté (un peu…) à ma très modeste échelle : ayant passé deux ans en France et revenant au Cameroun pour les vacances, j'eus droit à des commentaires sur la couleur de ma peau, qui s'était éclaircie… C'était dû à une carence en soleil, ma mélanine ne bronzant plus ma peau. Eh oui, cela peut vous sembler bizarre, mais même un Noir bronze quand il revient s'exposer au soleil de l'Afrique ! Pour la même raison, lorsqu'un Blanc vient en Afrique s'exposer à un soleil permanent, sa peau noircit (on préfère dire « bronze »…). Nous avons ainsi la faculté de nous adapter à des milieux différents, plus ou moins ensoleillés, et il s'agit là d'une transformation qui n'a rien de fondamental.

Lorsque je demandai à mon père s'il savait pourquoi nous, les Noirs, avons un nez épaté, alors que les Blancs ont le nez fin, il me répondit : « Non, mon fils ; j'avais bien observé cette différence avec mes patrons, au Cameroun, mais il m'a semblé que cette manifestation de leur beauté a elle aussi été attribuée par Dieu. » Je lui répondis d'abord que Dieu pouvait peut-être avoir agi ainsi pour les femmes, afin de les rendre plus élégantes, mais qu'il ne pouvait pas l'avoir fait pour les hommes… Plus sérieusement, je lui expliquai que les Blancs des pays froids avaient naturellement le nez fin à la suite d'un long processus d'évolution qui leur a permis de s'adapter au climat : en réduisant le volume d'entrée de l'air, celui-ci arrive au poumon moins froid. À l'inverse, la chaleur des contrées africaines a obligé la morphologie des Noirs à s'adapter : le poumon, étant dépourvu d'un régulateur de température, doit recevoir un air moins chaud, moins comprimé par le nez, et donc de forme plus large. Les footballeurs ont eu un moment recours à un procédé artificiel pour être plus performants : les écarteurs de narines permettaient à l'air de moins se réchauffer avant d'arriver aux poumons. Je précisai à mon père qu'il pouvait vérifier ce phénomène en faisant une expérience très simple : lorsqu'il expire en ouvrant légèrement la bouche, l'air, compressé à la sortie, est un peu chaud ; mais lorsqu'il expire en ouvrant largement la bouche, l'air qui sort plus librement est plus froid.

Je conclus en lui disant que ce que je venais de lui exposer pourrait être très simplement expliqué aux enfants à l'école, qu'ils comprendraient mieux les raisons de nos différences, et verraient que Dieu, dans tout ça, n'y est pour rien.

« Bon, d'accord… Mais alors, mon fils, d'où vient cette différence de développement social ? »

« Excellente question ! », lui répondis-je. Pour mieux y répondre, je pris l'exemple de deux oiseaux affamés à la recherche de nourriture. L'un vit habituellement dans l'hémisphère nord, où le climat est rigoureux, alors que l'autre a l'habitude des climats plus cléments des zones équatoriales. Enfermons-les dans une pièce où se trouve une table sur laquelle est posée une assiette, qui contient des graines protégées par un fragile couvercle transparent. L'oiseau des zones équatoriales va très vite abandonner après les premières tentatives infructueuses d'attraper les graines, alors que celui de l'hémisphère nord va s'acharner et finalement arriver à les atteindre pour se nourrir. Une telle différence de comportement est due au fait que l'oiseau de l'hémisphère nord est habitué à faire davantage d'efforts que son collègue des zones équatoriales, parce qu'il est confronté à des difficultés climatiques supérieures. S'il a pu faire preuve de cette « intelligence » (disons plutôt « efficacité »), c'est la résultante de contraintes environnementales. Le degré d'intelligence (ou d'efficacité) d'un individu se mesurant au nombre de problèmes qu'il résout (et bien entendu à leur difficulté), il est clair que sans problème à résoudre, ni l'intelligence ni l'efficacité n'ont de chances de se développer.

Ainsi, lors du long processus de migration vers l'hémisphère nord, les hommes de Neandertal ont subi des contraintes climatiques très rudes et de graves carences nutritionnelles, ce qui a provoqué, durant des millions d'années, de véritables hécatombes. Ils furent contraints de développer leur intelligence, de trouver ou de confectionner des abris, d'apprendre à chasser les animaux pour se nourrir et se vêtir. Pendant ce temps, leurs semblables restés en Afrique, dans un confort climatique supérieur, bénéficiaient d'une nourriture abondante et d'une facilité d'existence qui ne les poussaient pas à développer des facultés leur permettant de mieux structurer leur environnement. Lorsque j'allais à l'école primaire au Cameroun, je n'avais pas besoin de chaussures, et les rares moments où je les portais, je les oubliais généralement à l'école. En Europe, ne pas mettre ses chaussures pour aller à l'école risque de procurer quelques désagréments.

Il est bien clair que dans toute cette histoire commune des Noirs et des Blancs, Dieu n'y est pour rien. Et j'ajouterai que, si à ce niveau l'être humain est un descendant des étoiles, les Blancs sont des descendants des Noirs.

Chapitre 6

Le premier qui arrive est le colonisateur

Mon père commençait à être convaincu. Pourtant, un fait historique l'intriguait : si les Blancs descendent des Noirs, alors pourquoi les premiers ont-ils, pendant des siècles, soumis les seconds au régime de l'esclavage ? La réponse à cette question va permettre de montrer que, sur ce point-là aussi, Dieu ne « joue pas aux dés ».

Ayant ainsi développé son intelligence en s'adaptant aux contraintes climatiques, pendant que ses frères restés en Afrique prenaient du retard, l'homme blanc partit à la conquête de l'Afrique. Dans l'ignorance de la vérité mathématique, le choc fut très rude : la soif de conquête et la volonté de domination ont prédominé. Ici, il me faut affirmer, au risque de heurter ceux qui partagent ma couleur de peau, que je ne pense pas qu'il m'aurait été possible d'agir autrement si j'avais été, à cette époque, à la place de nos ancêtres blancs qui vivaient dans l'ignorance des vérités mathématiques.

Non seulement nous ne devons pas oublier notre histoire, mais encore il faut en parler sans passion particulière. Car ce fléau qu'est l'idéologie d'une soi-disant supériorité de race ne concerne pas que les relations entre Blancs et Noirs : il est aussi présent entre

Blancs (il suffit ici de mentionner les atrocités que furent les génocides des Juifs, des Tsiganes, etc.), et entre Noirs (le drame rwandais est encore plus proche). C'est toute l'humanité qui est concernée. Plutôt que d'y voir un « problème de race », ne faudrait-il pas invoquer le *libre arbitre* humain ?

De cela, mon père était bien conscient. Aussi me demanda-t-il ce qu'il convenait de faire afin d'éviter que de telles atrocités se reproduisent.

Il faut bien convenir que, jusqu'à présent, l'humanité a échoué à traiter ce fléau. Certes, des lois existent, on condamne les moindres propos discriminatoires, on vient parader devant les caméras lors des obsèques de Nelson Mandela (premier président Noir de l'Afrique du Sud, emprisonné pendant 22 ans, qui a sacrifié sa vie en luttant contre la discrimination de couleur de peau) pour montrer qu'on est contre le « racisme ». Pour autant, le racisme n'a pas disparu. Cet échec est dû au fait que notre génération, comme les précédentes, reste dans l'ignorance des vérités mathématiques. Nous ne devons pas reproduire les mêmes erreurs pour la génération suivante, celle de nos enfants : ils ont droit à la vérité, pour mieux vivre entre eux. Cette vérité, nous devons l'exprimer courageusement, sous les deux formes suivantes :

1) La mathématique confirme de façon empirique que notre ascendant commun vient de l'Afrique noire, et qu'il descend lui-même d'une étoile primitive en passant par la forme animale. Nous devons avoir le courage de l'enseigner sans tabou à nos enfants dès la classe de CP. Je le répète : si, à l'époque d'Hitler, cette vérité mathématique avait été enseignée à l'école, ils auraient été bien moins nombreux à partager son idéologie délirante. Moi-même, je n'aurais jamais eu ce moment de doute à une période de ma vie lorsque, venant faire mes études en France, j'étais persuadé que ma première copine blanche était une faveur de Dieu à mon égard.

2) Les responsables religieux doivent revoir leur message, en reconnaissant d'une part que le rôle divin ne se limite pas à contempler nos turpitudes, et d'autre part qu'il n'est pas responsable de notre libre arbitre. Pensez par exemple au slogan nazi « Gott mit uns » (« Dieu est avec nous ») : comment imaginer qu'un Dieu pouvait siéger là haut et contempler sans rien faire des soldats nazis tuant des enfants innocents, dont la dernière vision

avant de mourir était cette mention, gravée sur le ceinturon de leurs bourreaux, « Gott mit uns » ?

Accuser quelqu'un de raciste aujourd'hui, c'est affirmer que cette personne est capable de démontrer scientifiquement la singularité des races. Jadis, dans l'ignorance de la vérité mathématique, on pouvait accuser quelqu'un de raciste parce qu'on croyait à une différence des races, mais depuis que la science a démontré le contraire, cette accusation perd de sa substance. On parlera alors davantage de discrimination par la couleur de peau, sexuelle ou religieuse qui découle de notre libre arbitre.

Pour illustrer le phénomène de la rencontre entre deux êtres humains de couleur différente et aux racines communes, je précise que si, un jour, des extraterrestres arrivent sur Terre, cela ne sera pas le fait du hasard. Ils auront d'abord exploré notre planète (comme nous envoyons des robots et des sondes sur Mars et d'autres planètes) avant de se préparer pour sa conquête, avec les moyens nécessaires pour arriver à leurs fins – comme, par exemple, nous ramener sur leur planète à l'état d'esclaves – tout en ignorant que, malgré nos différences, nous avons un ancêtre commun qui est l'étoile primitive. Mais avant d'aller plus loin (tiens, une parenthèse…), disons quelques mots du débat concernant l'existence éventuelle d'extraterrestres.

L'univers que nous connaissons est composé de milliards de galaxies (la nôtre est la Voie lactée), lesquelles sont composées de milliards d'étoiles (la nôtre est le Soleil). Limitons-nous à notre galaxie avec ses milliards d'étoiles, sachant que chaque étoile, par sa taille et sa masse, est au centre d'un système de planètes qui tournent autour d'elle (comme nous tournons autour du Soleil) du fait de sa force d'attraction (la gravitation). Souvenons-nous du principe de la parcelle cultivable : comment peut-on imaginer que la Terre serait la seule parcelle cultivable parmi les milliards de planètes ? Ce serait être aussi ignorant que nos ancêtres qui pensaient que la Terre était au centre de l'univers. Il y a donc nécessairement d'autres parcelles cultivables où la vie a déjà prospéré et va prospérer. Peut-être les êtres qui y vivent ont-ils des couleurs encore différentes (on parle bien des Martiens comme de « petits hommes verts »), du fait des particularités de leur environnement ? Il faut considérer ces extraterrestres comme des êtres humains, qui sont issus de la même matière, des mêmes atomes et des mêmes composants chimiques. Il est mathématiquement impossible qu'ils soient des robots de métal ou de matière plastique se nourrissant de carburants, comme dans certains films de science-fiction – sauf s'ils ont été fabriqués et envoyés par des êtres humains intelligents, pour pallier leur incapacité physique de supporter le voyage interstellaire. De la même façon, nous fabriquons nos robots pour les envoyer sur Mars, les contraintes du voyage étant assez éprouvantes (l'aller simple le plus rapide vers Mars, qui est la deuxième planète la plus proche de nous après Vénus, dure environ 6 mois).

Nous avons tous entendu parler d'apparitions d'extraterrestres, à Roswell (ouest des États-Unis) ou ailleurs, mais ce ne sont pas des histoires très récentes. Les extraterrestres auraient-ils peur de se montrer aujourd'hui, à cause de l'évolution de notre connaissance ? En fait, je ne crois pas qu'une rencontre ait déjà eu lieu avec d'autres formes de vie intelligente dans l'univers, la distance qui nous sépare est trop immense. Si des êtres humains plus évolués que nous parvenaient à nous rendre visite en douce, ils devraient nécessairement posséder une technologie plus avancée que la nôtre, ainsi qu'une parfaite maîtrise des lois de la mathématique de l'univers (comme la gravitation ou la vitesse au-delà de celle de la lumière) et des voyages interstellaires. Lors d'un tel périple, ils devraient voyager à une vitesse proche de celle de la lumière, voire faire des sauts quantiques comme des particules subatomiques – ce qui semble humainement impossible, la résistance de la matière qui constitue l'être vivant ayant des limites.

En fonction du principe de parcelle cultivable, et grâce aux explorations que nous avons réalisées à l'aide de sondes spatiales, nous pouvons affirmer avec certitude que nous sommes les seules formes de vie intelligente qui soient présentes dans notre système solaire. Même Mars, qui est la dernière planète tellurique (ayant un sol rocheux) de notre système solaire, et que nous avons longtemps décrite, à travers des films de science-fiction, comme peuplée de petits hommes verts, n'est en rien une parcelle cultivable. Il en va de même pour les planètes gazeuses, de Jupiter jusqu'à Pluton (dernière planète de notre système solaire) et leur lune. L'espoir de trouver une forme de vie intelligente s'oriente donc naturellement vers les milliards de systèmes de planètes (une étoile avec d'autres planètes autour) qui se trouvent dans notre galaxie. Celle qui est la plus proche de nous, Alpha Proxima du Centaure, est située à environ 4,3 années-lumière, soit environ 40 850 000 000 000 km (quarante mille huit cent cinquante milliards de km) et déploie un système bizarre à trois étoiles (trois soleils !). Voilà qui illustre bien les distances incroyablement élevées qui séparent notre système solaire des autres systèmes de planètes présents dans notre galaxie… Aucun être vivant ayant la même composition chimique et issu de la même matière que nous ne pourrait supporter physiologiquement un tel voyage, à la vitesse proche de celle de la lumière (300 000 km/s).

Imaginons que des astrophysiciens habitant ce système Alpha Proxima se posent les mêmes questions que nous quant à la présence d'autres êtres vivants dans l'univers. Dirigeant vers notre système solaire leur télescope géant, grâce à l'effet Doppler ils verront d'abord les faibles spectres lumineux de notre étoile comme un point brillant ; puis Jupiter, tout petit, va enregistrer les fréquences de perturbation du spectre lumineux lors du passage de la planète devant son étoile : Jupiter est en effet le deuxième astre le plus massif de notre système de planètes après le Soleil. Ne pouvant voir que ces deux astres, grâce à leur taille, ils penseront qu'ils ont trouvé une étoile avec une planète pouvant héberger la vie.

Faisons à présent une nouvelle (petite) parenthèse relative à l'effet Doppler, dont nous avons entendu parler autour de nous dans le cadre du suivi d'une grossesse ou du dépistage de nombreuses maladies. Le principe en a été présenté en 1842 par Christian Doppler (1803-1853), mathématicien et astrophysicien autrichien : il s'agit du décalage de fréquence d'une onde (sous forme sonore, d'ultrasons, lumineuse, etc.) entre la mesure à son émission et la mesure à sa réception, lorsque la distance entre l'émetteur et le récepteur varie au cours du temps. Par exemple, nous avons tous pu constater que la fréquence sonore de la sirène d'une ambulance augmente lorsqu'elle se rapproche de nous (par une sorte d'accumulation sonore) et diminue lorsqu'elle s'éloigne. Cet effet permet surtout de mesurer la vitesse d'un système, et ses deux applications les plus fréquentes concernent les domaines médical (la mesure du débit du sang dans les artères et dans les veines, pour détecter d'éventuels caillots pouvant provoquer une maladie cardio-vasculaire, ou la surveillance du débit sanguin du fœtus) et astronomique (comme par exemple la détection des exoplanètes par le système de transit : une étoile émettant de la lumière vive, il est impossible d'observer les planètes qui tournent autour d'elle ; grâce à l'effet Doppler, qui consiste à mesurer la variation du spectre lumineux de l'étoile lors du passage d'une exoplanète, on peut apprécier sa vitesse d'approche et d'éloignement, ainsi que son temps de révolution autour de l'astre principal).

Revenons à nos astrophysiciens extraterrestres : connaissant avec précision l'intervalle de temps entre les deux modifications du spectre lumineux par la tache de la fameuse planète (Jupiter), qui est d'environ 12 ans, ils pourront déterminer :
– la masse de la planète : 1,8986 $\times$ 10^{27} kg (environ 317 fois celle de la Terre), ce qui leur permettra aussi d'évaluer la masse de son étoile qui est de 1,989 $\times$ 10^{30} kg (soit environ 332 950 fois celle de la Terre) ;
– sa distance par rapport à son étoile, qui est de 778 000 000 de km (5,3 ua) ;
– sa vitesse de révolution et de rotation.

Avec tous ces éléments, ils pourront conclure que si une planète est à ce point éloignée de son étoile, sa température est évidemment trop froide pour pouvoir être supportée par des êtres vivants. Autrement dit, ce n'est pas une planète habitable. C'est à ce type d'analyse que se livrent nos brillants astrophysiciens quand ils observent les systèmes de planètes pour y trouver de la vie.

Mais alors, comment leurs équivalents extraterrestres vont-ils procéder pour découvrir la Terre ? Ayant constaté qu'il y avait un immense espace vide entre les deux astres, ils vont trouver une astuce pour l'explorer. En étudiant la propagation du vent solaire (qui se déplace dans tout le système solaire à une vitesse moyenne de 500 km/s) entre les deux astres, ils vont en effet observer un phénomène étrange : le vent solaire est dévié à environ 150 000 000 de km de l'étoile, alors que la planète visible est à 778 000 000 de km. À partir de quelques équations mathématiques, ils vont comprendre que, pour que ce vent, très nocif pour la vie, soit dévié à cet endroit précis, il faut qu'un objet céleste émette des ondes magnétiques assez puissantes à son voisinage. En d'autres termes, cette déviation résulte de la présence d'un astre minuscule qui produit un champ magnétique assez puissant à ses pôles pour lui servir de protection. Ils vont donc décider d'envoyer une sonde à cet endroit précis, qui se trouve à environ 150 000 000 de km de l'étoile. Peut-être est-elle déjà en route…?

Nous pouvons ainsi logiquement préciser les points suivants :

– Affirmer que nous sommes les seules formes de vie intelligente dans l'univers reviendrait à affirmer, comme nos ancêtres, que la Terre était au centre de l'univers.

– Toute autre forme de vie serait très semblable à la nôtre du point de vue de la composition chimique.

– Il y aurait une certaine logique à ce que des robots d'extraterrestres arrivent un jour sur Terre, comme dans les films de science-fiction, dans la mesure où leurs maîtres, tout comme nous, ne peuvent supporter les contraintes physiologiques du voyage interstellaire.

– Il y a une assez forte probabilité pour qu'ils en soient arrivés plus ou moins au même stade d'évolution que nous, à cause de cette période relativement calme qui règne dans notre galaxie et qui offre une plage de temps propice à la vie.

– Nous devons admettre qu'ils sont aussi intelligents et curieux que nous, et qu'ils se posent aussi des questions existentielles pour comprendre l'univers.

– Ils sont aussi intéressés à trouver des solutions pour franchir les contraintes du voyage interstellaire, et probablement en train de débattre de la présence éventuelle d'autres êtres vivants dans l'univers.

– Ils envoient donc des robots ou des satellites vers d'autres planètes, ou d'autres systèmes d'étoiles.

– Tout comme nous, ces extraterrestres sont soumis à la loi mathématique de l'irréversibilité du système et de la flèche de temps – tout ce qui est créé évolue vers la mort.

J'aime imaginer que notre sonde Voyager 1, lancée en 1977 et qui vient de quitter notre système solaire pour entrer dans la zone interstellaire, rencontre un jour une sonde extraterrestre fonçant vers notre système solaire… Elle est à plus de 120 ua (je le rappelle, 1 unité astronomique équivaut à la distance entre la Terre et le Soleil, soit environ 150 000 000 de km), et il lui faudra environ 75 000 ans pour atteindre le système de planètes le plus proche de nous, Alpha du Centaure. Peut-être sera-t-elle déjà morte, et remplacée par une autre étoile. La sonde emporte avec elle un disque en or sur lequel sont gravées des informations concernant la Terre – entre autres, sa situation dans l'univers, l'ADN humain, une centaine de photos, un enregistrement de J. S. Bach par Glenn Gould et… un message rédigé en 55 langues. Cela me laisse perplexe, car j'ai du mal à imaginer que les extraterrestres qui auront la chance de faire cette rencontre comprennent quoi que ce soit à nos charabias de terriens.

Soyons optimistes, et imaginons ce qui se passerait si la rencontre avait effectivement lieu entre les extraterrestres et nous. Comme le chapitre suivant va le montrer, cela nous permettra de mieux comprendre ce qui est arrivé lors de la première rencontre entre l'homme blanc et l'homme noir en Afrique, et les conséquences qui en ont découlé.

Chapitre 7

Les extraterrestres feront les mêmes erreurs

Vous êtes en vacances, à la plage. Il fait nuit, vous êtes couché sur le sable avec votre charmante épouse en train d'admirer les étoiles et de respirer la fraîche brise de mer. Subitement – un peu comme dans *Independance Day* – apparaît un vaisseau d'extraterrestres ; il se pose à quelques mètres, et bientôt des hommes verts s'approchent de vous. Terrorisés, vous courez pour leur échapper. Constatant cette manifestation de faiblesse, ils vous rattrapent et vous font prisonniers. La même scène se déroule à de nombreux endroits de la planète, et en peu de temps les envahisseurs prennent son contrôle et imposent leur loi.

Leurs objectifs sont clairs :

– Nous coloniser et nous réduire en esclavage, quelle que soit la couleur de notre peau, en sélectionnant des hommes forts et des femmes fortes et belles, les envoyant vers leurs planètes dans des conditions d'acheminement très inhumaines, pour fournir de la main d'œuvre robuste à leur industrie en plein essor. Les esclaves voyageront entassés et serrés comme des sardines dans la soute de leur avion interstellaire, en subissant des radiations cosmiques tout au long du trajet. Ceux qui survivront (les plus courageux et les plus forts) seront vendus et affectés aux tâches les plus ingrates. On pourra acheter sur catalogue des hommes et des femmes en fonction de leur capacité de résistance.

– Imposer l'idée selon laquelle ils représentent la « race » supérieure, toutes celles présentes sur la Terre n'étant constituées que de sous-hommes. Ce qui revient à oublier qu'ils sont issus de la matière comme nous, et que leur intelligence élevée et leur couleur verte ne sont que la conséquence logique de leur environnement.

– Nous soumettre à une sorte de pensée unique, équivalente à une religion, et nous imposer leur savoir et leur organisation sociale.

Voilà une situation qui évoque les lois Jim Crow, cet ensemble de lois ségrégationnistes créées au Sud des États-Unis entre 1876 et 1964 pour séparer les Blancs des Noirs. Cette expression, « Jim Crow », fait référence à une chanson (*Jump Jim Crow*) écrite en 1828 par un colon anglais, Thomas Dartmouth « Daddy » Rice, qui produisait un spectacle en se noircissant le corps et en interprétant le rôle d'un personnage issu du Sud profond, afin de montrer que les Noirs étaient fainéants, ignares, illettrés – bref, des sous-hommes. Le spectacle eut tellement de succès que dès les années 1830 le nom de Jim Crow servait à désigner l'ensemble des lois ségrégationnistes.

De la même façon :

– Les enfants « verts » et ceux qu'ils appellent « enfants de couleur » n'iront pas dans les mêmes écoles.

– Aucune personne de couleur n'aura le droit d'errer dans les rues entre 6 h du matin et 20 h, et chacune sera assignée à des travaux journaliers par son propriétaire.

– Tout mariage entre une personne verte et une personne de couleur, ou entre une personne verte et une personne d'ascendance de couleur à la quatrième génération, sera interdit.

– Les conducteurs de trains de voyageurs (s'il en existe là-bas) doivent assigner à chaque passager le wagon ou le compartiment qui lui est destiné en fonction de sa couleur.

– Tout restaurant, ou tout autre endroit où est servie de la nourriture, doit impérativement prévoir des salles distinctes pour les personnes vertes et de couleur, à moins qu'elles ne soient efficacement séparées par une cloison pleine s'étendant du

plancher vers le haut à une distance minimale de sept pieds, et à moins qu'une entrée séparée ne soit prévue.
– Aucune personne ou société ne pourra imposer à une infirmière verte de travailler dans les salles d'hôpitaux, publics ou privés, dans lesquels des hommes de couleur sont soignés.
– Toute personne qui sera reconnue coupable de l'impression, de l'édition ou de la circulation de tracts ou de pétitions recommandant ou présentant au public des informations, des arguments ou des suggestions en faveur de l'égalité sociale ou en faveur du mariage entre personnes vertes et personnes de couleur, se rendra coupable d'un délit et risquera une amende, voire la prison.
– Les autorités de chaque hôpital et de l'État devront s'assurer que des entrées séparées sont prévues pour les patients verts et pour les patients et les visiteurs de couleur.
– Les surveillants de prison veilleront à ce que les condamnés verts aient des lieux pour dormir et pour manger qui soient séparés de ceux des condamnés de couleur.
– Quelle que soit la compagnie de transport, toutes les stations devront avoir des salles d'attente et des guichets séparés pour les personnes vertes et pour les personnes de couleur.
– Étant plus petits que nous, ils organiseront, pour leurs distractions, des combats de boxe non entre eux et les terriens, mais entre terriens.

L'analogie avec l'histoire américaine récente pourrait être poussée encore plus loin. Nos descendants ayant évolué au fil des siècles, avec le renouvellement des générations, certains se seront intégrés à la société des hommes verts, d'autres pourront se battre pour revendiquer leurs droits civiques et leur liberté. Vous souvenez-vous de l'histoire de Rosa Parks, qui en 1955 refusa de céder sa place à un Blanc dans un bus ?

Un petit homme vert entre dans un bus et voit une dame charmante et de haute taille (pour lui), de couleur (blanche, noire ou métisse), s'asseoir sur un siège. Il l'interpelle d'une manière grossière : *« Hé, toi, bouge ton gros cul de ce siège, sinon je me fâche ! »* Réponse de la dame de couleur : *« Petit nain vert, si tu me parle encore comme ça, c'est moi qui vais te botter le cul, et je ne bougerai pas de ce siège ! J'y ai droit comme toi. »*

Un grand homme de couleur vient s'en mêler : *« Comment oses-tu parler à ma mère comme ça ? »* lui dit-il, en lui infligeant une gifle bien méritée.

Hommes verts et hommes de couleur en viennent aux mains et, malgré une répression sanglante, ces derniers manifestent leur unité en regroupant leurs forces, décidés à en finir avec la ségrégation. Des émeutes paralysent totalement le pays, et le débat concernant les droits de l'homme de couleur sera finalement ouvert par certains hommes verts politiquement très influents. D'autres s'opposeront publiquement à la politique ségrégationniste, proposant des lois et des amendements à l'Assemblée pour améliorer le statut des hommes de couleur. Certains esclaves seront affranchis. On peut même imaginer qu'un homme politique vert d'une stature équivalente à celle d'Abraham Lincoln jouera en ce sens un rôle aussi efficace.

Arrêtons-nous un instant pour lui rendre hommage. Le 16e Président des États-Unis, élu en 1860 et réélu en 1864, est célèbre non seulement pour avoir maintenu l'État de l'Union en gagnant la guerre de sécession (1861-1865), mais surtout pour avoir instauré le 13e amendement, voté le 6 décembre 1865, abolissant officiellement l'esclavage. Aux États-Unis, cette forme de soumission repose sur la conjonction de plusieurs éléments, dont les plus importants sont d'une part la nécessité de se développer économiquement après une longue période de guerre, notamment dans l'agriculture et les champs de coton ; et d'autre part la recherche d'une main d'œuvre bon marché. Sur ce dernier point, la conquête de l'Afrique par les empires coloniaux anglais et français donna naissance à un commerce extrêmement prospère : la traite négrière. C'est ainsi que les États-Unis se trouvèrent peuplés de nombreux Afro-Américains dépourvus de droits civiques et totalement soumis à leur propriétaire, conformément aux lois ségrégationnistes Jim Crow.

C'est vers 1858 qu'un jeune et talentueux avocat blanc, Abraham Lincoln, commença à se faire connaître à travers sa lutte acharnée contre l'esclavage. Il fut investi par le tout nouveau Parti républicain (dont je rappelle qu'il a été créé pour lutter contre les États esclavagistes) comme son candidat aux élections présidentielles des États-Unis, puis élu en novembre 1860 et réélu en novembre 1864. Sa première élection provoqua l'opposition des sept États sudistes esclavagistes (Caroline du Sud, Mississippi, Floride, Alabama, Géorgie, Louisiane et Texas), qui décidèrent de quitter l'État de l'Union pour devenir des États confédérés, et ainsi garder leur droit à l'esclavage – avec pour conséquence la guerre de Sécession. Lincoln proclama en 1863 le droit à l'émancipation, qui deviendra le 13e amendement de la Constitution américaine en 1865. Permettant l'affranchissement des esclaves, cette loi a longtemps constitué le cadre juridique dans lequel s'est inscrite la revendication des droits civiques, dont l'un des plus grands défenseurs fut le révérend pasteur Martin Luther King (1929-1968), et qui aboutit à l'égalité des droits entre Noirs et Blancs. D'une certaine façon, l'élection du Président Obama en est la conséquence logique (nous reviendrons sur cette élection plus loin).

On peut donc imaginer qu'à l'image de ce qu'a réalisé Abraham Lincoln, notre courageux homme politique « vert » obtiendrait, par son combat, que les hommes de couleur aient le droit de vote, la possibilité de fréquenter les mêmes établissements scolaires et les mêmes moyens de transport que les hommes verts, le plaisir de fonder un couple mixte et d'avoir des enfants métissés (vert clair pour les couples verts et blancs, vert foncé pour les couples verts et noirs…) et la capacité à voyager librement, ne serait-ce que pour rendre visite à ceux qui sont restés sur Terre… Éclairé par la vérité mathématique, un de nos descendants pourrait écrire des livres pour expliquer aux hommes verts, et aux autres, que nous sommes issus de la même matière, que nous avons tous les mêmes atomes – ceux qui sont présents dans l'univers ; expliquer pourquoi les Noirs et les Blancs sont devenus des esclaves, pourquoi les extraterrestres sont de couleur verte, et pourquoi Dieu n'y est pour rien ; expliquer enfin aux hommes verts qu'ils pourraient bien subir le même sort si, d'aventure, quelques extragalactiques (ou hommes violets) débarquaient sur notre planète.

Bien entendu, l'émancipation des hommes de couleur ne se fera ni facilement ni rapidement ; les hommes verts seront en position de pouvoir et chercheront par tous les moyens à justifier leur supériorité à travers la religion, l'idéologie et les manipulations de l'Histoire. Mais ce sera peine perdue ! L'émancipation des hommes de couleur est en route ! Ils excellent dans les sports, et le charisme intellectuel de certains d'entre eux va les propulser au sommet de la connaissance scientifique – à l'image du premier astrophysicien de couleur qui maîtrisera la technique du voyage interstellaire (songeons au Dr. Bernard Harris, premier astronaute Noir ayant séjourné dans l'espace en 1993, ou encore à Charles Bolden, également astronaute et premier directeur Noir de la NASA depuis 2009).

Ceux d'entre vous qui prendront ce scénario pour un improbable film de science-fiction se trompent. Non seulement les probabilités pour qu'il se produise effectivement sont importantes, mais encore il peut aussi se produire dans l'autre sens – à savoir que c'est nous qui coloniserons les extraterrestres. Bref, le premier arrivé chez l'autre sera le colonisateur. Il est surtout possible que le contact soit établi à travers des robots qui peuvent supporter les contraintes du voyage interstellaire.

Je suggère fortement à nos descendants de garder précieusement ce livre : si le contact humain s'avérait possible, et si nous étions colonisés, ils pourront montrer aux extraterrestres qu'il y a bien longtemps, l'un de leurs ancêtres de couleur noire, M. Germain Jantcheu, avait parfaitement prédit ce scénario ! C'est alors que les hommes verts pourront comprendre que, malgré quelques différences visibles, nous sommes tous les descendants d'une étoile. Certes, direz-vous… mais s'ils sont intelligents, ne devraient-ils pas savoir tout cela ? Ce serait oublier notre histoire : nous pensons tout connaître, et pourtant de nos jours certains ignorent encore l'unification mathématique des races.

Si, avant de conquérir l'Afrique, les Blancs avaient lu un livre comme celui-ci, n'auraient-ils pas eu d'autres comportements que ceux qui ont conduit à l'exploitation humaine ?

Chapitre 8

L'ignorance fait la différence

Quittons maintenant les extraterrestres pour revenir à nos deux communautés terrestres. Leur rencontre a bien eu lieu, et ce fut une rencontre entre deux ignorances, en pleine période d'obscurantisme. D'un côté l'homme Blanc, pour qui la Terre est le centre de l'univers, Dieu est tout blanc et le Diable (pourvu d'une queue de singe) tout noir, le paradis est au ciel et l'enfer dans les entrailles de la Terre, le moindre phénomène climatique est considéré comme une manifestation de la colère de Dieu, etc. De l'autre l'homme Noir, encore plus ignorant, qui n'a pas pu bénéficier des quelques avancées scientifiques de l'époque et qui, voyant approcher de ses côtes africaines, en son majestueux bateau, un être humain dont la peau vive et claire lui donne l'impression d'être lui-même sale et impur, croit avoir trouvé l'origine de la pluie, du soleil et des tornades. Une telle rencontre ne pouvait que renforcer leurs préjugés respectifs, l'homme Blanc voyant dans les comportements de celui qu'il soumettait la preuve qu'il se situait au sommet de la hiérarchie humaine, l'homme Noir comprenant à l'inverse que son infériorité imposait tout naturellement qu'il se soumette.

Vers 500 ans av. J-C, le grand explorateur carthaginois Hannon décida d'aller explorer et coloniser les côtes africaines avec ses majestueux navires, qui contenaient environ 30 000 hommes et femmes blancs – inaugurant ainsi les premiers contacts avec des indigènes noirs qui, par ignorance, prirent la fuite à leur arrivée. C'est en franchissant le Golfe de Guinée qu'ils atteignirent la côte camerounaise, où ils découvrirent un pays en flammes, une montagne qui crachait du feu jusqu'aux étoiles et qu'ils appelaient le « char des dieux ». Pensant qu'il s'agissait d'une manifestation divine, ils rebroussèrent chemin – alors qu'il ne s'agissait que de l'éruption volcanique du mont Cameroun (4 070 m), dont les indigènes locaux s'accommodaient d'autant mieux que la terre naturellement fertilisée par les laves du volcan rendait leur agriculture florissante et abondante.

Pourtant, en quoi les hommes Noirs et les hommes Blancs sont-ils fondamentalement différents ? Ils sont tous deux nés d'un père et d'une mère, avec le même système de reproduction. Ils grandissent et meurent de la même façon et à la même période, subissant l'irréversibilité du système. Tous deux doivent se nourrir pour vivre, ont besoin d'énergie pour s'opposer à la force d'attraction de la Terre, et peuvent tomber malade. Ils sont capables de bonnes et de mauvaises actions, éprouvent des émotions, ressentent le bonheur et le malheur, s'aiment et se détestent. Ils ont une vie sociale, sont riches ou pauvres, plus ou moins intelligents. Tous deux sont nés du ventre d'une mère qui les a portés pendant neuf mois. Ils ont les mêmes neurones, les mêmes atomes, les mêmes molécules – bref, des compositions chimiques identiques, et certainement une capacité équivalente d'adaptabilité et de curiosité.

Ayant exposé ces arguments à mon père, je lui demandai s'il pouvait imaginer qu'un Dieu pourrait être tranquillement assis, là-haut, à regarder mourir ce pauvre enfant éthiopien dont le monde entier a vu la photo dans les journaux en 1998 ? Ou à simplement constater sans rien faire que des millions d'Africains sont enchaînés comme des animaux dans les cales de bateaux pour être vendus en tant qu'esclaves au pays des Blancs ? Sa réponse me combla – c'est un des plus beaux souvenirs de ma vie : *« En t'écoutant, mon fils, j'ai eu l'impression d'écouter l'intelligence d'un homme Blanc, alors que tu es Noir ; cela veut dire que tu as raison, et je te conseille d'écrire un livre pour partager ton savoir avec les autres. »*

Ici, je voudrais me livrer à quelques confidences, que certains dans mon entourage ont du mal à accepter :
– J'ai été très heureux d'apprendre que le champion de 100 m français, Christophe Lemaître – un Blanc – avait gagné le 100 m en 9,98 secondes devant Justin Gatlin, le 9 juin 2013 à Rabat : c'était aussi une victoire de la vérité mathématique sur le stéréotype des Noirs qui sont toujours les plus rapides.
– Cela me ravit de voir que, depuis 2006, les frères ukrainiens Wladimir et Vitali Klitschko sont champions du monde de poids lourd unifié. Lors du championnat du monde de boxe qui opposait Mike Tyson et Evander Holyfield, je suivais ce combat avec des amis à Paris. À la suite d'un long échange de crochets et d'uppercuts, mon voisin (un Blanc) cria : « Dieu a donné la force au Noir ! » Il voulait dire que Dieu avait privilégié les Noirs (mais sait-on qui réellement a été privilégié par Dieu… ?) en leur offrant la force et l'habileté physiques. En me voyant rigoler, il me demanda pourquoi je n'avais pas l'air d'accord, et je lui répondis que Dieu n'était en rien responsable de la force de Tyson ou Holyfield, ni des qualités athlétiques des Noirs américains, et qu'il fallait y voir l'héritage de la sélection des esclaves. Si ce n'était pas le cas, tous les Noirs d'Afrique seraient champions du monde – or, malheureusement, aucun Noir africain n'a jamais été champion du monde ! Je lui promis que bientôt, un Blanc serait champion du monde des poids lourds, ce qui déclencha son hilarité. C'est précisément ce qui est arrivé : une fois de plus, la vérité mathématique à triomphé face aux préjugés.
– Je me réjouis de savoir que le plus grand golfeur de tous les temps est un Noir.
– De même que j'ai été heureux de constater qu'en 2008 le rappeur le plus connu au monde, Eminem, était un Blanc, alors que le président du plus grand pays du monde, Barack Obama, était un Noir.

Donnons à chacun les mêmes outils d'apprentissage et un environnement équivalent : les connaissances et les capacités n'ont aucune raison d'être réservées à une « race » particulière. Prenons l'exemple de ce que j'appelle l'effet Obama.

L'élection par le peuple américain de Barack Obama comme président des États-Unis restera à jamais un symbole de paix et d'éducation pour la jeunesse dans le monde, en tant que preuve vivante de cette vérité mathématique d'unification des races à travers notre « ancêtre » commun qui est l'étoile primitive. À tous ceux qui ignorent encore cette vérité, qui s'accrochent à une idéologie de la suprématie ou des différences fondamentales entre races, qui sont séduits par des discours nazis ou tiennent des propos ségrégationnistes, il faudrait rappeler l'effet Obama. Lorsque le président de l'équipe de basketball Los Angeles Clippers a tenu en avril 2014 des propos discriminatoires contre les Noirs, on a assisté comme d'habitude à un ensemble de condamnations ; mais la seule réaction qui l'a obligé à s'excuser était celle, instructive et subtile, du président Obama : *« Lorsque des personnes ignorantes se vantent de leur ignorance, il n'y a pas grand-chose à faire sinon de les laisser parler. »* Certes, je ne me permettrais pas de supposer que notre illustre président s'est inspiré du contenu du présent chapitre avant de se prononcer ainsi... Non, c'est simplement que nous avons tous deux été inspirés par la vérité mathématique !

Imaginez un instant Hitler en train d'élaborer son projet diabolique d'élimination des races non aryennes, et voyant un Noir à la tête du pays le plus puissant du monde. N'aurait-il pas abandonné son projet ? Comment aurait-il pu expliquer à son peuple que la race aryenne était supérieure à toutes les autres, alors que le président d'un pays plus puissant que le sien était Noir, c'est-à-dire considéré comme au bas de l'échelle ?

Lorsque le prix Nobel de la paix a été attribué au président Obama, il prétendit en avoir été surpris. Ce ne fut pas mon cas, mais si on m'avait demandé mon humble avis, j'aurais ajouté un deuxième lauréat : *le peuple américain*, qui a élu librement un président Noir, montrant ainsi au monde entier que « nous avons réalisé un grand pas en avant dans la correction de l'ignorance de nos ancêtres ».

Supposons maintenant, pour mieux comprendre l'effet Obama, qu'un fils de terrien devienne le président des hommes verts, après un brillant passage dans une de leurs prestigieuses écoles (équivalente à celle d'Harvard), puis une grande carrière d'avocat et enfin une belle campagne électorale au cours de laquelle il a été secondé et conseillé par des hommes verts. Ces derniers auraient un autre regard concernant la relation avec les hommes de couleur, cela ouvrirait des opportunités de dialogue, de mixité et de paix sociales.

Oui, je ne l'ignore pas : il reste de nombreux foyers de résistance ; mais l'élection d'Obama a contribué à une prise de conscience collective dans le monde entier, et en particulier aux États-Unis, et constitue une vérité mathématique que le peuple américain a diffusée ailleurs. Depuis l'abolition de l'esclavage par Abraham Lincoln, les générations post-esclavage ont pu accéder aux plus grandes écoles et à de nombreux secteurs de la société qui leur étaient jusque-là interdits, et ce phénomène ne pourra que s'amplifier dans les générations à venir.

Dans mon entourage, on comprend mal pourquoi je ne reproche pas au président Obama de ne pas aider particulièrement l'Afrique (en particulier le pays de son père, le Kenya), ou encore de mettre en œuvre des politiques intérieures privilégiant les Noirs américains. Mais à sa place, j'aurais fait exactement la même chose ! Qu'y a-t-il dans ses gènes qui permette de le différencier des Blancs, et qui justifierait un tel communautarisme ? En tant que président des États-Unis, il est censé s'occuper de tous les Américains sans distinction de race. Lui demander le contraire, ce serait considérer :
– qu'il a obtenu le pouvoir en jouant au loto, ou par erreur, ou encore en utilisant je ne sais quel pouvoir maléfique ;
– qu'il considérait qu'il existait réellement une « race inférieure » (la sienne) et qu'il devait profiter de son nouveau pouvoir pour la favoriser, parce que l'occasion risquait de ne plus se reproduire ;
– qu'Abraham Lincoln, 16e président des États-Unis et Blanc, s'était trompé en 1860 (il y a plus de 150 ans), en abolissant l'esclavage et en offrant aux Afro-Américains les mêmes droits ;
– qu'enfin, la mathématique se trompe en démontrant de façon incontestable que toutes les races ont le même géniteur, qui est la matière.

Non, ce n'est pas de la science-fiction que de prédire que d'autres enfants Noirs auront la possibilité d'être présidents des États-Unis comme Obama, ou même plus tard de la Chine, et que l'on aura aussi des présidents Blancs en Afrique ! C'est de la simple logique mathématique.

Deuxième partie

Libre arbitre et mathématiques

La religion considère volontiers que Dieu a attribué aux êtres humains le libre arbitre, ce qui est une manière de les responsabiliser lorsqu'ils commettent des péchés… Mais sommes-nous vraiment libres de nos décisions ? La réponse à cette question n'est pas aisée, comme en témoigne cet échange que vous avez peut-être déjà eu avec votre enfant :

Fils – Papa, s'il te plaît, achète-moi un téléphone portable !

Père – Non mon fils, tu es trop jeune…

Fils – Mais papa, j'y ai droit !

Père – Tu n'as droit à rien de particulier, c'est moi qui décide et personne ne me donne des ordres.

Fils – Pourtant, tous mes amis en ont un à l'école, je suis le seul à ne pas en avoir !

Père – Tes amis peuvent même avoir un avion, si leurs parents ont décidé de leur en acheter un ; et moi je suis libre de ne pas t'acheter de téléphone portable.

Voilà qui paraît a priori clair et net. Mais en réalité, suis-je vraiment libre de prendre une telle décision ? N'ai-je pas été influencé par telle ou telle information, ou par une contrainte matérielle ? Par exemple, je peux avoir des problèmes financiers, et je peux avoir lu des articles qui mettent en garde contre le danger des ondes électromagnétiques pour le cerveau des jeunes enfants. Je suis donc confronté à deux interlocuteurs contradictoires, chacun m'incitant fermement à les satisfaire : d'un côté mon fils qui réclame un téléphone, de l'autre des organismes officiels qui confirment les méfaits du téléphone portable pour la santé des jeunes gens. Les deux m'influencent, car d'une part je ne souhaite pas que mon fils ait un traitement différent de celui de ses camarades de classe, et d'autre part je suis sensible à l'argument sanitaire. Ai-je été libre de ma décision ? Pas vraiment. En effet, le siège de notre décision est le cerveau, qui travaille à partir d'une somme d'informations transmises par nos cinq sens, et ces informations proviennent de notre environnement : quel que soit mon ressenti d'homme « libre », il y a toujours quelque chose qui a influencé ma décision, et c'est en ce sens que je peux dire que mon libre arbitre n'est pas absolu, mais *relatif*.

Cela ne supprime pas pour autant mes capacités d'analyse, car avant de prendre ma décision je vais peser le pour et le contre. Les neurones de mon cortex cérébral, qui est le siège de l'intelligence dans mon cerveau, vont m'aider à évaluer la nocivité du téléphone. J'ai en mémoire la synthèse d'une analyse personnelle au sujet de l'influence néfaste des ondes électromagnétiques sur les cerveaux les plus fragiles, qui prend en compte les confrontations entre des rapports scientifiques (alarmistes) et les contre-attaques des fournisseurs de matériel téléphonique (rassurants, mais qui ne s'opposent pas au principe de précaution). J'étais libre de procéder à une telle analyse et d'appliquer une décision que j'estimais objective ; mais même cette liberté d'analyse est influencée par d'autres informations, que j'ai plus ou moins consciemment à l'esprit – et ainsi de suite.

Lorsque notre cerveau perçoit une information, il peut l'analyser rapidement et superficiellement (on est alors sous influence), ou au contraire l'analyser en profondeur et avec autant d'objectivité que possible (on augmente alors notre degré de liberté). Le traitement superficiel d'une information peut nous conforter dans l'idée que nous suivons notre libre arbitre, tout en ignorant que, quelle que soit la décision que nous prenons, ce dernier se trouve largement influencé par notre environnement.

Reprenons maintenant l'argument religieux. Si Dieu n'est en rien responsable de nos péchés (ce avec quoi je suis d'accord), est-ce parce qu'il nous a attribué le libre arbitre ? Ce n'est pas mon avis ; car soit il connaît notre futur (et alors, quel que soit ce qu'il a prévu pour nous, il reste l'unique responsable de nos actes), soit il l'ignore (ce que je pense – et alors notre libre arbitre reste intact et n'a rien à voir avec Dieu). Nous sommes les uniques responsables de nos turpitudes et de nos choix socio-économiques, qui entraînent la recherche du pouvoir et du maximum de gain au détriment des autres, qui nous poussent à vivre au-dessus de nos moyens, et qui expliquent pourquoi dans certains foyers aux ressources modestes on fait le choix de payer quatre factures de téléphone portable avec presque le même revenu qu'avant. Mais en dépit de notre sensation de liberté, celle-ci reste impuissante devant la mathématique, et notamment devant l'une de ses manifestations concrètes les plus impressionnantes : le pouvoir qu'exerce la femme à travers ses capacités de procréation.

Afin de mieux comprendre pourquoi Dieu n'a rien à voir avec notre libre arbitre, je vous invite à lire le chapitre de cet ouvrage intitulé « La vie des fourmis (Dieu n'y est *vraiment* pour rien) », dans lequel j'essaie de montrer qu'il a des choses infiniment plus importantes à faire que de s'occuper de nos existences microscopiques de terriens négligeables…

Chapitre 1

Méfaits et bienfaits du libre arbitre

La notion de libre arbitre a pu être utilisée pour justifier les pires crimes. L'idée monstrueuse de race supérieure, qui a conduit Hitler, au nom de la « pureté », à poursuivre de sa haine les Juifs ou les Tsiganes, et qui s'est retrouvée dans le sort réservé aux Noirs en Amérique, en faisait partie. Si le petit Hitler avait pu avoir connaissance de livres d'école dans lesquels on aurait expliqué scientifiquement qu'il n'existe pas de différence entre les races, mais seulement une différence dans leur environnement, son libre arbitre aurait probablement été influencé dans un sens différent ; et les petits enfants qui assistaient aux spectacles de Jim Crow et dont les livres scolaires expliquaient la suprématie de la race blanche (avec en toile de fond un Dieu blanc et un Diable noir à longue queue) n'avaient-ils pas plus de probabilité de devenir plus tard ségrégationnistes que ceux qui n'avaient pas subi de telles influences ?

Certes, à l'époque de l'esclavage, l'ignorance était bien plus répandue qu'elle ne l'est de nos jours ; et par ailleurs, je relativise les faits lorsque je prends, dans ce livre, l'exemple des extraterrestres. Mais les génocides qui ont frappé les Juifs, les Tsiganes ou les Rwandais sont très récents et sont intervenus durant une période où la connaissance est censée avoir fait des progrès. Nous n'avons manifestement pas tiré les leçons du passé, car nous continuons à nous en remettre à Dieu. Lorsqu'en 1994 des familles entières de Tutsis étaient massacrées (800 000 morts !), qu'avaient-elles fait à Dieu pour subir de telles horreurs ? Ceux qui ont perpétré cela devraient convenir que c'est l'effet de leur libre arbitre, et que Dieu n'y est pour rien.

Lors de son discours au Parlement en mars 1931, Hitler a imploré Dieu de lui donner la force pour mener à bien son effroyable mission. Mais qui peut croire que, de là-haut, un Dieu pouvait l'observer débiter ses slogans haineux, lui donner la possibilité de survivre aux 43 attentats qui l'ont visé, et ne rien faire quand des millions de Juifs, des Tsiganes et des handicapés étaient exterminés ? On peut imaginer Hitler, au bout du cinquième attentat manqué, entouré de ses généraux, se vantant d'avoir bénéficié de la protection divine qui le rendait invincible et qui, du même coup, le confortait dans la poursuite de son plan infernal – et en même temps ignorant évidemment qu'il allait subir une lourde défaite, qui allait l'amener jusqu'au suicide par crainte d'être arrêté par les Soviétiques et de subir leur châtiment. C'est ce que j'appelle le paradoxe du pouvoir absolu de l'être humain : maintenant les autres en son pouvoir, il oublie que, quel que soit son degré de puissance, il finira par céder devant un autre qui se croit aussi puissant, et ainsi de suite – jusqu'à ce qu'ils soient tous réduits en poussières par le pouvoir mathématique. Autrement dit : si votre libre arbitre vous a permis de devenir un homme puissant, vous pouvez utiliser ce pouvoir en un sens positif (et vos œuvres seront des créations qui bénéficient à l'humanité), ou dans un sens négatif pour opprimer et tuer. Supposons que, dans ce dernier cas, Dieu vous soutienne (ou plutôt, vous pensez qu'il vous soutient) : au nom de quoi vous donnerait-il ce pouvoir maléfique ? N'y a-t-il pas d'autres moyens qui vous permettraient de dominer votre adversaire sans lui ôter la vie ou celle de ses proches ?

Il est troublant de penser que Hitler était entouré de scientifiques qui maîtrisaient suffisamment la mathématique pour fabriquer des bombes et des engins de destruction qui leur permettaient de dominer le monde. À Berlin, tout près de son domicile et de son quartier général, résidaient Albert Einstein (que l'on ne présente plus… mais qui sera contraint de s'exiler aux États-Unis à cause de ses origines juives), Max Planck (lauréat du prix Nobel de physique 1918 pour ses travaux sur les quanta), Werner Heisenberg (également prix Nobel de physique 1932 pour la découverte de la mécanique quantique et sa maîtrise des éléments plus petits que les atomes), ou encore Otto Hahn (prix Nobel de chimie 1944, considéré comme le père de la chimie nucléaire grâce à ses travaux sur la fission du noyau atomique).

Dans la France occupée résidaient de grands savants comme Paul Langevin (1872-1946), Louis de Broglie (prix Nobel de physique 1929 pour sa découverte de la nature ondulatoire des électrons, et dont la ville de Dieppe, où il est né, fut bombardée le 9 mai 1944 par Hitler), Frédéric Joliot-Curie (1900-1958) ou Louis Néel (prix Nobel de physique 1970).

Dans Londres bombardée par les Allemands se trouvaient la prestigieuse Royal Society créée en 1660 et des scientifiques comme James Chadwick (prix Nobel de physique 1935 pour sa découverte des neutrons) ou George Paget Thomson (colauréat du prix Nobel de physique 1937 pour ses travaux sur les électrons).

En occupant le Danemark, l'armée hitlérienne privait de liberté l'un des plus grands physiciens du monde, Niels Bohr (prix Nobel de physique pour ses découvertes en mécanique quantique).

Enfin, lors de l'annexion de l'Autriche en 1938 par l'armée nazie (qui utilisait la mathématique des atomes pour tuer des Juifs autrichiens), l'un des pères de la physique quantique et prix Nobel 1932, Erwin Schrödinger, résidait à Vienne.

D'où ma question : pendant tous ces bombardements, occupations et annexions, qui détenait le vrai pouvoir mathématique ? La connaissance mathématique des scientifiques qui servaient le pouvoir hitlérien n'a fait que servir la violence et endeuiller des milliers de familles innocentes – ce qui a pour conséquence dérisoire et inutile les commémorations annuelles des atrocités qui ont été commises. En revanche, la connaissance des scientifiques dont nous avons fait la liste (et de bien d'autres encore) a changé notre vie et notre connaissance de l'univers dans lequel nous vivons ; c'est grâce à eux que nous pouvons utiliser des téléphones portables, internet, Google, Facebook, une médecine en constant progrès – et faire arpenter la planète Mars par un magnifique robot.

Il ne s'agit pas ici de faire une leçon de morale : il est utopique de penser que notre libre arbitre va produire un monde parfait et sans violence – c'est pourquoi je défends, à la fin de ce livre, la thèse que notre libre arbitre aura toujours besoin de la religion. En revanche, mon but est que chacun de nous puisse se sentir responsable de ses actes, et considérer que le fait d'utiliser la violence vient de notre libre arbitre, et non de Dieu. Arrêtons de faire des discours guerriers en invoquant l'aide de Dieu pour qu'il nous donne le pouvoir de tuer, et non d'améliorer l'existence des êtres vivants ! Vous qui croyez que Dieu vous observe et vous soutient, sachez qu'il dispose d'un autre type de pouvoir, malicieux et inépuisable, qui peut diminuer la teneur en entropie de notre planète. Alors que l'utilisation du pouvoir mathématique à des fins de violence est épuisable et n'a jamais montré, depuis la nuit des temps, d'autre efficacité que celle de renforcer les fondements de la haine (j'en donnerai deux exemples plus loin, avec l'Irak et la Syrie), l'utilisation du pouvoir mathématique pour améliorer la vie est, elle, inépuisable ; dans plusieurs siècles, on parlera encore des travaux des bienfaiteurs de l'humanité, alors que même aujourd'hui les scientifiques qui étaient à la solde de Hitler restent des inconnus.

L'ensemble de l'univers est soumis aux lois mathématiques, d'après lesquelles chaque corps céleste acquiert à sa naissance une force (la « force d'inertie », qui a été exercée sur un objet au repos pour le mettre en mouvement), qui se manifeste par la gravitation – produit conjugué de la masse du corps céleste considéré et des autres corps présents dans son champ gravitationnel par le carré de la distance qui les sépare. Il en résulte une architecture implacable, harmonieuse, et d'une grandeur infinie au regard du très modeste périmètre de notre Terre. Dans notre système, le Soleil est le corps céleste le plus puissant, et il suffirait d'une infime modification de sa puissance pour que nous soyons réduits en poussière ; mais le Soleil est soumis au strict respect des lois mathématiques qui régissent l'univers, et à travers son champ gravitationnel il regroupe harmonieusement et paisiblement tous les corps célestes de notre système solaire. Il le fait ainsi (au lieu d'agir par exemple comme Hitler qui impose sa force pour opprimer les autres) parce qu'il est dépourvu de cerveau et qu'il ne fait qu'appliquer, sans réfléchir, les lois mathématiques qui lui sont propres (tout comme un robot qui applique les formules programmées pour lui) ! Il en va de même pour les 99,99999999999999999999 % des corps célestes de l'univers, qui sont des Entités de Créativité Inconsciente (ECI). Mais sur notre Terre, les œuvres du libre arbitre des êtres humains peuvent prendre les formes de l'anarchie, de la barbarie, de la dictature et de l'impérialisme – ou les formes de la connaissance, de l'évolution technologique, de la médecine et du respect de la vie de l'autre. Imaginez que la Lune perde la force de contrebalancer l'attraction terrestre : elle viendra nous percuter et cela risque d'être violent ! Idem pour la Terre vis-à-vis du Soleil… ou du Soleil vis-à-vis d'autres astres. Eh bien, pour nous les êtres humains, et même pour tous les autres êtres vivants, si nous perdons un jour la force acquise à notre naissance, qui nous permet de nous opposer en permanence à la force d'attraction terrestre et de courir, marcher ou sauter, nous serons plaqués au sol en position horizontale – exactement comme lorsqu'on est malade ou mort !

Notre force d'êtres humains (mais aussi notre faiblesse), c'est que, contrairement aux objets célestes qui ne font qu'appliquer strictement les lois mathématiques qui régissent l'univers, nous avons conçu nos propres lois, nos idéologies, nos règles, nos principes, qui sont régis par le libre arbitre, ce qui nous fait croire naïvement que nous sommes invincibles, ou en tout cas au-dessus des lois universelles. Certes, notre vie serait bien monotone si elle appliquait de façon inconsciente et stricte les lois mathématiques inscrites dans l'univers… Nous avons le privilège de pouvoir réfléchir pour comprendre son fonctionnement et trouver des solutions aux problèmes de notre existence ; mais cela doit nous rendre plus modestes, car nous sommes aussi les plus fragiles de tous les objets de l'univers, comme en témoignent les violences et les atrocités dont nous sommes capables.

J'en arrive maintenant à mon exemple irakien. Je me souviens de la première guerre du Golfe, en 1991, après l'invasion du Koweït par l'Irak. Nous l'avons tous vu à la télévision : la déclaration de guerre du président des États-Unis, George Bush (père), se termina par « God bless America » (« Que Dieu bénisse les États-Unis »). De son côté, Saddam Hussein prononça un discours pour demander à Dieu qu'il l'aide à infliger une défaite cuisante aux Américains, soutenu par son peuple et par ses stratèges militaires qui surestimaient la capacité de l'armée irakienne. Le décor guerrier était planté, avec comme arbitre Dieu, que chacun avait sollicité ! Il est logique de penser que l'issue de la guerre ne pouvait que manifester le choix de la puissance divine, qui savait à l'avance qui serait vainqueur.

Après avoir libéré le Koweït et infligé une lourde défaite aux soldats irakiens, le président Bush décida, à la surprise générale, de ne pas entrer à Bagdad pour en chasser Saddam, et de quitter l'Irak. Ce qui fut considéré par Saddam et par son peuple comme une victoire, dont ils ne manquèrent pas de remercier Dieu. Ils n'avaient pas tort de le faire – dans la logique déterministe conférée au divin par les religions…

Vint ensuite le traumatisme mondial qu'a représenté l'attentat de 11 septembre 2001 (3 500 morts innocents), revendiqué par Al Qaeda. Les spécialistes s'attendaient à un déferlement de moyens financiers et militaires en Afghanistan afin de capturer Ben Laden, mais on eut droit à une nouvelle déclaration de guerre contre l'Irak, prononcée par George Bush (fils), ponctuée d'un nouveau « God bless America ». De son côté, Saddam Hussein, toujours porté par son peuple, paradait à la télévision et prétendait qu'après le père, il allait fesser le fils – avec la bénédiction de Dieu. Les événements ne se déroulèrent pas exactement de cette façon : Saddam eut beau tourner ses regards vers le ciel (sans doute davantage pour observer les mouvements de l'aviation américaine que pour invoquer la puissance divine), il fut chassé du pouvoir, se réfugia dans un trou à rats, fut arrêté, jugé et pendu par ses pairs irakiens.

Pourquoi, à ce moment-là, Dieu n'a-t-il plus protégé Saddam ? Et surtout, pourquoi a-t-il été tué non pour la faute qu'a constituée son invasion du Koweït, mais pour une faute qu'il n'a pas commise – à savoir, posséder des armes chimiques destructrices, comme l'en avait faussement accusé Colin Powell pour justifier la guerre ? Si Dieu a été un facteur déterminant dans ces conflits, à la question : « Dans la Première guerre du Golfe, Saddam a-t-il été protégé par la puissance divine ? », nous pouvons répondre positivement, et croire naïvement que Dieu attendait qu'Al Qaeda tue 3 500 innocents le 11 septembre 2001 afin que Saddam soit éliminé par les Américains : pendant ce temps, il protégeait le vrai coupable, Ben Laden, qui restait introuvable…

Voilà l'absurdité dans laquelle nous vivons, dénuée de toute logique mathématique élémentaire. Il faut être ignorant pour imaginer qu'un si grand architecte, qui serait capable d'établir les lois mathématiques qui régissent notre univers, serait réduit à être un simple observateur impuissant de nos actions illogiques.

Après avoir réussi ses attentats sur le sol américain, Ben Laden n'a pas manqué de remercier Dieu pour son soutien. Il a échappé pendant dix ans à la traque dont il était l'objet, se montrant dans des vidéos et menaçant les États-Unis et le reste du monde d'une nouvelle attaque, persuadé qu'il était protégé par Dieu – jusqu'à ce qu'il soit débusqué et tué en 2011. Tout cela se fonde sur une ignorance fondamentale, qui est à la base de toutes les religions, et selon laquelle Dieu est déterministe (il nous observe, nous guide, et connaît notre avenir) ; mais s'il sait ce qui doit arriver et ne fait rien pour l'empêcher, trois hypothèses s'imposent :

– Soit il a validé cette opération (par exemple l'attentat de 2001), et il en est coresponsable.

– Soit il n'a pas eu le pouvoir de l'empêcher, et alors nous aurons du mal à le considérer comme tout puissant.

– Soit (et c'est l'hypothèse qui me paraît la plus logique et acceptable) il est à une distance de nous qui est tellement infinie qu'il ne sait même pas que nous existons. Penser que Dieu peut être le témoin de nos atrocités, c'est l'en rendre responsable.

On entend parfois dire qu'il nous met à l'épreuve, pour nous faire payer notre désobéissance originelle. C'est absurde : les mêmes religieux qui prétendent cela sont les défenseurs de l'idée selon laquelle Dieu, avant même la création de la Terre, connaissait déjà notre avenir et savait que nous allions lui désobéir. Pourquoi n'a-t-il pas protégé notre vie par anticipation avant de nous envoyer sur Terre ?

Bref, il me paraît insensé d'attribuer à Dieu nos comportements imprévisibles et illogiques de terriens. C'est la réalité mathématique qui nous confère une liberté de conscience et nous met à l'épreuve à chaque instant de notre existence.

Voyons à présent l'envers du décor…

L'événement est passé inaperçu. Le président Obama a déclaré, très timidement, que son intelligente et charmante épouse, Michelle, était opposée à une guerre contre la Syrie, alors que lui-même s'était prononcé pour des frappes. Ce qui me contrarie dans cette histoire, c'est qu'il n'ait pas annoncé haut et fort qu'il avait pris en compte l'avis de sa femme pour accepter la proposition russe ! Je ne cherche pas à obtenir une confirmation ou un démenti – je sais pertinemment qu'elle n'a fait qu'exprimer son libre arbitre à son illustre mari.

Ce n'est pas la seule action positive dont on peut la créditer – on pourrait aussi parler, par exemple, de sa lutte acharnée contre l'obésité qui sévit aux États-Unis – mais j'aimerais que l'Histoire retienne que le 10 septembre 2013, le monde entier, déjà plongé dans une grave crise économique, a évité une guerre inutile grâce aux conseils de la First Lady américaine. Peut-on imaginer le nombre de vies humaines qui auraient été sauvées en Irak si Mme Bush avait dit clairement et publiquement qu'elle était contre la guerre ? Sans compter les conséquences financières et l'impact sur la croissance mondiale ?

Certes, on pourra rétorquer que le refus de faire la guerre à la Syrie n'a pas empêché la mort de nombreux autres innocents. Mais n'oublions pas l'expérience irakienne, jalonnée d'attentats meurtriers qui sont devenus tellement quotidiens, pour ne pas dire anodins, qu'ils passent désormais pour des non-événements. Peut-on citer un seul pays, dans cette région du monde, qui ait retrouvé la paix après avoir éprouvé la guerre ? Celui qui pense avoir gagné la guerre se retrouve, en fin de compte, toujours perdant, ne serait-ce que parce qu'il doit déplorer la mort de ses soldats. Bien entendu, il paraît normal que des soldats meurent si c'est pour défendre la paix ; oui, mais était-ce la seule solution ? Ces soldats ont choisi leur métier en exerçant leur libre arbitre, mais eux aussi ont droit à la vie.

De par ses origines (étant Noire, mariée à un président Noir), Michelle Obama aurait pu décider d'éviter d'en faire trop et de s'abstenir de mener des combats pour de nobles causes, par peur de heurter certains esprits non éclairés et de mettre son mari en difficulté. Mais en préférant mobiliser le peuple américain contre l'obésité plutôt que pour la guerre, elle a compris que l'être humain n'est pas un robot et qu'il peut utiliser son libre arbitre pour approuver ou désapprouver une action. Sa vision de la politique est tout sauf angélique, et elle n'a aucune affinité avec la famille Assad. De façon pragmatique, elle a démontré qu'en faisant preuve de courage et d'intelligence, on a le droit de voir à la télévision autre chose que des enfants fauchés par une bombe qui a raté sa cible ou des parents de soldats qui se lamentent sur le cercueil de leur fils bien aimé. En faisant usage de son libre arbitre, elle a conseillé à son mari d'accorder plus de chances à la négociation, estimant que la position des États-Unis en sortirait renforcée et plus en phase avec le monde d'aujourd'hui – et surtout avec une jeunesse qui refuse les automatismes guerriers, préfère être *swagg*, « kiffer » ou regarder des dessins animés à la télévision (plutôt que des *breaking news* relatives au nombre de personnes tuées à la guerre).

Les hommes politiques américains devraient remercier leur First Lady. La majorité d'entre eux, échaudés par la guerre en Irak, ne voulaient pas d'une intervention en Syrie ; mais ils étaient incapables de l'affirmer clairement et publiquement, leur libre arbitre étant influencé par leur position de mâle dominant qui doit en permanence montrer sa puissance. Mais on peut aussi affirmer sa puissance en faisant preuve de tolérance – c'est le chemin qu'a suivi Michelle Obama en montrant qu'il existait un autre pouvoir que celui de la violence.

Les biographes, officiels ou non, se chargeront de faire son éloge ; ce n'est pas mon but ici : je voulais simplement insister sur un cas concret et récent qui démontre les bienfaits possibles de notre libre arbitre, en espérant que cela fasse jurisprudence et contribue à apaiser les relations entre une puissance dominante et des pays plus faibles. Ce qui m'amène logiquement à analyser une autre dimension du libre arbitre concernant le rôle de la femme dans nos sociétés.

Chapitre 2
Libre arbitre et pouvoir mathématique de la femme

L'exemple de Michelle Obama doit nous permettre de réfléchir, d'une façon plus générale, à la place de la femme dans le monde. En fait, cet exemple n'est pas du tout représentatif, si l'on veut bien considérer que les femmes ont été en permanence exclues des grandes décisions par les hommes, ce qui n'a fait qu'amplifier le désordre ! Le monde irait sûrement mieux si nous savions les écouter…

Connaissez-vous Cecilia Payne ? Sans doute pas. Faites le petit effort d'aller voir sur internet : vous serez surpris d'apprendre à quel point ses travaux sont remarquables, et à quel point elle a manifesté du courage face à l'injustice qu'elle a vécu. Si je vous pose la question « Qui a démontré pour la première fois que les étoiles étaient composées d'hydrogène en fusion produisant l'énergie qui nous donne la vie sur Terre, en accord avec la célèbre formule $E=MC^2$? », je parie que certains d'entre vous répondront Einstein, ou invoqueront d'autres savants connus… Erreur, c'est une charmante scientifique, que son professeur n'a pas écoutée, tout simplement parce qu'elle était une femme.

Née en Angleterre, à Wendover, le 10 mai 1900 (année charnière pour les travaux d'Einstein), Cecilia Payne a d'abord suivi des études en sciences naturelles. Elle a eu la chance d'assister, dans son université de Cambridge, à une démonstration de l'astrophysicien Sir Arthur Eddington qui confirmait la courbure de l'espace-temps, à la suite de l'observation d'étoiles lors d'une éclipse solaire. Prise de passion pour l'astronomie, elle chercha à obtenir un poste en Angleterre. Mais c'était une femme… Elle tenta l'aventure aux États-Unis, et obtint en 1923 une bourse pour l'université de Harvard. Réalisant enfin son rêve de poursuivre des recherches en astronomie, elle fit la connaissance d'Annie Jump Cannon, première femme à obtenir un doctorat en astronomie (en 1921), qui dirigeait un groupe de douze autres femmes intéressées par la discipline. Elles avaient été embauchées comme calculatrices par le directeur de Harvard, E. C. Pickering (1846-1919), pour affiner des données provenant des étoiles. Elle les rejoignit et, pendant que les hommes s'occupaient à des tâches plus « nobles » (les travaux d'Einstein sur la relativité qui animaient le milieu scientifique de l'époque), elle rédigea une thèse montrant que les calculs qu'elles obtenaient concernant les étoiles dépendaient de la température que celles-ci produisaient et de leur composition – en grande majorité de l'hydrogène, avec un peu d'hélium. Autrement dit, pendant que les hommes s'attaquaient au graal de la science en affirmant que le Soleil avait les mêmes proportions de composants chimiques que la Terre, une femme, petite calculatrice mal payée au sein d'une équipe de femmes, osait démontrer le contraire, et que la Terre n'était pas comme l'enfant du Soleil. Elle disait en gros : même si le Soleil possède une faible dose de tous les composants chimiques de la Terre, il est surtout constitué d'hydrogène ; c'est cet hydrogène dont la fusion produit de l'énergie sur Terre (en accord, bien entendu, avec la formule $E=MC^2$…).

Lorsqu'elle présenta ses travaux en 1934, son professeur, Henry Norris Russell (1877-1957), la dissuada de les publier, prétendant que le Soleil et la Terre avaient la même composition. À regret, Cecilia publia donc sa thèse en laissant de côté sa découverte. Heureusement, cinq ans plus tard, Russell finit par reconnaître qu'elle avait raison et permit la publication de ses travaux.

Voilà qui doit nous faire réfléchir à l'aveuglement qui a saisi le genre humain, et qui l'a conduit à considérer que la femme était le « sexe faible »…

L'affront fait aux femmes est une longue histoire, puisqu'elle commence au jardin d'Éden ! La mythologie misogyne qui a longtemps sous-tendu notre éducation visait à montrer que cet être fragile, incapable de prendre les bonnes décisions si l'homme n'est pas là pour le diriger, était la cause primordiale du courroux divin à notre égard. On connaît l'histoire : la création par Dieu de l'homme (Adam) et de la femme (Ève), leur établissement dans un lieu idyllique (le jardin d'Éden), l'interdiction qui leur est faite de consommer le fruit défendu, l'intervention du serpent, incarnation du Diable, qui propose à Ève (en l'absence d'Adam, au moins dans la tradition chrétienne !) de céder à la tentation afin d'accéder au pouvoir divin. Elle consomme le fruit, puis c'est au tour d'Adam, et Dieu les poursuit de sa colère en les chassant du paradis et en leur promettant une existence difficile…

Nous avons là une première manifestation de la capacité de l'homme à inventer des histoires qui, siècle après siècle, et au détriment de la vérité mathématique, sont censées justifier que la femme ait un statut inférieur à celui de l'homme. Dans la version chrétienne, l'homme n'a fait que suivre, mais tous deux ont été punis : il lui faut donc se méfier de la femme, et l'exclure des décisions importantes. Les conséquences de cette idéologie se situent à des niveaux multiples et très divers. Parmi tous les fils de Dieu et leurs apôtres, vous ne verrez jamais une femme ; le droit de vote n'a été accordé aux femmes que très tardivement, et encore ce n'est pas le cas partout ; et même dans nos sociétés occidentales modernes, la femme a plus de mal que les hommes à accéder aux postes de responsabilité.

Les religieux misogynes qui ont élaboré cette histoire de la « chute » étaient les mêmes qui accordaient à Dieu le pouvoir de façonner notre avenir. Mais si le divin était réellement concerné par cette histoire, pourquoi n'a-t-il rien fait, lui qui savait tout à l'avance, pour empêcher l'intrusion du serpent dans son jardin ? Non seulement cette histoire est illogique et infondée, mais encore elle ne prend pas en considération l'extraordinaire pouvoir de création que possède naturellement la femme : sa capacité à donner la vie à travers ses organes de reproduction est d'une complexité mathématique qui s'apparente à celle qui transforme la matière microscopique en matière macroscopique pour donner naissance aux corps célestes de l'univers. Sans doute devons-nous imaginer que l'homme primitif, qui assistait à la naissance de sa première progéniture après neuf mois de gestation, était conscient de l'importance de ce pouvoir féminin, en a conçu quelque terreur, et s'est arrangé pour le réduire au maximum. C'était facilité par la répartition des tâches entre les sexes (la femme étant accaparée par ses obligations maternelles, l'homme pouvant développer sa force et ses qualités physiques en pratiquant la chasse), qui permettait à ce dernier d'asseoir sa domination.

Rappelez-vous de ce couple au début du premier chapitre de ce livre, qui baignait dans un immense plaisir pendant leurs ébats sexuels, tout en ignorant le processus mathématique de procréation qui en dérivait. Que l'homme ait dans ce domaine une responsabilité essentielle, il n'est pas question ici de le contester… Mais peut-il être si fier de lui ? Il a tendance à penser (après avoir éjaculé des millions de spermatozoïdes dans le vagin de sa femme) qu'il a fait l'essentiel du boulot et que, désormais, c'est à la femme de se débrouiller pour enfanter. Si par malheur un enfant ne peut pas être conçu, il en rejette généralement la responsabilité sur elle – avec risque de rupture du contrat de mariage !

Rappelez-vous aussi du chapitre « nous sommes issus de l'étoile primitive », dans lequel j'expliquais que nous sommes constitués d'atomes (un peu comme les lettres de l'alphabet), qui s'agrègent à travers une interaction chimique (la force électromagnétique) pour former une molécule (comme un mot est un assemblage des lettres) et enfin des cellules. La cellule humaine, chez l'homme, c'est le spermatozoïde, et chez la femme c'est l'ovule.

Or, examinons la suite de cet acte mécanique qui consiste pour l'homme à faire don de ses spermatozoïdes… Ces derniers étant des cellules, ils sont composés de 44 chromosomes ordinaires et de deux autres (X et Y) qui déterminent le sexe. Ou si l'on préfère, la moitié d'entre eux avec 22 chromosomes ordinaires et un chromosome sexuel X, l'autre moitié avec 22 chromosomes ordinaires et un chromosome sexuel Y. Mais le plus dur ne fait que commencer : l'organe génital de la femme va se transformer en un spectacle grandiose dont les acteurs vont avoir à résoudre les équations mathématiques les plus complexes de l'univers. Et dans ce processus qui débute, l'homme n'a plus rien à faire, parce que c'est le pouvoir mathématique de la femme qui a pris les choses en main en fixant les règles du jeu : les pauvres spermatozoïdes vont en effet subir une série d'avanies tout au long de leur parcours vers l'utérus. Voici les données du spectacle :

– *Enjeu* : à l'issue de ce parcours très concurrentiel de 15 cm, un seul spermatozoïde, parmi les 200 millions qui sont inscrits dans la course, doit trouver l'ovule pour qu'ait lieu la fécondation (la création de la première cellule humaine).

– *Participants* : une énorme disparité ! D'un côté 200 millions de spermatozoïdes provenant de l'homme, de l'autre un ovule provenant de la femme.

– *Lieu* : l'appareil génital de la femme.

– *Distance à parcourir par les spermatozoïdes* : 15 cm, soit l'équivalent, rapporté à notre taille, de 300 km.

– *Vitesse moyenne* : environ 2 cm par heure.

– *Durée de vie d'un spermatozoïde* : 72 h à partir de l'éjaculation.

– *Durée de vie d'un ovule* : 24 h après l'ovulation.

Pas drôle, la vie d'un spermatozoïde ! Il se déplace dans un milieu hostile et acide (une acidité qui protège le vagin contre les infections) et utilise son énergie cinétique, issue de la force motrice qui l'a mis en mouvement, pour franchir les obstacles ; lorsqu'il s'agit par exemple de gravir une paroi ou d'éviter un obstacle, cette énergie cinétique se transforme en énergie potentielle qui s'oppose à la force d'attraction terrestre, en accord avec la loi de la conservation de l'énergie. Mais il doit faire mieux que ses concurrents pour ne pas être éliminé, et seuls les plus forts (il en reste environ 2 millions) pourront venir s'abriter dans le col de l'utérus où ils feront connaissance avec la glaire cervicale, substance muqueuse (que l'on appelle aussi « pertes blanches ») qui va leur fournir les services suivants :

– *Sélection* : Tout comme un sélectionneur dans une équipe de football, elle va choisir les meilleurs spermatozoïdes, ceux qui vont pouvoir continuer la compétition. Aucun passe-droit, les critères de choix sont bien clairs et dépendent, d'une part du temps de trajet entre l'éjaculation et l'arrivée à l'entrée du col de l'utérus, et d'autre part des qualités physiques déployées par chaque concurrent pendant ce trajet (saut en hauteur, saut en longueur, retourné acrobatique, etc.). Une centaine de concurrents restent en lice.

– *Nettoyage à sec* : elle va nettoyer chaque concurrent sélectionné en le débarrassant de l'acidité du vagin et du plasma séminal qui les recouvrent, afin de le rendre plus élégant et plus compétitif pour affronter l'étape décisive qui l'attend.

– *Nutrition* : chaque spermatozoïde a droit à une collation gastronomique afin de pouvoir emmagasiner l'énergie nécessaire au franchissement de l'étape suivante. Même les corps microscopiques sont exigeants en matière de nourriture.

– *Préparation physique* : la forme physique et l'état de santé de chaque concurrent font l'objet d'une grande attention jusqu'au départ de la finale.

Que fait notre mâle dominant pendant ce temps ? Il vaque à ses occupations, pénétré du sentiment du devoir accompli et dans l'ignorance totale de la complexité mathématique des processus en cours dans le ventre de son épouse. Il n'a même pas conscience de ce qui se trame en parallèle, à savoir la préparation de l'ovule.

En effet, la mathématique a attribué à la femme la capacité à créer la vie en adaptant son corps à cette mission singulière : elle possède deux ovaires, chacun d'eux ayant une trompe de Fallope qui le lie à l'utérus. Le premier des 28 jours du cycle menstruel apparaissent les règles, saignement indiquant que l'ovule du cycle précédent, qui n'a pas été fécondé, se détruit. Puis un nouvel ovule est créé par l'un des deux ovaires et, au 14e jour, il est expulsé par la trompe de Fallope, laquelle est tapissée de cils vibratoires qui l'aident à migrer doucement vers l'utérus ; c'est à l'occasion de ce parcours que doit se réaliser la fameuse rencontre fusionnelle entre l'ovule et le champion des spermatozoïdes. C'est en effet à ce moment que la glaire cervicale, constamment informée par les sécrétions de l'ovaire du déroulement du parcours, va lâcher les spermatozoïdes à l'assaut de l'ovule. Dans ce rude combat, tous les coups sont permis – crocs-en-jambe, coups d'épaule et autres plaquages sournois – et les plus malins vont même semer les autres en créant des fausses pistes qui les dirigent sur la mauvaise trompe. Le plus fort, celui qui aura choisi la bonne trompe, parviendra seul à percer l'enveloppe et à s'introduire dans l'objet convoité, fermant immédiatement l'accès aux autres, qui n'ont plus qu'à aller se faire voir ailleurs.

L'heureux gagnant va ensuite fusionner avec l'ovule pour créer dans l'utérus la première cellule (la fécondation peut durer entre 4 et 6 jours, et les règles n'apparaissent plus au cycle suivant). Elle va se démultiplier pour former un œuf qui, soigneusement guidé par les cils vibratiles de la trompe, va descendre dans la cavité utérine. L'œuf va alors former son nid dans les parois de l'utérus, ses cellules vont se développer pour constituer l'embryon et le placenta, et il va délivrer un message hormonal des plus réjouissants à l'heureuse future mère, qui va pouvoir s'écrier : « Arthur ! Mon test de grossesse est positif ! »

Bien entendu, il peut ne pas y avoir de fécondation : un col de l'utérus fermé par la glaire cervicale, les spermatozoïdes tous éliminés pour insuffisance générale, ou un ovule qui n'a pas manifesté d'atomes crochus avec le champion. L'ovule sera alors détruit au cycle suivant (ce qui provoquera le saignement pendant les règles).

Mais si le test est positif, l'homme ne manquera pas d'en tirer quelque gloire : bombant le torse, il fera part à ses amis de sa prouesse ; et sa compagne sera heureuse parce qu'elle verra son homme heureux…

Faisons maintenant une petite parenthèse pour évaluer la complexité mathématique de l'événement. Si les éléments microscopiques de l'univers s'agrègent pour former des éléments macroscopique (les étoiles, les planètes…), dans l'appareil génital de la femme il se produit le même phénomène pour créer le corps macroscopique qu'est un être humain. Qu'il s'agisse des spermatozoïdes ou de l'ovule, il faut, pour qu'il y ait fécondation, qu'ils soient mis en mouvement par une force motrice : à travers leur énergie, ils doivent appliquer la fameuse loi du carré inverse pour s'affranchir, pendant leur mouvement, de la force d'attraction de la Terre. De son côté, la glaire cervicale a besoin de ses organes sensoriels pour être informée de la naissance de l'ovule, et la fusion du spermatozoïde champion et de l'ovule est le fait d'une interaction électromagnétique. Lorsqu'un couple n'arrive pas à avoir d'enfant, le médecin demande à l'homme d'éjaculer dans un tube à essai, afin d'analyser le comportement de ses 200 millions de spermatozoïdes. À l'aide d'un appareillage sophistiqué, il calcule leur puissance et ne conserve que ceux qui en ont suffisamment pour éventuellement féconder un ovule. Il ne fait en cela que prendre en compte la loi de la conservation de l'énergie à travers le calcul de la variation de leur énergie interne, et l'on peut dire que l'appareil génital de la femme respecte strictement les lois de la thermodynamique, de la gravitation et de la relativité restreinte. En tant que sélectionneur, la glaire cervicale n'a pas besoin de ces appareils sophistiqués pour évaluer la vitesse et la puissance des spermatozoïdes, parce qu'elle dispose d'un super don de mathématicien – et quel don ! Imaginez que vous ayez, en tant que sélectionneur, à choisir un athlète parmi 200 millions…

De surcroît, il peut y avoir des complications. Il peut arriver par exemple que les deux ovaires produisent en même temps un ovule. Parfait, allez-vous dire ! Un spermatozoïde polygame qui s'offre deux ovules ! Eh bien non, c'est en fait le spermatozoïde qui n'a occupé que la deuxième marche du podium qui va fusionner avec le deuxième ovule pour produire un deuxième œuf. Les deux embryons vont séjourner dans l'utérus pour former ce que l'on appelle des faux jumeaux (nés au même moment mais possédant des caractéristiques différentes). Le cas des vrais jumeaux (nés au même moment mais ayant les mêmes caractéristiques) se produit lorsque le système génital de la femme va considérer que l'œuf présente des propriétés intrinsèques qui lui permettent d'être répliqué, créant deux embryons. Les vrais jumeaux se ressemblent parce qu'ils sont issus d'une même fécondation, alors que les faux jumeaux se ressemblent moins parce qu'ils sont issus de deux fécondations simultanées mais différentes. L'organe de reproduction de la femme applique donc la fonction bijective apprise en classe de seconde : chaque ovule est strictement associé à un seul spermatozoïde, et chaque spermatozoïde est associé à un seul ovule.

Si le pouvoir de la femme se limitait à cet accouplement entre les deux cellules sexuelles que sont l'ovule et le champion des spermatozoïdes, certains machos pourraient triompher : *« Ce n'est qu'une rencontre fusionnelle comme tant d'autres… »* En fait, le plus complexe est à venir. Nous avons mentionné que les cellules issues des atomes étaient les particules élémentaires de notre vie. Ce n'est qu'au microscope que l'on peut constater que chaque cellule contient un noyau constitué de chromatines, qui se transforment en 46 chromosomes organisés en 23 paires – dont 22 sont ordinaires ou « homologues », la paire supplémentaire (sexuelle) étant différente chez l'homme (XY) et chez la femme (XX). La formule du chromosome chez l'homme sera donc 44XY (22X pour la moitié des spermatozoïdes et 22Y pour les autres, XY étant la paire sexuelle), alors que chez la femme elle sera 44XX (XX représentant la paire sexuelle). Ce sont ces deux formules qui vont permettre à l'organe reproducteur de la femme de résoudre l'une des équations les plus complexes déterminant la vie du futur bébé, en particulier le sexe.

Souvenons-nous du chapitre intitulé « Nous sommes tous issus de l'étoile primitive ». J'y mentionnais que, tout au long de notre évolution, les informations génétiques issues de nos ascendants, jointes à notre environnement, vont déterminer nos caractéristiques – couleur de la peau, forme du nez, taille, ressemblances avec les parents, etc. Ces informations sont stockées dans l'ADN (acide désoxyribonucléique) de chaque chromosome. Par exemple, le chromosome 15 stocke l'ADN contenant les informations qui feront que vous aurez les yeux bleus ou bridés de l'un de vos parents, voire de l'un de vos grands ancêtres morts il y a plus de cent ans. L'ADN est donc en même temps une carte d'identité génétique qui permet de savoir qui vous êtes, de qui vous venez, et vers où vous allez. Bien entendu, au cours de l'évolution de l'organisme, l'ADN se modifie pour ajouter de nouvelles informations dont vos descendants pourront hériter, et ainsi de suite.

Pendant la fécondation, cet étonnant chimiste mathématicien qu'est l'organe de reproduction de la femme va donc faire en sorte que fusionnent les deux cellules (ovule et spermatozoïde) pour produire la première cellule humaine à partir de laquelle votre futur bébé va se développer. Le pouvoir mathématique de la femme va ainsi résoudre l'équation fondamentale la plus complexe de l'univers pour déterminer le sexe de l'enfant à venir en fusionnant les chromosomes du spermatozoïde champion (22X ou 22Y) avec ceux de l'ovule de la femme (22X) :

- Si 44YX + 44XX = 44XY, alors nous aurons un garçon.
- Si 44YX + 44XX = 44 XX, alors nous aurons une fille.

Vous remarquerez que, lorsque les paires sexuelles X ou Y de l'homme et X de la femme fusionnent pour déterminer le sexe, il s'agit de la production des testicules en cas de XY, et de l'ovaire en cas de XX… Mais oui, mesdames, c'est bien votre organe de reproduction qui se charge de tout !

Mais attendez, ce n'est pas terminé. Encore faut-il déterminer, parmi les 44 chromosomes restants (22 provenant de l'homme, 22 provenant de la femme), ceux dont le futur enfant va hériter. Certains (les chromosomes réceptifs) feront partie de ceux de l'enfant bien qu'ils n'aient joué aucun rôle pendant son évolution ; ce sont en effet les chromosomes dominants qui vont se charger, à travers leur ADN, d'imposer les yeux bleus de la mère (ou du père), la peau noire ou blanche des parents, les yeux bridés, etc. Malheureusement, les chromosomes dominants peuvent aussi transmettre les maladies des parents, appelées maladies héréditaires.

Nous avons l'habitude de considérer que ce sont les seuls médecins généticiens qui maîtrisent la connaissance des chromosomes, à l'aide de connaissances mathématiques complexes et d'appareils sophistiqués. Mais en quoi leurs méthodes seraient-elles différentes de celles qui sont à l'œuvre dans les organes reproducteurs de la femme ? La méthode féminine, de surcroît, est parfaitement naturelle – elle est née avec. Son pouvoir mathématique est immense, puisque c'est son organe de reproduction qui prend en charge la création de la vie, et notamment celle de notre cerveau ; c'est même l'un des outils mathématiques les plus complexes de l'univers.

Compte tenu du fait que c'est la femme qui, pendant neuf mois, fait en quelque sorte tout le boulot, ne serait-il pas logique que l'enfant, sauf décision contraire des intéressés, porte au moins le nom de ses deux parents, et pas seulement celui de son père… ? Mais surtout, on a du mal à comprendre que la femme, qui révèle ainsi son immense pouvoir de création, ait subi à travers les siècles tant d'injustices. Et, en supposant un instant que la version chrétienne de l'histoire du jardin d'Éden soit vraie, pourquoi Dieu aurait-il décidé d'attribuer le pouvoir de créer et de protéger la vie à l'être qui a été le premier à lui désobéir ?

Dans le processus de logique mathématique qui s'applique à l'échelle de l'univers, on peut observer une constante, quelle que soit l'échelle considérée (macroscopique au niveau des étoiles, microscopique au niveau des atomes ou des cellules) : ce sont les corps les plus puissants qui ont le privilège de pouvoir créer les autres éléments. De la même façon qu'une étoile va permettre la vie tout au long de son existence (et même de sa mort, lorsqu'elle explose en supernova), c'est le plus puissant des 200 millions de spermatozoïdes qui s'arrime à l'ovule féminin. Ne faut-il pas en conclure que la mathématique a choisi la femme en raison de sa puissance ?

Le macho de base pourra rétorquer qu'il contribue à la vie pour 50 %. Il serait mieux inspiré d'inventer une solution qui permettrait de créer un enfant sans avoir besoin du ventre de la femme, qui ne serait pas obligée de rester inactive pendant neuf mois et contribuerait positivement à la croissance économique… Par exemple, on mettrait dans un appareillage sophistiqué ses spermatozoïdes et l'ovule de sa compagne, et au bout de neuf mois un enfant sortirait de la machine ! En réalité, la médecine a bien prévu une fécondation in vitro dans les cas où la fécondation naturelle n'est pas possible, mais elle ne peut se passer du ventre de la femme ; on sélectionne le spermatozoïde champion, on prélève l'ovule sur la femme, les deux s'accouplent dans l'éprouvette, et l'œuf qui en résulte est ensuite délicatement implanté dans l'utérus de la femme afin que son développement suive un chemin naturel. Parler d'un « bébé éprouvette » à la naissance ne signifie pas que l'embryon ait passé neuf mois en dehors du ventre de sa mère.

Une autre avancée de la médecine permet désormais que la femme ne soit plus considérée comme une machine à reproduction permanente : c'est l'arrivée de la pilule contraceptive dans les années cinquante, grâce aux travaux du gynécologue américain Gregory Pincus (1903-1967). Il s'agit de modifier le cycle naturel de la femme, en interdisant à la glaire cervicale de refuser d'ouvrir ses portes, même en période de fécondation, et en empêchant les ovaires de produire l'ovule. Le procédé est infiniment plus efficace que celui de la gestion du calendrier des menstruations, pourtant encore largement utilisé dans certaines régions pauvres d'Afrique ou d'Amérique du Sud, où le taux des grossesses non souhaitées est considérable. Il permet d'offrir à la femme cette liberté de décider à quel moment de sa vie elle aura un enfant – ou de décider de ne pas en avoir du tout.

Dans l'idéologie dominante du « sexe faible », l'infériorité supposée de la femme est considérée comme absolue, c'est-à-dire valable en tout lieu, en tout temps, dans toutes les activités et par rapport à tous les hommes. Autrement dit, aucune femme ne sera supérieure à l'homme, et la femme la plus intelligente sera toujours inférieure ou égale à l'homme le moins intelligent. À l'image des Vikings, qui interdisaient que l'on donne ce nom à une femme… Ainsi l'homme invente-t-il, à partir de son libre arbitre et au fil des générations, des histoires à sa convenance dans le but d'imposer ou de consolider sa suprématie.

Or, tout comme nous avons démontré qu'il ne pouvait y avoir aucune hiérarchie de race, nous pouvons affirmer qu'il n'y a aucune hiérarchie de sexe et que l'homme ne déploie aucune singularité qui pourrait légitimer une classification naturelle distinguant sexe fort et sexe faible. En revanche, la mathématique a choisi le ventre de la femme comme le lieu où s'agrège la matière pour créer la vie, qui est la force singulière directement responsable de notre création. Ainsi, avant de philosopher sur le rôle d'un créateur virtuel, nous devons d'abord croire à ces créateurs visibles et palpables que sont nos parents, car comme nous l'avons vu, il existait une infinité de circonstances possibles pour que ces derniers ne se rencontrent pas, et une chance sur 200 millions pour que le spermatozoïde vainqueur soit vous ou moi.

Supposons que l'histoire du jardin d'Éden soit vraie… Pourquoi Dieu aurait-il décidé d'attribuer à la femme le pouvoir de créer et protéger la vie, alors qu'elle a été le premier être à lui désobéir ? Si ce rôle était inversé, qu'aurait-on dit de l'homme ou d'un peuple qui a le pouvoir exclusif de procréation ? Notre biomasse est composée d'une quantité d'hommes et de femmes diversement intelligents, forts, tenaces ou charmants, et cette diversité n'est pas plus fonction du sexe qu'elle ne l'est de la race. Ceci est vrai même si l'on considère le seul critère de la force physique, qui pourtant est favorable aux hommes pour les raisons environnementales que nous avons présentées plus haut.

L'italienne Roberta Mancino est une sportive de l'extrême, dont on peut admirer les exploits sur son blog. Connaissez-vous beaucoup d'hommes qui ont le courage et la force de nager avec des requins tigres (les plus méchants de l'espèce), qui ont sauté 8 000 fois en parachute et pratiqué le *skydiving*, le *wingsuit*, le *wings flying* et le *kick-boxing* ? Vous serez étonné de constater que son apparence est très féminine, et que cela ne l'empêche pas d'avoir des capacités intellectuelles largement au-dessus de la moyenne – comme en atteste par exemple le fait que, par cinq fois, pour se dégager de situations extrêmement critiques, elle a pu déclencher, de façon tout à fait sereine, son parachute de secours.

La composition chimique de la femme présente exactement les mêmes caractéristiques que celle de l'homme, en conformité avec le tableau des atomes que nous avons étudié auparavant dans ce livre : la charge atomique qui constitue la masse des atomes est en effet identique chez l'homme et chez la femme. Il n'existe pas des atomes blancs, noirs, rouges ou gris, pas plus qu'il n'existe des atomes mâles et femelles, qui auraient pu conférer dès le départ certaines particularités aux individus en fonction de leur sexe ou de la couleur de leur peau ! Par exemple, l'atome de fer (qui nous donne du tonus…) est formé de 26 protons (Z) chez l'homme et chez la femme ; celle-ci en perd beaucoup pendant la naissance du bébé, ce qui explique la fatigue intense qu'elle ressent après l'accouchement et la nécessité de lui administrer une bonne dose de Tardyféron pour restaurer le taux de fer dans son organisme.

Si Einstein qualifiait les femmes de « beau sexe », c'est sans doute affectueusement, et peut-être parce qu'elles sont belles comme une équation mathématique complexe – celle que l'on cherche longtemps à résoudre et dont on découvre l'élégance suprême quand on y parvient enfin. La complexité de la femme constitue pour l'homme une énigme permanente, fascinante – et inquiétante parce qu'il se sent menacé dans sa soif de pouvoir. Pour retrouver la place à laquelle elles ont droit dans le concert du monde, les femmes ne doivent pas renoncer à leur complexité, ni chercher à faire comme les hommes. Certains d'entre eux, d'ailleurs, soutiendront cette montée en puissance féminine. Ils auront compris que la « douceur intellectuelle » des femmes leur confère une entropie très faible ; pendant que l'homme développait sa puissance et sa force physique pour assurer sa suprématie – de façon désordonnée et en perdant beaucoup d'énergie pour pouvoir jouer son rôle – la femme manifestait de la souplesse et de la douceur, ce qui nécessite beaucoup moins d'énergie !

En application de la seconde loi de la thermodynamique (que nous analyserons plus en détail plus loin) et selon le principe de l'entropie, tout système isolé tend vers le désordre et, ce faisant, consomme de l'énergie ; plus un système est désordonné, plus il faut dépenser de l'énergie pour y remettre de l'ordre – et ce principe s'applique aussi bien à notre vie quotidienne qu'à n'importe quel objet de l'univers. Le stock d'énergie dont chaque objet hérite à sa naissance se dépense très vite s'il évolue dans un système désorganisé (celui que l'homme met en place), et beaucoup moins vite s'il évolue dans un système ordonné (celui qui caractérise l'activité féminine). Lorsque je m'énerve le matin avant d'aller au travail parce que je ne trouve pas mes chaussettes, et que ma femme se moque de moi parce qu'elle avait décidé de ranger la veille tout ce qu'elle devait porter le lendemain, lequel de nous deux sera le plus frais en arrivant au bureau ? L'entropie d'une femme est plus faible que celle d'un homme ; peut-être est-ce une explication de la plus grande longévité de la gent féminine ?

L'Allemagne, quatrième puissance mondiale et première économie européenne, est un exemple de pays géré avec efficacité et dont la réussite suscite bien des jalousies. À sa tête depuis 2005 se trouve la chancelière Angela Merkel, qui en est à son troisième mandat. Elle a certes hérité d'un pays déjà prospère, mais elle lui a permis de franchir sans encombre majeur la grave crise économique que nous connaissons depuis 2008, alors que pendant ce temps la France, gouvernée par des hommes, s'enfonçait encore un peu plus dans le marasme. En tant que femme, elle a subi bien des attaques venant de toute l'Europe (notamment pendant la crise grecque). Mais elle a tenu bon et a résisté aux demandes pressantes des pays moins bien gérés qui lui demandaient de signer des chèques en blanc sans contrepartie, afin de pouvoir continuer à appliquer leur politique économique laxiste et irresponsable. Une femme au volant, voilà qui ne plaît généralement pas au macho de service, qui fait tout ce qu'il peut pour reprendre la direction des opérations à la moindre appréhension… Sous la direction d'Angela Merkel, l'Allemagne n'a pas seulement affirmé son leadership économique : elle a aussi acquis une nouvelle stature sur le plan diplomatique.

Observez le comportement d'un groupe d'hommes en train de discuter calmement ; arrive une femme : immédiatement, le niveau sonore augmente, chaque mâle veut montrer sa suprématie et jouer au spermatozoïde qui cherche à emporter le gros lot. Maintenant, inversez les rôles et introduisez un homme dans un concert de femmes : votre sonomètre va enregistrer une baisse de l'intensité sonore ! Pourquoi une telle différence de comportement ? Parce que la femme est un indicateur de puissance pour l'homme, dont les organes ont immédiatement tendance à s'emballer… Consciente de son pouvoir d'attraction (un vrai pouvoir mathématique), la femme va naturellement s'adoucir afin de se protéger. Dans certaines civilisations africaines, le commerçant envoie sa femme à sa place pour faire des recouvrements – et je peux vous assurer que c'est efficace.

Voici à présent une petite histoire qui m'est arrivée au Cameroun, quand j'avais 12 ans. Dans mon quartier de Douala, New Bell, un de mes voisins adultes tournait autour d'une vendeuse de beignets. J'observais notamment que tous les soirs, lorsqu'il rentrait du boulot, il allait la voir pour faire le beau et, malgré son maigre salaire, lui commander des beignets ; l'objectif de la vendeuse étant d'en vendre, elle se montrait disponible et aimable. Étant moi-même affamé, je compris qu'il y avait là une opportunité pour remplir mon estomac. Un soir que le prétendant était assis auprès de la belle, je m'approchai et lui demandai s'il pouvait m'acheter quelques beignets pour calmer ma faim ; évidemment, il s'empressa de me dire que je pouvais consommer ce que je voulais. Je ne m'en privai pas, avec la bénédiction de la vendeuse, et la note se monta rapidement à 500 FCFA (soit environ 1 dollar), ce qui représentait une somme importante pour notre généreux bienfaiteur. Il devint de plus en plus nerveux et commença à me faire des gestes discrets du pied – mais il n'était pas question d'arrêter : il m'avait accordé une consommation sans limite ! La vendeuse eut alors une idée de génie ; sachant ma famille nombreuse et pauvre, elle suggéra au jeune homme de m'offrir un gros paquet de beignets pour mes frères et sœurs. J'ai appris après coup que la facture finale avait avoisiné les 1 500 FCFA – mais il m'a fallu me cacher quelques jours car le pauvre homme s'était lancé à mes trousses pour exiger que je le rembourse. Voilà qui illustre bien le pouvoir de la femme dans un milieu d'extrême pauvreté.

Tous ces exemples montrent que le désir sexuel n'est pas la seule force qui attire l'homme et lui fait perdre ses repères ; d'ailleurs, cette attirance peut être réciproque, et la femme aussi peut éprouver du désir – cela peut être vérifié chimiquement… Néanmoins, on observe dans la vie quotidienne que la force d'attraction des électrons, qui crée cette liaison de covalence entre l'homme et la femme qu'on appelle le désir, s'exerce moins sur la femme que sur l'homme, en ce sens qu'elle manifeste moins ses émotions. Ne dit-on pas que conquérir une femme s'apparente à une course d'endurance, qui nécessite de la patience ? Certains hommes ne sont-ils pas abusés par cet apparent manque de réaction ? Alors qu'ils baignent dans un état d'instabilité, comme un électron qui gigote autour du noyau stable de l'atome, la femme semble imperturbable et maîtrise mieux la force d'attraction du désir.

C'est avec beaucoup d'émotion que j'ai écrit ce livre, et en particulier ce passage sur le pouvoir de la femme. Tout au long de mes recherches sur le sujet, j'ai appris des choses qui m'ont beaucoup heurté. Savez-vous qu'à une certaine époque, pas si lointaine, on interdisait aux femmes d'apprendre les mathématiques à l'école, sans doute parce que leur pauvre petit cerveau risquait de se désintégrer au contact du moindre calcul… ? Si Irma Levasseur (1878-1964), première femme médecin canadienne, a émigré aux États-Unis, c'est parce que l'étude des mathématiques était interdite au sexe féminin dans les écoles françaises du Canada. Savez-vous que la première femme exerçant la médecine en France fut Madeleine Brès, en 1875 ? L'interdiction était très ancienne, puisqu'on la fait remonter à 1322, date à laquelle une des huit femmes autorisées à pratiquer la médecine à Paris, Jacqueline Felice de Almania, fut interdite d'exercice sous prétexte que seuls des hommes pouvaient avoir une telle maîtrise, et ce malgré ses incontestables réussites et les témoignages de nombreux patients qui affirmaient qu'elle avait soigné des maladies que les médecins ne parvenaient pas à guérir.

Je ne cherche pas ici à *défendre* les femmes – elles s'en chargent très bien elles-mêmes – ni à accuser les hommes – y compris moi-même. Je veux simplement affirmer que nous sommes victimes d'une ignorance qui nous a bercée depuis la nuit des temps, et tenter de restituer une partie de la vérité afin que nos enfants et petits-enfants vivent dans la vérité mathématique. Ces constats que l'on doit faire lucidement ne nous permettront pas de changer du jour au lendemain ce qui a été établi depuis la nuit des temps ; mais ils peuvent nous rendre plus réceptifs (et plus élégants) vis-à-vis du pouvoir mathématique de la femme.

Que pensent nos enfants, lorsqu'ils apprennent qu'en France leur grand-mère n'a obtenu le droit de vote qu'en 1944 ? Que jusqu'en 1965 leur mère avait besoin de l'autorisation maritale pour ouvrir un compte bancaire ? Que cette même mère, s'ils sont nés avant 1970, n'avait aucun droit parental sur eux – alors qu'elle était la principale responsable de leur naissance ? Chaque homme ne peut qu'avoir honte s'il doit répondre : « parce que c'était une femme » (comme on pourrait avoir honte de répondre : Hitler a voulu exterminer les Juifs parce qu'ils étaient… juifs).

Je tiens aussi à dire une chose aux femmes : évitez d'imiter les hommes, ne cherchez pas à jouer les « femmes savantes », affichez de la sérénité vis-à-vis d'éventuels actes de misogynie. Les révélations de la vérité mathématique mettent du temps avant d'influencer positivement notre libre arbitre.

Chapitre 3
Libre arbitre et économie

Ce à quoi s'intéresse l'économie en priorité, c'est à la richesse et à la pauvreté. Elle le fait à deux niveaux différents : l'échelle macroéconomique (qui concerne les pays), l'échelle microéconomique (qui concerne les individus). De même qu'il existe des pays riches et des pays pauvres, il existe des individus riches et des individus pauvres. Or, contrairement à ce qui se produit dans l'univers, où les équations mathématiques les plus élégantes et les plus harmonieuses prennent en compte tous les objets et toutes les situations possibles, dans le domaine économique il n'existe aucune équation mathématique qui s'applique en même temps au monde des riches et à celui des pauvres. Les équations mathématiques appliquées à l'économie n'ont aucun caractère fondamental et immuable : elles sont le fait de notre libre arbitre, dépendent du point de vue de chacun et sont en permanence nourries par nos propres incertitudes. Voilà qui ouvre la voie à toutes les dérives possibles…

Aux yeux du libre arbitre économique, rien ne peut être harmonieux et immuable. Les équations mathématiques de l'économie que nous pouvons élaborer (qui concernent par exemple ces produits financiers plus ou moins toxiques manipulés par les banques) pourront viser à enrichir un État (ou un groupe d'individus), mais ce sera pour en appauvrir d'autres. Certes, nous pouvons aussi, en principe, exercer notre libre arbitre en faisant des choix différents, mais il est lui-même en permanence altéré par notre environnement, et nos choix peuvent se révéler aussi arbitraires et nocifs que ces produits financiers.

En 1997, les économistes Robert Merton et Myron Scholes, qui avaient collaboré avec le mathématicien Fisch Black (1938-1995), reçurent le prix Nobel d'économie pour avoir créé la fameuse équation dite Black-Scholes. Il s'agissait d'un modèle mathématique extrêmement puissant, qui était destiné à permettre au monde de la finance de mieux gérer les risques d'achats et de ventes sur les marchés financiers. Ses concepteurs étaient alors loin d'imaginer que, moins de dix ans plus tard, cet outil novateur allait précipiter le monde entier dans une des plus graves crises économiques qu'ait connue l'humanité, en provoquant l'effondrement des grands établissements financiers (à commencer par Lehman Brothers aux États-Unis). Ils ne pouvaient pas davantage imaginer que leur outil allait servir de caution aux rapaces financiers qui s'empressèrent de transformer la ville industrielle de Detroit en une gigantesque ruine, ou que l'État fédéral serait contraint de nationaliser des banques, des compagnies d'assurance (prenant par exemple 80 % du capital du premier assureur mondial, AIG) ou des entreprises pour éviter leur effondrement – décision qualifiée par certains de « communiste » ! Et bien entendu, les conséquences de leur modèle magnifique ne se sont pas limitées aux États-Unis, mais ont concerné aussi bien la France que des pays africains frappés par de graves crises alimentaires.

Or, le « Black-Scholes » demeure aujourd'hui le modèle mathématique le plus utilisé dans le monde de la finance pour évaluer les risques du marché financier, en mutation permanente du fait des décisions arbitraires et risquées de ses acteurs. Il permet en principe de donner une valeur théorique à une option d'achat d'un produit financier ou d'un actif, et de se protéger de son effondrement éventuel par une stratégie de couverture sur les risques ; il est alors possible d'estimer le prix d'achat d'un titre à un moment précis, et à quel moment il sera profitable de le vendre afin d'empocher la différence. Comme il s'agit d'un outil mathématique, il permet aux traders qui l'utilisent de justifier leurs prises de positions ; contrairement à l'époque antérieure, où ils pouvaient prendre une décision d'achat parce qu'ils étaient sous le charme d'une call girl employée par le vendeur, il leur suffit d'intégrer leurs options dans une formule intégrée à un tableau Excel : le système va procéder à l'évaluation et délivrer un *go*, ou un *no go*. Ce n'est que dans les films un peu anciens que l'on voit encore des traders surexcités hurler comme des fous devant d'immenses panneaux de chiffres : ils sont maintenant tranquillement assis devant des écrans d'ordinateurs, comme des chercheurs du monde quantique. Ils peuvent en même temps surveiller la variation de leurs produits financiers et les comportements de tous ceux qui leur sont associés (les produits dérivés). Un produit financier est en effet généralement composé d'une série de produits sous-jacents ou dérivés qui sont tout à fait déterminants, en ce sens que leur simple variation peut entraîner automatiquement un changement dans la valeur du produit principal. C'est le même principe qui gouverne la météo : celle de Paris est très dépendante de celle de Londres ou de New York – et réciproquement.

Bref, il s'agit d'un modèle mathématique sophistiqué qui peut se révéler très harmonieux et élégant lorsque l'environnement est normal (il fait beau partout…), mais qui peut s'emballer de façon incontrôlable à la moindre variation. Il est donc essentiel de pouvoir estimer le degré de volatilité du produit financier durant sa durée de vie. Cette volatilité, qui est la mesure des variations, à la hausse ou à la baisse, du prix du produit pendant la durée du contrat d'achat, est une information capitale que le trader doit contrôler en permanence, la première loi fondamentale de la finance étant de faire du profit. Elle se calcule au moyen de l'écart-type (σ, *sigma*), moyenne de la courbe en cloche de l'évolution du produit financier. C'est en 1901 qu'un jeune mathématicien français, Louis Bachelier (1870-1946), avait montré dans sa thèse que, tout au long de sa vie, un produit financier subissait des fluctuations prenant la forme d'une courbe en cloche dont les extrémités s'aplatissaient rapidement, conformément à la loi normale du mathématicien allemand Friedrich Gauss (1777-1855), père de la théorie des probabilités. Il affirmait ainsi que l'évolution d'un prix suivait un parcours aléatoire, à l'image des mouvements browniens qui permettent aux physiciens d'estimer les déplacements aléatoires d'une particule. Ainsi le mouvement brownien s'est-il trouvé intégré dans le monde de la finance, participant à l'élaboration du modèle de base de l'équation du Black-Scholes…

En 1827, alors que le botaniste écossais Robert Brown (1773-1858) étudiait au microscope des pollens de Clarkia Pulchella (une plante découverte dans le Pacifique Nord-Ouest), il remarqua que des particules présentes dans le liquide à l'intérieur du pollen bougeaient dans tous les sens, et prenaient de la vitesse dès qu'elles rencontraient une molécule de ce liquide. Puis il constata que ce phénomène se produisait aussi pour des objets non vivants. Sans le savoir, il venait de découvrir le comportement des atomes. Par la suite, Einstein développa (en 1905) une théorie de la physique des liaisons moléculaires en mesurant la trajectoire aléatoire des particules. En 1933, le mathématicien américain Norbert Weiner (1894-1964) et son collègue français Paul Lévy (1886-1971) apporteront une explication mathématique à ce mouvement brownien – ainsi appelé par Paul Lévy en hommage à Robert Brown.

N'est-ce pas là une nouvelle preuve que tout est mathématique dans l'univers ? Malgré l'importance du libre arbitre qui caractérise son fonctionnement, l'économie elle-même puise dans les mêmes principes qui s'appliquent à notre vie – les mouvements aléatoires des particules. Ceci nous ramène d'ailleurs à la notion d'entropie de la seconde loi de la thermodynamique : nous pouvons prévoir avec exactitude ce qui arrivera dans le futur à tout objet qui se met en mouvement en respectant une trajectoire « normale » (une perte financière négligeable dans le modèle de Black-Scholes), car son entropie est faible ; mais si sa trajectoire est chaotique et que l'objet subit des chocs répétés (des fluctuations en termes financiers), le système comprend une forte teneur en entropie (et le Black-Scholes ne pourra prévoir la grave crise financière qui ne manquera pas de s'ensuivre).

Par conséquent, si vous voulez « faire du Black-Scholes », il vous faut absolument être conscient d'un certain nombre

d'éléments – autant d'hypothèses de calcul fondées sur notre libre arbitre – dont voici les plus importants :
– La *volatilité du produit financier*, mesure de sa variation (à la hausse ou à la. baisse) par rapport à son prix moyen, sur une période déterminée. Lorsque vous passez un ordre d'achat à la période t pour un prix p, vous pariez qu'en t+1 son prix sera >p. Or, cette prévision est aléatoire dans la mesure où elle dépend du comportement du marché et d'une infinité de décisions prises par les acteurs économiques et politiques. Si vous aviez acheté les actions d'une compagnie aérienne dont la volatilité était constante juste avant les attentats du 11 septembre 2001, vous auriez fait une très mauvaise affaire (augmentation des prix du pétrole, baisse du trafic aérien, etc.). Le Black-Scholes montrant ainsi ses limites (gérer les seules volatilités constantes), certaines institutions financières peuvent décider de le modifier pour l'adapter à des situations de marché imprévues.
– Un *taux d'intérêt constant ou stable.* Certains pays (États-Unis, Grande-Bretagne, Suisse…) se voient attribuer un taux d'intérêt sans risque – nous en verrons plus tard les conséquences relativement aux emprunts toxiques de Dexia en France – en fonction d'indices fournis par des agences de notation (Fitch, Standard & Poors, etc.). Or, cette dépendance aux taux stables se transforme en situations difficiles pour une option à long terme dès que la volatilité du marché devient importante (par exemple du fait d'un événement grave imprévu, comme l'attentat du 11 septembre).
– Dans la version originelle de l'équation Black-Scholes, *les produits sous-jacents ne doivent pas payer de dividendes* jusqu'au terme de l'option d'achat. Si j'ai acheté un produit financier (par exemple des actions d'un fonds de pensions) dans lesquelles il y a d'autres produits financiers dérivés, je n'ai droit à aucun dividende tant que je n'ai pas vendu la totalité de l'action. Ce blocage de la rentabilité des actifs sous-jacents était légitime, car il servait de protection au produit lui-même : commencer à spéculer sur les produits sous-jacents, cela pouvait en effet automatiquement provoquer l'instabilité totale de tous les produits principaux. Seulement, voilà… Le gain maximum étant la règle d'or de la finance, les institutions financières ont modifié les modalités de base du Black-

Scholes afin de pouvoir spéculer sur les produits sous-jacents et de toucher des dividendes : ce sont les fameuses *subprimes* et autres emprunts toxiques dans lesquels Dexia s'est illustrée. C'est ainsi qu'un modèle standard se transforme en modèle arbitraire pour satisfaire des besoins spécifiques.
– La *vente à découvert est autorisée.* Une telle condition, qui paraît bien éloignée du bon sens de notre vie quotidienne, nous fait entrer dans le monde du virtuel : comment peut-on vendre un produit que l'on ne possède pas encore… ? Avant même que la vigne n'ait donné ses fruits, le Sauternes qui en sortira est déjà vendu, à plusieurs reprises, sans que l'on puisse tenir compte d'un éventuel problème climatique qui en altèrera la qualité. Le Black-Scholes ouvre donc un boulevard aux spéculateurs, qui peuvent empocher à tous les niveaux l'argent de la vente d'un produit qui n'existe pas.

Dans ces conditions très probabilistes, qui dépendent de notre libre arbitre, le modèle acquiert une réalité approximative et discutable qui n'a plus rien à voir avec les modèles mathématiques élégants et harmonieux expliquant le fonctionnement des lois de l'univers (qui n'ont pas besoin de notre libre arbitre). Le mathématicien franco-américain Benoît Mandelbrot (le père de la géométrie fractale) a longtemps mis en cause le Black-Scholes, alertant le monde financier quant aux caractéristiques arbitraires des hypothèses qui le fondent et montrant qu'elles ne peuvent pas prévoir les grands événements susceptibles de modifier la forme de la courbe en cloche : c'est un modèle qui ne prévoit pas les situations de crise.

Prenons le cas de la crise des *subprimes*, née aux États-Unis, qui fut le principal catalyseur de la crise économique mondiale en 2008.

En janvier 2000, mon employeur, Capgemini, m'avait envoyé à Seattle (côte ouest des États-Unis) pour travailler avec des collègues américains sur la nouvelle technologie du premier système d'annuaires de Microsoft. Pendant mon séjour, qui a duré un mois, j'étais logé au 19e étage du luxueux hôtel Hyatt Regency de la ville de Bellevue proche de nos bureaux à Seattle. Mon point fort ne résidait pas dans mes capacités linguistiques (mon anglais était à l'époque très basique), mais dans mes compétences techniques, et c'est grâce à elles que j'ai pu rapidement me faire des amis ; j'ai notamment fréquenté Thomas Keogh, l'actuel grand architecte du système d'information de Microsoft, qui a fait beaucoup d'efforts pour m'intégrer à la vie américaine. Cherchant à me convaincre de rester travailler aux États-Unis, il m'expliqua que lorsque l'on dispose d'un salaire confortable, la banque met à votre disposition des lignes de crédit illimité (*full credit*) ; il me montra plusieurs cartes de crédit qu'il utilisait pour sa consommation sans aucune condition – contrairement à ce qui se passe en France où, dans le meilleur des cas, votre taux d'endettement ne doit pas dépasser 40 % de votre revenu global. Lorsque je fis des courses dans un supermarché, on me proposa une carte de crédit, alors même que je ne résidais pas dans le pays. Il devint pour moi évident que les banquiers américains prenaient trop de risques : je venais de mettre le nez dans ce système pervers de crédit appelé *subprimes*. Il est d'autant plus pervers que les banques prêtaient de la même façon aux pauvres et aux riches. Ah bon, direz-vous : n'était-ce pas une bonne chose ? Voyons les choses d'un peu plus près.

Les banques avaient mis en place un système d'évaluation de leurs clients basé sur des scores compris entre 300 et 850, et les répartissaient en trois catégories :

– *Prime* (clients fiables) : emprunteurs dont les scores étaient strictement supérieurs à 700 et qui bénéficiaient d'un taux de crédit bas.

– *Mid-Prime* (clients moyennement fiables) : emprunteurs dont les scores étaient compris entre 620 et 700 et qui bénéficiaient d'un taux de crédit moyen.

– *Sub-Prime* (clients non fiables) : emprunteurs dont les scores étaient inférieurs à 620. Depuis 2007, ils étaient devenus une nouvelle clientèle cible pour les banques. Ils bénéficiaient d'une nouvelle structuration de leur crédit avec un taux fixe plus intéressant sur une période de deux à trois ans, qui basculait ensuite automatiquement vers un taux variable qui, au lieu d'être indexé sur l'inflation comme cela se fait habituellement, l'était sur un produit financier. On pouvait par exemple l'indexer aussi bien sur une parité dollar-yen que sur la performance d'une équipe de football américain. Au bout de deux ou trois ans, les emprunteurs devaient se tenir au courant des comportements des produits financiers sur lesquels leur emprunt était indexé…

On est alors en 2000, environ huit ans avant que ne se déclenche la crise économique. Le taux directeur (taux de crédit entre banques fixé par la Banque centrale, ici la Banque fédérale) est très bas. Les prix de l'immobilier sont orientés à la hausse, du fait d'une demande très forte stimulée par la politique fédérale du « tous propriétaires ». Les clients *sub-primes* cherchant à devenir propriétaires devenaient de facto les nouvelles cibles privilégiées des banques. Des courtiers jouaient le rôle d'intermédiaires pour rendre éligibles les dossiers d'emprunt auprès des banques ; leurs rémunérations étant proportionnelles au nombre de crédits vendus, ils se souciaient peu des risques et tentaient même de multiplier les contrats en aidant les clients à présenter des fausses fiches de salaire provenant d'entreprises fictives.

Afin de se protéger des risques d'insolvabilité de ces clients *sub-primes*, les banques avaient recours à deux moyens :

– Au moment où elles créaient ces crédits pour leurs clients, en leur faisant croire qu'ils pourraient rapidement les amortir grâce aux produits dérivés sur lesquels ils étaient indexés, elles vendaient sur le marché financier un produit dérivé sur lequel elles pariaient que leurs clients à risque allaient faire faillite. C'est en quelque sorte le principe de la couverture du Black-Scholes. De surcroît, au lieu de conserver ces crédits à risque dans leurs comptes (ce qui leur aurait fait supporter totalement le risque), elles les mélangeaient avec d'autres produits financiers, plus intéressants, pour les transformer en des ensembles rentables qu'elles cédaient à d'autres banques ou à des fonds d'investissement. Lesquels, à leur tour, procédaient à d'autres mélanges originaux… Ces produits financiers toxiques passaient ainsi de banque en banque et d'un pays à l'autre : c'est ce que les banquiers appellent la titrisation.

– Les banques prenaient la maison de l'emprunteur en garantie du crédit, en espérant qu'elle prendrait de la valeur.

Aux États-Unis, acheter une maison à crédit vous permet de garantir l'achat d'autres crédits financiers, mais cela représente un gros risque. Si j'achète une maison 100 000 € en *full credit* (sans aucun apport personnel), cela constitue mon capital augmenté de la plus-value estimée par le Black-Scholes, et je peux encore emprunter de l'argent à hauteur de cette plus-value. En cas de flambée des prix immobiliers, les banquiers réalisaient une bonne opération lorsqu'ils revendaient la maison du fait de l'impossibilité pour leur client de rembourser son emprunt ; il leur était même possible de lui reverser une partie de la plus-value. Mais en 2007, les prix de l'immobilier ont commencé à chuter, poussant les banques à se débarrasser rapidement de leur stock de maisons sous garantie avant qu'elles ne perdent trop de valeur. Les emprunteurs à risque ayant accepté les taux *reset* (taux fixes attractifs qui se transforment automatiquement, au bout de 2 ou 3 ans, en taux variables moins attractifs) se sont retrouvés avec des charges financières importantes qui ont amplifié leur insolvabilité. Non seulement les emprunteurs ne pouvaient plus vendre leur bien immobilier dévalorisé, mais encore ils ne pouvaient plus renégocier leur crédit. Voyant le danger arriver, les banques commencèrent à revenir à des comportements plus sages, à l'européenne (et même plus spécifiquement à la française), et fermèrent le robinet du crédit à la consommation. Ce faisant, elles mirent en difficulté les producteurs et les consommateurs de biens de consommation (automobile, électroménager, etc.). C'est la raison pour laquelle l'industrie automobile fut la première touchée, après le secteur immobilier, et se mit à créer de nouveaux chômeurs qui, à leur tour, devenaient insolvables.

On pourrait penser qu'il s'agissait là d'une histoire spécifiquement américaine. Ce serait oublier à quel point la finance est mondialisée. Intéressées par l'offre alléchante des banques américaines, qui mélangeaient allégrement produits toxiques et bons produits, les banques européennes se sont précipitées pour les acquérir et en faire profiter leurs clients à la recherche d'une forte rentabilité. Au moment où la crise immobilière a commencé (en 2008), les banques américaines ne pouvaient plus assurer la rentabilité de ces produits financiers auprès des banques européennes, lesquelles se retrouvaient à leur tour avec plus de 50 % de produits toxiques dans leurs bilans et ne pouvaient plus assurer à leurs clients la rentabilité de leur placement. Tous les éléments étaient réunis pour une crise systémique. Il a fallu une intervention massive de l'État, en Europe comme aux États-Unis, pour sauver certaines banques, garantir les dépôts des particuliers et limiter la crise sociale.

Mais les effets (ou les méfaits) du Black-Scholes ne s'arrêtent pas là. On a pu les voir à l'œuvre dans le désastre financier sans précédent de la banque franco-belge Dexia.

Le soir des élections municipales du 31 mars 2014 en France, j'étais en train de suivre à la télévision les résultats des villes les plus endettées – celles dont les comptes financiers avaient été mis à mal par les emprunts toxiques contractés depuis 2007. Parmi le « top 10 » des villes à emprunts toxiques, cinq d'entre elles m'intéressaient plus particulièrement : Saint Étienne (maire sortant PS battu), Argenteuil (maire sortant PS battu), Saint Maur (maire sortant divers droite battu), Avignon (maire sortant UMP battu) et Bussy Saint-Georges (maire sortant UMP battu). Il s'agissait du premier vote post-emprunts toxiques (les électeurs subissaient depuis longtemps le poids de cette dette sur leurs impôts), et les maires se battaient contre la banque Dexia. Comment en était-on arrivé là ?

Actuellement en cours de démantèlement, Dexia a été créée en 1996 par la fusion du Crédit Local de France (CLF), banque des collectivités locales en France, et la banque belge Dexia. Sa mission principale était de poursuivre un programme de financement des collectivités locales dans ces deux pays, mais aussi au Luxembourg. Elle remplissait honorablement sa mission en accompagnant des communes, des hôpitaux et d'autres collectivités territoriales dans leurs projets, proposant des taux alléchants – au point que tout paraissait parfait dans le meilleur des mondes. Or, aux environs des années 1990-1995, la grande banque d'investissement américaine J.P. Morgan avait élaboré un nouveau produit financier, qui reprenait le principe de l'indexation attachée à une option sur le marché financier (« reset », ou « swap »). Ce produit fut proposé à Dexia, qui s'est empressée de le vendre aux maires (dont les connaissances en matière financière sont souvent modestes) ; ces derniers, faisant confiance à une banque qui leur avait donné jusqu'ici toute satisfaction, avaient par ailleurs des besoins croissants de financement du fait des restrictions budgétaires imposées par l'État. La proposition de crédit à long terme « reset » était conçue de telle façon que le taux devait respecter deux périodes :

– La première période comprenait, sur 1 à 3 ans, un taux fixe très bas (1 %, parfois même 0 %), très inférieur aux taux pratiqués à cette époque.
– La deuxième période, qui démarrait par basculement automatique après 3 ans, pouvait durer plus de 30 ans, au taux fixe de 3 % – auquel il fallait ajouter 50 % de la différence entre le cours de l'euro et celui du franc suisse (deux devises considérées comme stables, dont les fluctuations dites « mortes » décourageaient les spéculateurs les plus téméraires) exprimée en pourcentage.

La première période peut sembler classique : c'est le type même de crédit que notre maire avait l'habitude de négocier auprès de sa banque. Si cette solution s'était appliquée tout au long du crédit, on aurait eu un taux constant sans surprise, et l'on ne parlerait ni de produit dérivé ni de structuration complexe. En revanche, le montage adopté pour la deuxième période constitue une structuration complexe qui a bien d'autres conséquences. Notre maire s'en doute bien un peu, mais un expert de Dexia va lui en mettre plein les yeux, aidé par un *showcase* et de belles diapos sur PowerPoint qui montrent une magnifique courbe en cloche (la trajectoire du crédit sur 30 ans) et promettent que, grâce à la stabilité de l'euro et du franc suisse, son budget ne supportera qu'un taux de 3 %, au lieu des 5 % prévus. Voilà qui est bienvenu, en période de restrictions budgétaires généralisées ! Il va aussitôt organiser des réunions avec ses collaborateurs pour les convaincre de l'aubaine, se mettant à « parler Wall Street » et maniant les *swaps*, *resets*, *putts*, *calls*, Euribor, CAC 40 et autres Tofix… Mais il n'a pas en tête le proverbe africain : « Avant d'accepter de manger à la table de la girafe, assure-toi que tu as un long cou ». Il ignore que son sort était déjà scellé dans les années 90, avant qu'il ne soit maire, avant même le passage à l'euro ; il ne sait pas que les vrais experts financiers ont déjà gagné de l'argent sur ce crédit qu'il allait solliciter bien des années plus tard.

Il faut se rendre à l'évidence : une banque ne perd jamais. Soit le produit marche (et c'est le client qui paie), soit il ne marche pas (et c'est l'État qui renfloue, donc les contribuables). Voici concrètement comment a fonctionné le tour de passe-passe proposé par Dexia, lors de la seconde période.

La création de l'euro en 1999 a stimulé l'imagination des experts financiers américains. Surfant sur l'argument de « première zone de stabilité monétaire mondiale » clamée haut et fort par les politiciens européens, ils ont conçu deux types de produits financiers : l'un pour permettre aux collectivités de mieux gérer leur crédit (en espérant gagner de l'argent grâce à la stabilité de la zone euro), l'autre (purement spéculatif et plus intéressant) pariant sur le fait que la zone euro ne serait en réalité jamais stable. Un tel pari reposait sur l'idée que, d'après eux, les Européens avaient mis la charrue avant les bœufs, en créant une monnaie unique entre des pays qui n'avaient pas grand-chose en commun : l'entropie de la zone ne cesserait d'augmenter et provoquerait une crise qui fragiliserait l'euro, et la Suisse, hors zone euro, pourrait servir de refuge financier en cas de problème. Notre expert de Dexia va convaincre le maire que, compte tenu de la stabilité remarquable des cours entre les deux monnaies (1 € pour 1,50 FS), il a intérêt à souscrire aux options de la deuxième période telles que nous les avons décrites plus haut : si 1 euro est supérieur ou égal à 1,44 FS, alors le taux reste fixe à 3 % (bien plus avantageux que celui du marché, à 5 %) ; si en revanche la valeur de l'euro passe en dessous de 1,44 FS, alors le taux passe à 3 % + 50 % de la différence entre les deux devises exprimée en pourcentage.

Ainsi présenté, le produit financier paraît à notre maire bien structuré et ne semble pas être particulièrement toxique. Faisant le pari de la stabilité pour des monnaies aussi solides, il n'a pas l'impression d'avoir pris de risques. On était en plein Black-Scholes : la période était connue, de même que les taux d'intérêt des deux périodes, l'indexation était faite sur des produits dérivés du marché des changes, on pouvait vendre à découvert et créer d'autres produits dérivés, etc. Vendre à découvert, c'est ce qu'avait fait Dexia avant de valider le crédit aux collectivités, en le cédant aux banques américaines. Jusque-là, tout se passait bien, la trajectoire de la courbe du Black-Scholes était constante, et l'entropie était en régression. Comment ce crédit structuré s'est-il transformé en crédit toxique ?

Imaginons que notre maire veuille financer, à hauteur de 5 000 000 €, un stade de football. Il souscrit un crédit de 30 ans auprès de Dexia, qui se décompose ainsi :

– Période 1 : au taux fixe de 1 % pendant 3 ans, l'emprunt et les intérêts cumulés se montent à 5 800 000 €, avec une mensualité constante d'environ 16 000 €. Un vrai jackpot financier, qui permet d'envisager de financer d'autres projets.
– Période 2 : au taux de 3 % + 50 % de la différence éventuelle des cours euro/franc suisse exprimée en pourcentage, pendant 27 ans, il ne semble y avoir aucun problème compte tenu de la stabilité des deux devises.

C'est alors que survient la crise des *subprimes*… L'inquiétude gagne la famille des banquiers de la zone euro. Chacun essaie de savoir quel est le niveau de contamination de son bilan. L'effondrement de Lehman Brothers aggrave les choses, mais la pire menace vient de la Grèce : ils savent que le pays est fragile d'un point de vue socio-économique, qu'il a été intégré au sein de la zone euro sur la base de comptes qui ne reflétaient pas la réalité, et qu'il sert de tremplin à des rapaces financiers pour attaquer la zone euro. Les agences de notations, qui avaient attribué des AAA à la plupart des pays, revoient leurs notes à la baisse. De façon quasi-automatique, la Suisse devient le pays refuge pour les capitaux menacés, ce qui met à mal la parité jadis stable euro/franc suisse : la fameuse limite 1 €/1,44 FS est dépassée, et désormais l'euro s'échange contre 1,34 FS…

Rappelons-nous les conditions de la deuxième période du crédit auquel a souscrit notre maire : lorsque l'euro tombe à moins de 1,44 FS, le taux de crédit bascule immédiatement à 3 % (taux initial) + 50 % de la différence exprimée en pourcentage. La différence entre 1,44 et 1,34 est de 10, soit 10 % exprimée en pourcentage. Ce qui donne :

3 % + 50 % (10 %) = 3 % + 5 % = 8 %

Autrement dit, notre maire se voit soudain confronté à un taux de remboursement de 8% au bout de trois ans. Jusque-là, il n'a eu qu'à payer une mensualité de 16 000 €, soit au total 567 000 €, et il lui reste à débourser 5 233 000 € (la différence entre son crédit de 5 800 000 € et les remboursements effectués). Avec la nouvelle donne, son emprunt cumulé avec intérêt va passer de 5 233 000 € à 13 800 000 € avec un nouveau taux de 8 % pendant 27 ans : ses mensualités de remboursement passent à 38 000 € ! Voilà comment son crédit structuré s'est transformé en emprunt toxique, à cause du produit financier sur lequel il était indexé et que le Black-Scholes ne pouvait prévoir.

Mais ce n'est pas fini… Il lui faut maintenant devenir un véritable expert en bourse, surveiller le taux directeur de la banque centrale, rester en contact permanent avec la City (la bourse de Londres) pour surveiller le comportement d'Euribor (Euro Interbank Offered Rate, taux d'échange interbancaire de la zone euro)… Il suffit que l'euro perde encore 20 ct (1 € pour 1,14 FS) pour que son taux de remboursement passe à 13 %, et ainsi de suite : la situation budgétaire de la commune devient insupportable. Précisons tout de suite que le cas que nous avons analysé n'était pas le plus risqué : certains maires ont emprunté auprès de Dexia des sommes indexées sur la parité entre le dollar et le yen, ou encore sur le cours de produits de base comme le riz ou le pétrole…

On voit bien que le facteur déterminant, ici, c'est le libre arbitre : notre maire était libre de ne pas prendre le risque associé à son emprunt, les experts financiers étaient libres de ne pas créer cet emprunt à la limite de la moralité (car, même s'il est structuré à la base, il devient toxique du fait de ses produits dérivés). Malheureusement, on ne peut demander à tous les maires d'être connaisseurs en matière financière, ni à tous les banquiers de ne pas vouloir faire un maximum de profit (qui s'exercera nécessairement au détriment des autres)… Lorsque tout se passait bien, notre maire gagnait de l'argent par rapport au taux pratiqué sur le marché ; à la moindre secousse, l'emprunt qu'il a contracté révèle son caractère toxique du fait des produits dérivés qu'il inclut, l'entropie devient maximum, tout s'emballe et c'est le gouffre financier.

En 2012, le total des encours des emprunts toxiques s'élevait à 15 milliards d'euros. Les collectivités concernées, considérant que le contrat de crédit ne mentionnait nulle part le taux de crédit effectif global (TEG) – ce qui était contraire à la réglementation – décidèrent d'attaquer Dexia en justice. Afin de sauver la banque, l'État fit voter en novembre 2013 une loi de validation (qui rend légale l'absence de TEG), et en contrepartie proposa aux communes de les soulager du poids de leur dette au moyen d'un fonds de secours.

De mon côté, j'avais essayé de pratiquer le Black-Scholes en 2008, dans la perspective de la coupe du monde de football 2010 en Afrique du Sud… Il me semblait qu'il y avait une opportunité pour les habitants des pays africains (surtout ceux qui étaient qualifiés pour la compétition) de changer leurs vieux appareils de télévision cathodiques pour des LCD qui leur permettraient de voir les rencontres dans de meilleures conditions. Le prix des nouveaux téléviseurs était cependant beaucoup trop élevé, et il fallait trouver un système de crédit à la consommation à moyen terme proposant des mensualités faibles et indolores pour la classe moyenne. En prenant une option d'achat sur la parité euro/dollar auprès des fournisseurs asiatiques de téléviseurs (je devais payer en euros, et je pariais que l'euro allait encore s'apprécier par rapport au dollar), j'appliquais strictement le Black-Scholes et, clairement, je ne pouvais que gagner de l'argent.

Je présentai mon projet à une filiale d'une grande banque française au Cameroun (un des pays africains qualifiés pour cette coupe du monde). Il y eut de nombreuses réunions, beaucoup de gens se montrèrent intéressés. Et pourtant, l'affaire s'est terminée devant le tribunal de Nanterre. La banque avait en effet décidé d'utiliser mon idée pour en faire son propre projet. Je perdis le procès en 2012, au motif que je n'avais pas protégé la propriété intellectuelle de mon initiative. Peut-être pour me consoler, la banque décida d'annuler les sommes que le tribunal me contraignait à lui payer.

Une fois encore : pourquoi rendre Dieu responsable de tout cela ? La crise que j'ai décrite dérive du comportement de l'être humain, qui toujours essaie de vivre au-dessus de ses moyens. Les banques savent que leurs modèles mathématiques auront pour conséquence d'appauvrir les clients à risque, et que grâce aux processus de titrisation elles pourront s'en sortir plus riches. Elles savent même qu'en cas de catastrophe imprévue, les États seront là pour les renflouer. Les courtiers qui ont empoché leurs commissions peuvent bronzer paisiblement sur les plages dorées de Santa Barbara ou regarder à la télévision, coupe de champagne à la main, leurs pauvres clients se faire expulser de leur maison. Mais les clients expropriés eux-mêmes, bien que floués par le système, ne manifestent pas contre cet état de fait, et ils pensent même qu'ils ont eu leur part de responsabilité puisqu'ils étaient libres d'accepter ou de refuser les crédits qu'on leur proposait. En janvier 2000, pendant mon séjour à Seattle, j'avais fait usage de mon (relatif) libre arbitre en refusant la carte de crédit à la consommation que m'avait proposée le supermarché…

D'autres crises sont ensuite venues s'ajouter à ce séisme financier : celle des ressources alimentaires en Afrique, en 2008, qui provoqua de nombreuses émeutes dans certains pays et qui était due à une forte augmentation des prix des aliments de base comme le riz, le blé ou le maïs ; celle des matières premières, en 2012, avec une envolée des prix du pétrole et, surtout, des métaux ferreux du fait de la demande croissante de pays émergents comme la Chine ou l'Inde. Cette accumulation entretenait l'impression qu'une catastrophe planétaire était imminente, certains prévoyant même la fin du monde… pour le 21 décembre 2012. L'invocation du courroux divin, une fois de plus, venait masquer le fait que seule la somme de nos comportements, découlant de notre libre arbitre, était responsable d'une telle situation.

Si j'ai pris l'exemple de la bourse, c'est qu'il me paraît très révélateur de la façon dont ce libre arbitre fonctionne. Lorsque j'avais 11 ans, j'aidais ma mère à vendre du poisson braisé sur le trottoir d'un carrefour très animé de notre quartier New-Bell, à Douala. Le matin, elle achetait son maquereau (le poisson des pauvres) 40 FCFA pièce, nettoyait les bêtes dans la journée en rajoutant des condiments du pays, les faisait cuire sur la braise (j'ai encore le souvenir de cette odeur délicieuse), et les revendait le soir 100 FCFA pièce – marge assez confortable. Assis auprès d'elle tel un ange gardien (au détriment de mes révisions scolaires, ce qui permet d'expliquer mon médiocre parcours scolaire au Cameroun), j'admirais son courage (il lui fallait trouver sans arrêt des solutions pour nous permettre de vivre) et j'observais attentivement les principes de l'offre et de la demande qui gouvernaient son petit commerce. J'étais heureux lorsque ma mère venait à manquer de stocks parce qu'elle vendait bien ses poissons ; mais il m'arrivait aussi de constater que, malgré l'odeur alléchante, peu de clients se présentaient et qu'elle était obligée de vendre à perte. Parfois, cela me poussait à interpeller des clients potentiels dont je sentais l'hésitation ; mais ma mère me disait : « Mon fils, tu ne peux pas forcer les clients à acheter mon poisson, parce qu'ils sont libres de leur choix. » Elle m'enseignait ainsi que le libre arbitre est un des facteurs déterminants de la vie économique, et qu'il n'y avait aucune règle immuable susceptible d'obliger un client à lui acheter son poisson.

Ce qui se manifeste là, à l'échelle microéconomique, se reproduit de la même façon à l'échelle macroéconomique, et notamment avec le marché boursier, où se rencontrent acheteurs et vendeurs d'actions ou d'obligations. Dans le cas du marché au poisson organisé par ma mère, cette rencontre est physique. La bourse, du fait de l'informatisation, réalise ses opérations de façon plus virtuelle, à travers les intermédiaires financiers que sont les banques, les courtiers ou les traders qui gèrent les ordres de vente et d'achat de leurs clients. Le vendeur boursier est une personne morale (l'État, ou une collectivité) qui a besoin d'argent pour financer des projets – on l'a vu avec le cas des emprunts toxiques de Dexia – et qui, par exemple, va vendre des actions qu'elle détient dans des entreprises. L'acheteur est le plus souvent un ménage ou un investisseur institutionnel (fonds de pension, de retraite…) qui souhaite rentabiliser un excédent d'épargne. C'est la différence entre le montant des ventes et celui des achats qui va, à la clôture en fin de journée, décider si la bourse est en baisse ou en hausse.

Les ordres d'achat ou de vente relayés par les intermédiaires financiers dépendent aussi de notre libre arbitre. Certes, une personne ou une institution qui a un besoin de financement manifeste un choix logique ; il n'empêche que le jeu logique de la bourse est souvent fonction des comportements arbitraires du client donneur d'ordre. Je vais prendre l'exemple de la petite entreprise que j'ai créée récemment, à partir d'une idée originale : un logiciel d'économie d'énergie pour les ordinateurs (CRECIT). L'efficacité de ce logiciel est avérée, puisque la mairie de Saint Raphaël l'utilise depuis 2012 et l'a qualifié de ludique et efficace : en deux ans d'utilisation, elle a réalisé une économie d'énergie équivalente à 20 000 €. Mon entourage me poussait à l'époque à proposer mon produit dans mon propre lieu de résidence, dont la mairie est communiste et soutient davantage les opinions politiques des immigrés que celle de Saint Raphaël, cataloguée comme étant de droite conservatrice. La réaction de la municipalité communiste fut négative : elle qualifia mon logiciel d'« espion » susceptible de provoquer un dysfonctionnement complet de son système d'information. À l'inverse, Saint Raphaël m'ouvrit largement ses portes et organisa une réception fastueuse en présence de tous les cadres de la mairie le jour de la présentation de mon logiciel. Si le résultat avait été inverse, n'aurait-on pas crié au racisme et demandé à SOS Racisme de mettre son nez dans le dossier ? Mais que dire alors du comportement de la mairie communiste : est-ce du racisme – ou du libre arbitre ?

Supposons maintenant que vous soyez un investisseur qui croit en mon projet et qui veut le soutenir. Vous souhaitez me rencontrer avant de valider votre financement ; mais, la veille de notre rencontre, votre épouse se fait agresser par une personne de couleur noire : cela ne va-t-il pas influencer votre décision lorsque vous découvrirez que, moi aussi, j'ai la peau noire ? *« Désolé, cher monsieur, mais votre projet ne correspond pas à mes choix de financement… »* Certaines personnes vont alors trouver qu'une telle réaction serait très injuste ; pourtant, je serais le premier à l'accepter, car nous avons cette liberté relative de prendre des décisions en fonction de notre libre arbitre. De la même façon, si vous deviez faire le choix d'investir dans un magasin, l'un géré par une femme et l'autre par un homme, ne seriez-vous pas soumis à des injonctions contradictoires (cette femme est bien charmante… *Mais* c'est une femme…) ? Si la bourse est en baisse, cela veut dire qu'il y a eu moins des clients qui ont acheté des titres que de clients qui en ont vendu, et si elle est en hausse c'est le contraire. Derrière les chiffres et les pourcentages, il y a des personnes comme vous et moi qui, pour des raisons personnelles, peuvent prendre des décisions logiques ou arbitraires.

Contrairement aux lois de la gravitation, qui s'appliquent à chacun de nous sans nous demander notre avis, les lois de l'économie et de la finance n'obéissent pas à une seule équation mathématique, qui serait la même pour tout le monde et en tout lieu. J'ai pris l'exemple de la bourse, parce qu'elle matérialise de la façon la plus évidente la rencontre d'une offre et d'une demande sur un marché ; mais elle n'est pas la seule à être concernée : la gestion économique d'un pays (ou, à l'autre bout de l'échelle, d'un ménage) est soumise de la même manière aux conséquences du libre arbitre et aux décisions prises par un chef d'État (ou par un chef de ménage).

Lorsque l'on a pris conscience de l'importance de la crise en France, dès 2008, des spécialistes de l'économie, comme Jacques Attali, ont publié des rapports expliquant que la gestion de notre pays était rendue particulièrement difficile et coûteuse du fait d'inadaptations structurelles. Des propositions ont été faites, par exemple pour réformer l'administration, supprimer les procédures et les doublons, rendre plus faciles et plus fluides les prises de décisions… Les lourdeurs administratives françaises sont bien répertoriées, et rares sont ceux qui ne souhaiteraient pas s'en débarrasser. Mais l'allègement des structures passe inévitablement par le licenciement ou la mise à la retraite anticipée de nombreux fonctionnaires, et donc par une crise sociale : le choix peut alors être de privilégier la dégradation absolue de tout un pays, plutôt que la dégradation relative d'une catégorie de la population. Je dis « relative », parce que les conséquences ne sont pas aussi dramatiques qu'on pourrait le penser ; par exemple, la réforme qui prévoit la suppression des départements français va permettre de transférer les fonctionnaires concernés vers d'autre services, et ceux qui ne pourront pas y avoir droit (ou qui le refuseront) seront indemnisés.

Lorsqu'on a assez à manger dans son plat, on ne regarde pas celui du voisin ; mais c'est plus difficile lorsqu'on n'arrive pas à calmer sa faim. De la même façon, dans une organisation simplifiée et dépourvue d'entropie, on peut très facilement trouver des solutions adéquates en cas de crise ; mais lorsque l'entropie augmente, la gestion de l'organisation devient plus difficile, car il faudra beaucoup plus d'énergie pour ranger ce qui est en désordre. Les États-Unis sont bien souvent à l'origine des graves crises que nous avons connues ; mais l'organisation administrative du pays, et notamment la répartition du pouvoir entre 50 États, s'est révélée très efficace pour y faire face. La gestion des solutions ne fait pas appel au jacobinisme français ; elle est déléguée aux gouverneurs de chacun des États fédérés, dans un cadre général garanti par le gouvernement fédéral. On imagine mal le secrétaire d'État à l'agriculture américain venir imposer des lois aux producteurs d'oranges de Floride – cela se décide en Floride. Certes, on trouve des structures fédérales dans d'autres pays que les États-Unis, mais ce pays a réussi a réduire de façon considérable la teneur en entropie de sa vie politique. On aurait tort de parier sur sa décadence (notamment par rapport aux pays dits émergents) : il continuera longtemps à servir de zone refuge.

L'Afrique offre souvent l'exemple contraire, celui de pays pauvres dont l'entropie très élevée est favorisée par un profond morcellement tribal qui, non seulement s'oppose à la fluidité de l'organisation administrative, mais encore est source de conflits pouvant aboutir à des crises politiques et sociales de grande ampleur, comme on l'a vu en Côte d'Ivoire, en Centrafrique, au Congo et, bien entendu, au Rwanda. Dans ces pays, on est immédiatement « tribalisé » à travers le nom que l'on porte – même si le prénom est chrétien – et cela provoque des phénomènes d'exclusion qui, à leur tour, augmentent l'entropie. Par exemple, la majorité de mes lecteurs camerounais vont me qualifier de *Bamiléké* du fait que je m'appelle Jantcheu, et je vais automatiquement hériter de tous les attributs, négatifs et positifs, liés aux représentations que l'on a de cette tribu. Ce sera ignorer que les seuls attributs qui sont les miens aujourd'hui dérivent de mon pays, la France.

Ces questions sont souvent aggravées par d'éventuels problèmes de communication. Lorsque le président de la République française fait un discours, il a peu de chances de n'être pas compris, parce qu'il s'exprime dans une langue comprise par tous les Français. S'il devait faire un discours devant le peuple camerounais, une traduction en anglais ne serait pas suffisante car une partie de la population ne parle ni anglais ni français (comme ma mère). Au niveau de mon propre foyer, en France, la complexité linguistique est telle qu'elle fait bondir le niveau d'entropie :

– En plus du français et d'un peu d'anglais, je parle la langue nufi (ou *fe'efe'e*), l'un des dialectes (parmi la centaine que compte le bamiléké) d'un sous-groupe tribal appelé Haut-Kam, à l'ouest du Cameroun.

– Ma femme parle également le français, un peu l'anglais, le nufi (hérité de son père) et le douala, de la tribu Douala qui fait partie des communautés bantoues du Cameroun (hérité de sa mère).
– Ma belle-mère, native de Douala, parle naturellement douala, ainsi que français, mais pas bamiléké.
– Mes enfants parlent uniquement la langue de leur pays d'origine – le français – et un peu l'anglais.
– Ma mère ne parle aucune autre langue que le nufi.

Mais alors, quelle est la langue de communication au sein de mon foyer ? Vous allez répondre, assez logiquement : le français ! Grave erreur… Le français est utilisé uniquement quand tout va bien (avec, de temps en temps, une petite traduction à l'usage de ma mère) ; à la moindre petite tension, chacun s'isole dans son dialecte, et je vous imagine en train d'essayer de décoder ce qui se dit à partir des signes échangés – c'est exactement ce que font mes enfants. Un petit problème entre ma belle-mère et moi ? Elle va s'adresser à ma femme en douala – et ni ma mère ni moi ne comprenons un traître mot de ce qui se dit. Si ma mère se mêle d'intervenir, elle le fera en nufi, ma femme sera tout ouïe, mais pas sa propre mère… Si vous assistez à la scène et que vous essayez d'intervenir (en français), chacun des protagonistes voudra vous prouver qu'il n'a aucun rapport avec cette langue, et va s'isoler dans son propre dialecte. Vous ne manquerez pas de me conseiller d'apprendre la langue de ma belle-mère afin de mieux gérer la situation ; malheureusement, il s'agit de langues vivantes non officielles, qui ne s'apprennent pas à l'école ou dans des centres de formation linguistique, et chacun est d'autant plus attaché à son dialecte que celui-ci représente un outil de protection. La solution qui est généralement trouvée passe par ma femme qui, en bonne équilibriste, parvient à calmer la situation en proposant des traductions de convenance, parfois éloignées de la version originale, dans le but de mettre un terme à l'entropie galopante… La situation va s'améliorer, et le français retrouver sa place de langue (à peu près) commune.

Imaginez un pays comme le Cameroun – 20 millions d'habitants, 237 dialectes et 200 tribus. Tiendriez-vous plus d'une journée au poste de président d'un tel pays ? C'est pourtant ce que tentent nos dirigeants pour maintenir la cohésion sociale, à l'image de la force forte qui assure la cohésion des protons de même charge qui se repoussent en permanence et peuvent provoquer la désintégration de la matière.

Troisième partie

Nous sommes tous des mathématiciens

En 1981, lorsqu'IBM créa le premier ordinateur PC 5150 (PC pour *Personal Computer*), cela fut considéré comme une invention révolutionnaire qui devait simplifier le travail dans les entreprises et en accroître le rendement, les ordinateurs étant beaucoup plus efficaces que les salariés. Mais ces derniers furent aussi nombreux à s'inquiéter de leur avenir professionnel : le nouvel outil n'allait-il pas mettre en évidence leurs carences ? Ceux qui au contraire le maîtrisaient et passaient pour des as de l'informatique n'allaient-ils pas les supplanter au sein de l'entreprise et les réduire au chômage ?

Même les chefs d'entreprises bardés de diplômes en avaient peur – non parce qu'ils craignaient pour leur emploi, mais parce que l'opinion s'était répandue que l'ordinateur était une sorte de révélateur d'incompétence, car il était réservé à une élite dont le cerveau était censé être presque aussi développé que celui d'Einstein…

Ces réactions font aujourd'hui sourire, quand on voit à quel point les ordinateurs les plus puissants (ainsi que les smartphones, tablettes et autres GPS), exécutant des tâches infiniment plus complexes que celles que l'on confiait aux premiers modèles, sont faciles à utiliser par tout un chacun (des plus jeunes enfants à nos parents et grands-parents) et sont devenus les auxiliaires indispensables de notre vie quotidienne.

Faut-il pour autant affirmer que Dieu nous a ainsi offert une version plus évoluée de notre cerveau afin qu'il parvienne à dompter les outils les plus complexes ? Bien au contraire : nous avons longtemps sous-estimé la puissance de notre cerveau et sa capacité à s'adapter pour dompter toute nouvelle innovation. Nous n'utilisons qu'environ 15 % de son potentiel mathématique ; mais nous allons à présent montrer que cela suffit à nous conférer naturellement les attributs de mathématiciens.

Chapitre 1

Nous pratiquons la mathématique à tout instant, dans l'ignorance

Il nous arrive d'implorer la puissance divine dans les moments difficiles de l'existence, et de la remercier en cas de réussite. C'est un héritage des bienfaits de notre éducation religieuse, dont les fondements ont été façonnés au fil du temps par nos ancêtres, qui ignoraient les lois mathématiques qui régissent notre environnement et préféraient croire que le bruit du tonnerre et le déluge qui s'ensuivait étaient l'expression de la colère de Dieu. Il est très surprenant de constater qu'il est toujours invoqué ou appelé à la rescousse malgré les avancées technologiques et la façon dont notre esprit, désormais « éclairé », utilise les mathématiques. C'est évidemment ce qui se produit en cas de guerre et de conflits divers, mais je voudrais prendre ici l'exemple du sport.

Le 2 mars 2013, j'étais assis devant la télévision avec mes enfants et nous regardions le match de football entre le Real Madrid et le FC Barcelone. Nous avions remarqué que les deux joueurs à l'immense talent que sont Lionel Messi (pour le Barça) et Cristiano Ronaldo (pour le Real) faisaient le signe de croix au moment de pénétrer sur le terrain, comme s'ils sollicitaient l'aide de Dieu pour leur attribuer la victoire ; autrement dit, c'est Dieu lui-même qui était jugé responsable de l'issue du match. Si tel était le cas, c'est qu'il savait, avant même la programmation du match, qui en serait vainqueur – auquel cas les prières de l'un et de l'autre n'y pouvaient rien changer. De plus, cela signifiait qu'il prenait parti pour un camp au détriment de l'autre, ce qui semble illogique vu qu'il est censé être juste. À l'inverse, il est plus raisonnable de supposer qu'il n'y était pour rien dans l'issue du match, et que les êtres humains créés grâce aux mathématiques utilisent aussi cet outil pour réaliser des prouesses techniques extraordinaires.

Regardez Messi : il reçoit le ballon sur le côté gauche du but adverse, réalise une feinte pour ralentir son adversaire Coentrão, puis accélère brutalement et marque un but d'un coup de pied extrêmement précis. Lorsqu'il fait sa prière en rentrant sur le terrain, il est loin d'imaginer qu'il va appliquer, pour marquer son but et gagner le match, les lois les plus complexes de la mathématique, et que ce seront elles qui seront responsables de cette victoire. Pourtant lui et Ronaldo, qui font leur prière, sont égaux devant Dieu, qui devrait avoir du mal à choisir un favori (le perdant pourrait l'accuser de favoritisme !).

Plutôt que de dire que Dieu a écouté la prière de Messi, je dirais que ce joueur est un mathématicien de génie qui utilise cet outil pour marquer des buts. Prenant appui sur l'environnement social dans lequel il était, il a préféré jouer au football plutôt que d'aller à l'école et s'est efforcé de perfectionner ses qualités naturelles en appliquant, tout à fait inconsciemment, les lois de la mathématique qui lui étaient totalement inconnues – son cerveau gérant les informations transmises par ses cinq sens et créant à tout moment de nouveaux réseaux neuronaux interconnectés par les synapses :

– La première loi du mouvement d'Isaac Newton, ou principe d'inertie. À l'arrêt, le corps de Messi subit la force d'attraction terrestre qui l'attire verticalement vers le centre de la Terre, et son poids est important (c'est le produit de sa masse par l'intensité de l'accélération). Lorsqu'il veut se déplacer à l'horizontale par rapport au centre de la Terre, il doit au départ exercer une force très importante (c'est la force d'inertie). Au fur et à mesure qu'il se déplace, cette force va s'additionner pour lui donner plus d'accélération, la vitesse acquise n'étant qu'une variation d'accélération du mouvement – exactement comme avec la boîte de vitesse d'une voiture, qui a besoin d'une première vitesse « forte » pour mettre le véhicule en mouvement ; au moment où il réceptionne le ballon, Messi doit exercer une force importante pour se mettre en mouvement, que les experts en mathématique appellent « force d'inertie ».

– Les ondes électromagnétiques émises par les particules de lumière provenant du Soleil (les photons) vont permettre aux yeux de Messi d'observer à tout moment la position des adversaires et de transmettre ces informations instantanément à son cerveau ; celui-ci va créer un nouveau réseau neuronal permettant de gérer l'événement, qui sera en permanence interconnecté à d'autres neurones, et stimulé par eux, par l'intermédiaire des synapses (liaisons électriques ou chimiques).

– Lorsque Messi, ballon dans les pieds, cherche à éviter un adversaire, son cerveau doit calculer la distance et la position de celui-ci afin de pouvoir imprimer au ballon la force qui lui permettra d'en conserver le contrôle ; mais l'adversaire agit de même, pour empêcher Messi d'aller vers son but. Chacun d'eux, en mouvement, va appliquer la loi de conservation d'énergie de la mécanique newtonienne, en transformant la force d'inertie qui le met en mouvement en énergie cinétique, puis celle-ci en énergie potentielle qui lui permet de s'affranchir pour un instant de la force d'attraction terrestre lors d'un petit bond pour esquiver son adversaire. Celui des deux qui aura le mieux utilisé ces lois mathématiques prendra le dessus sur l'autre.

– Admettons que ce soit Messi qui, après avoir dribblé de cette façon les adversaires qui se sont présentés devant lui, se dirige désormais vers le but adverse. Son cerveau se livre à un calcul complexe qui lui indique le nouveau positionnement du gardien de but (qui pendant le processus précédent s'est aussi déplacé) et l'informe s'il peut ou non déclencher un tir. Il lui faut en effet intégrer de nombreuses informations pour prendre cette décision (distance par rapport au but, angle par rapport à la cage qui a la forme d'un rectangle, position d'éventuels défenseurs qui peuvent s'interposer, etc.), puis pour effectuer son tir dans les meilleures conditions (position du pied par rapport au ballon, force du tir, etc.). En face de lui, le gardien va mobiliser le même type de lois mathématiques – si c'est, par exemple, Iker Casillas, il n'est pas impossible que le tir soit arrêté… Mais chaque joueur – avec plus ou moins d'efficacité en fonction de ses qualités propres – peut être considéré comme un mathématicien dont le cerveau calcule et applique en temps réel les lois les plus complexes, qui associent vitesse, gravitation, accélération, décélération, électromagnétisme, énergie, force, précision…

De la même façon, lorsque vous voulez effectuer un mouvement, vous sollicitez votre cerveau afin qu'il détermine, par un calcul rapide, si votre condition physique et les caractéristiques de votre environnement vous permettent de le réaliser correctement. Imaginez que, pour séduire une fille, vous souhaitiez réaliser devant elle une performance physique – par exemple, sauter un mur de 1,50 m de haut ; si vous refusez d'écouter votre cerveau et de faire confiance à ce centre de calcul qui connaît bien votre corps et vous conseille de renoncer, vous allez vous écraser bêtement contre le mur.

Un petit tour vers le basketball et la NBA ? Dwyane Wade, défenseur des Heat de Miami, vient de récupérer le ballon, court vers le panier adverse et fait une passe à un co-équipier, LeBron James ; celui-ci décolle comme une fusée, intercepte le ballon et, dans le même mouvement, le dépose dans le panier avant de retomber sur le sol. Les spectateurs sont émerveillés par ses qualités d'athlète hors pair, tout en ignorant les dimensions mathématiques de son geste. Son cerveau a évalué la distance qui le sépare de Wade, la position des adversaires, ainsi que la direction et la force exercées par Wade sur le ballon ; il en déduit le moment précis où il doit décoller et la force qu'il doit exercer pour s'affranchir un instant de l'attraction terrestre (cette force est estimée à 1 109 N, compte tenu d'une masse de 113 kg et de la valeur de la pesanteur terrestre – nous y reviendrons) ; il doit ensuite modifier la trajectoire du ballon, qui autrement aurait continué son chemin en chute libre vers le centre de la Terre, et le diriger vers le panier : c'est ce que l'on appelle en basket un *alley-oop*… que l'on peut considérer, sans exagération, comme une sorte de rendez-vous spatial, puisque l'action se déroule au-dessus de la surface de la Terre ! Buzz Aldrin, le spécialiste des rendez-vous spatiaux à la NASA, vous confirmera que la jonction entre James et le ballon respecte les lois mathématiques qui s'imposent aux navettes spatiales (de la même façon que, d'après Newton, la pomme et la Lune étaient soumises à une loi identique de la gravitation).

De son côté, le cerveau de Wade doit évaluer le lieu de rendez-vous (tout près du panier, à trois mètres de hauteur), la distance de James par rapport au panier et sa vitesse, la position des adversaires susceptibles d'intercepter le ballon… Il va alors déterminer à quel moment lancer le ballon, la force qu'il doit lui imprimer pour qu'il échappe un instant à l'attraction terrestre, sa direction… Tout cela dépend de la force d'attraction terrestre, ainsi que des données relatives à la gravitation (qui lui permettent de lancer le ballon, comme elles permettaient à James de sauter).

Les cerveaux de James et de Wade agissent ainsi exactement comme un ordinateur de la NASA qui, à travers les informations qu'on lui a données, valide le décollage de la fusée, sa trajectoire, la force d'attraction terrestre, le moment où il faut larguer le module, la position et la vitesse de la station orbitale qu'il faut rejoindre, etc.

Analysons le cas de James de façon plus précise.

La force minimale qu'il doit exercer pour sauter vers le panier s'écrit :

$$F = 1\ 109\ N$$

C'est le produit de sa masse (113 kg) et de l'intensité de la pesanteur terrestre (g = 9,81). Le décollage de James et celui d'une fusée répondent exactement aux mêmes lois de la physique ; la seule chose qui les différencie se situe au niveau quantitatif, la force exercée dépendant de leurs énergies et de leurs masses respectives : si, en décollant, James exerçait une force supérieure, il pourrait monter à dix mètres, cent mètres, voire se mettre en orbite basse comme les satellites… Mais il s'agit d'un être humain qui, au maximum de son énergie, va atteindre environ trois mètres de hauteur en dépensant tout son « carburant », puis commencer à redescendre, la force d'attraction terrestre reprenant l'avantage – James réduit à l'état de pomme de Newton, en quelque sorte. La fusée, quant à elle, grâce à la force que lui procure sa réserve d'énergie (de l'hydrogène, et non, comme James, des hamburgers), va progressivement accélérer jusqu'à atteindre une vitesse de satellisation d'environ 25 400 km/h. La vitesse de satellisation est la vitesse minimale d'une fusée si elle veut rester en orbite autour de la Terre.

En effet, lorsque James décolle, il retombe comme la pomme de Newton sur un point de la Terre situé à 6 310 km de son centre (le rayon), du fait de la force d'attraction que notre planète exerce sur lui. Mais la différence entre James et la pomme, c'est que celle-ci n'est pas capable de remonter une fois tombée, alors que le joueur de basketball dispose des attributs mathématiques de son cerveau, qui le rendent responsable de ses mouvements et lui permettent, dans la limite des contraintes qui sont les siennes, de décoller, tomber, et redécoller…

Une navette spatiale, un satellite ou tout objet qui tourne autour de la Terre, résiste en permanence à la force d'attraction de celle-ci grâce à la vitesse qui lui a été imprimée au départ ; cette vitesse de satellisation est d'environ 7 km/s, soit 25 400 km/h. De la même façon, la Lune a été mise en mouvement à sa naissance par une force motrice qui, aux abords de la Terre, s'est combinée avec la force d'attraction de celle-ci de telle façon qu'elle est restée en orbite. Cette force d'attraction résulte de sa vitesse de rotation sur elle-même, négligeable aux pôles, mais de 1 650 km/h à l'équateur : les fusées sont généralement lancées dans des zones équatoriales, car elles peuvent ainsi profiter de la vitesse acquise et gagner environ 5 % sur la vitesse de satellisation. C'est comme si nous étions dans un véhicule qui file à 1 650 km/h (rotation de la Terre), mais aussi à 108 000 km/h autour du Soleil. Cela ne nous empêche pourtant pas de dormir, car nous ne ressentons cette vitesse d'aucune façon ; c'est une observation qui varie en fonction du référentiel où on se trouve, en conformité avec la relativité restreinte d'Einstein.

Imaginons deux individus – l'un sur Terre, l'autre sur le Soleil (avec une bonne combinaison ignifugée). Celui qui est sur la Terre est dans une automobile, arrêtée, et fait à l'autre un appel de phares, puis renouvelle son appel 24 h plus tard. Pour l'individu situé sur le Soleil, la voiture terrestre (qui pourtant n'a pas bougé) a parcouru une distance de 2,6 millions de km pendant 24 h, ce qui fait un sacré excès de vitesse ! Alors que l'automobiliste terrien sera certain de n'avoir pas bougé. Chacun, bien entendu, a raison…

Quels sont les effets concrets de la vitesse de rotation de la Terre sur elle-même ? Vous êtes en train de lire un livre passionnant – vous ne bougez plus pendant 24 h. Pendant ce temps, quelle distance aurez-vous parcourue ? Calculez la circonférence d'un cercle, à partir des notions apprises en CM2 ; il suffit de multiplier le double de la distance qui vous sépare du centre de la Terre (son rayon) par pi (π) : vous aurez la distance que vous avez effectuée en 24 h sans bouger d'un pouce. Soit, R étant le rayon de la terre (6 310 km) et π étant égal à 3,14 :

$$\pi\, 2\, R = 3{,}14 \times 2 \times 6\,310 \approx 39\,600 \text{ km}$$

Voyons maintenant les effets de la vitesse de révolution de la Terre autour du Soleil. Ce cycle dure un an. En supposant que l'orbite de la Terre est circulaire, il faut d'abord déterminer la distance entre les deux objets célestes (elle est de 150 000 000 de km), puis appliquer la même formule :

$$\pi\, 2\, R = 3{,}14 \times 2 \times 150\,000\,000 \approx 950\,000\,000 \text{ km}$$

La question que l'on peut alors se poser est la suivante : si la Terre se déplace dans l'espace à cette vitesse, comment se fait-il que la balle que l'on lance à la verticale, qui reste dix secondes en l'air, retombe à l'endroit même où on l'a lancée ? Normalement, compte tenu d'une vitesse terrestre de 108 000 km/h, la balle devrait retomber à environ 300 km – la distance parcourue par la Terre en 10 secondes (108 000/3 600 = 30 km/s, soit 300 km en 10 s). Or, pour décrire un phénomène physique, il faut tenir compte du référentiel, c'est-à-dire de la position de l'observateur ; si la balle retombe au même endroit, c'est parce qu'elle est située dans le référentiel qui se déplace avec la balle. On va le voir avec l'exemple suivant, qui concerne la Lune, la masse et le poids.

Chapitre 2

Un match de basketball sur la Lune (la masse n'est pas le poids)

Revenons un instant à notre cher LeBron James, dont nous avons précisé qu'il exerce une force minimale de 1 109 N lorsqu'il saute. Si je vous dis que son poids sur Terre est de 1 109 N et sa masse de 113 kg, vous allez penser que je fais une confusion entre poids et masse. Or, il n'en est rien : ce sont les représentations communes qui sont erronées.

En effet, la masse (m) d'un objet correspond à la quantité de matière qui constitue cet objet. La masse d'un être humain (l'ensemble de son corps), telle qu'elle est mesurée à l'aide d'une balance, est exprimée en kg et ne varie pas selon votre référentiel (votre position dans l'univers) : si vous émigrez dans une autre planète, votre masse restera identique. Lorsque James s'élève au-dessus du sol pour *dunker*, il pèse 113 kg ; s'il prend une navette spatiale et se retrouve sur Mars, il pèsera toujours 113 kg. Il peut décider de diminuer sa masse en se mettant au régime, ou au contraire de l'augmenter en se gavant de *hot dogs* géants – mais elle ne changera pas du fait qu'il a émigré dans un autre pays ou sur une autre planète.

En revanche, pour le poids, c'est un peu plus complexe. Le poids (P) d'un objet est le produit de sa masse (m) et de l'intensité de la pesanteur (g) du référentiel où il se trouve. Il se mesure avec un tensiomètre ou un dynamomètre et s'exprime en Newton (N), en hommage aux travaux qu'a menés Isaac Newton sur la force d'attraction terrestre :

$$P = m \times g$$

Dans le cas de notre illustre basketteur, sa masse m est de 113 kg, quel que soit l'endroit de l'univers où il se trouve. Mais c'est avec g que cela se complique.

Dans le chapitre intitulé « La mathématique et la création de l'univers », je rappelais que deux corps de masse non nulle s'attirent mutuellement à travers leurs forces d'attraction conjuguées, inversement proportionnelles au carré de leur distance. Dans les lois de la gravitation chères à Newton, à proximité de la Terre tout objet subit sa force d'attraction. C'est contre elle que nous luttons pour nous lever, marcher, sauter et danser, c'est contre elle que nous mobilisons notre énergie, et c'est pour entretenir cette énergie que les êtres humains se nourrissent. Plus cette nourriture est de qualité, plus nos efforts seront efficaces pour nous affranchir de l'attraction terrestre. Mais n'oublions pas que « deux corps de masse non nulle s'attirent mutuellement » ; la masse de votre corps n'est pas nulle, et si la Terre vous attire vers son centre, vous l'attirez aussi (beaucoup plus modestement). Comme votre masse et la distance qui vous séparent de la Terre sont très faibles, vous ne pouvez pas prendre conscience de cette infime (mais réelle) attirance que vous exercez sur la Terre. En revanche, l'attirance qu'exerce la Lune sur la Terre est beaucoup plus visible (sous la forme du mouvement des marées), parce que la masse de la Lune est considérable, ainsi que sa distance par rapport à la Terre.

Nous avons appris à l'école que, sur Terre, cette intensité de la pesanteur (g) est égale à 9,81 N/kg ; autrement dit, tout objet proche de la Terre est attiré vers elle par une force d'intensité de 9,81 N/kg. Il s'agit en fait d'une valeur approximative, et si l'on veut être tout à fait précis il faut tenir compte du fait que, même sur notre planète, elle varie suivant l'endroit où l'on se trouve :

alors qu'à Douala (où je suis né) elle est de 9,78 N/kg, à Paris (où j'habite) elle atteint 9,80 N/kg. En effet, la Terre étant une sphère dont les pôles sont aplatis, la distance entre les pôles et le centre de la sphère est minimale aux pôles et maximale à l'équateur : la valeur de g sera d'autant plus faible que l'on considère un lieu proche de l'équateur et éloigné des pôles. Mais si l'on prend la valeur moyenne de g, pour calculer le poids (P) de notre illustre basketteur, on pourra écrire :

$$P = m \times g$$

Soit :

$$P = 113 \times 9{,}81 \approx 1\,109 \text{ N}$$

Il s'agit donc du poids de James, mais uniquement sur Terre. Qu'en serait-il sur la Lune ? Supposons que la NASA organise un match de basket sur la Lune, appelé *Moon Dunk*. Un astronaute « nain » (1,70 m, 70 kg) est censé y défier James (2,03 m, 113 kg), et tous deux sont accompagnés des équipements nécessaires, d'un arbitre et d'un journaliste (l'événement est télévisé en direct pour le monde entier). Enfin… pas tout à fait en direct du fait d'un petit décalage de transmission d'une seconde et deux dixièmes, le temps que les ondes lumineuses arrivent sur Terre (la distance est de 400 000 km et la lumière voyage à environ 300 000 km/s). Sur place, on installe un panier à trois mètres de hauteur. La balle pèse environ 600 g, en conformité avec la réglementation de la NBA. Le match dure 20 min, avec une petite pause à la mi-temps. Sur Terre, les paris vont bon train – c'est l'événement du siècle ! Certains ont parié tout ce qu'ils possédaient, prenant le risque de voir le nain donner une leçon au meilleur basketteur de tous les temps. La tension monte entre les supporteurs des deux protagonistes et il faut mobiliser les forces de sécurité du pays pour éviter qu'ils ne déclenchent une guerre civile…

En effet, la confrontation met en scène une opposition entre le monde des petits et celui des grands – opposition que l'on retrouve dans tous les milieux et dans toutes les familles. Par exemple, dans la mienne, mon père, ma mère, un de mes frères et certaines de mes sœurs, qui font moins de 1,80 m, soutiennent naturellement le nain, alors qu'avec mes autres frères et sœurs je défends James (nous mesurons plus de 1,80 m). On a subitement basculé dans un monde bipolaire, avec un risque majeur de troisième guerre mondiale entre les petits et les grands, dont la conséquence peut être l'extinction de l'espèce humaine puisque les foyers conflictuels existent même au sein des familles !

L'astronaute gagne la mise en jeu ; mais James, confiant dans sa capacité à gagner le match, a démarré timidement. Cependant, assez rapidement, il doit faire deux constats amers :

- Le petit astronaute, qui sur Terre ne pouvait même pas toucher le bas du panier, vient de lui faire un mega *dunk* (*in your face !*).
- En essayant à son tour de faire un *dunk*, James est chaque fois facilement contré par le petit astronaute (ce qu'on appelle un *get back man*, ou *not in my house*), et même ses *shoots* à 2 et 3 points ne passent pas.

Un peu vexé de devenir la risée du monde entier (d'autant qu'il est chambré par l'astronaute), James se met à réfléchir, et il se souvient des leçons apprises en classe de 3e expliquant que sur la Lune la gravité est six fois moindre que sur la Terre. Les amateurs de Tintin auront immédiatement à l'esprit l'euphorie qui s'empare du capitaine Haddock lorsqu'il fait ses premiers pas sur la Lune, et qu'il se met à bondir avec une facilité déconcertante ! James va alors interpeller l'arbitre pour exiger que l'on augmente la hauteur du panier (à 18 m au lieu de 3) et que l'on utilise une balle de 3,6 kg au lieu de 600 g. Le nain s'y oppose vivement, et le match est arrêté. La plupart des téléspectateurs ne comprenant pas ce qui se passe, notre célèbre basketteur prend alors la parole au micro, afin d'expliquer ce qui ne va pas :

« Bonjour chers téléspectateurs terriens ! Depuis notre arrivée sur la Lune, j'observe que les conditions de jeu ne sont pas les mêmes que sur la Terre. Vous constaterez que ni ma taille ni ma corpulence n'ont changé – autrement dit, ma masse est toujours de 113 kg. Mais ici, un petit pas se transforme en grand saut, car mon poids n'est plus de 1 109 N, comme sur Terre, mais de 183, 5 N – ce qui est dû au fait que l'intensité de la pesanteur lunaire (g) est de 1,624 N/kg, soit six fois moins que sur la Terre. C'est pourquoi mon adversaire de 1,70 m peut dunker *et me contrer alors que le panier semble hors de sa portée. Je demande simplement de reprendre le match avec un panier et une balle adaptés à la faible pesanteur en vigueur sur la Lune : six fois la hauteur habituelle du panier (soit 18 m) et une balle pesant six fois son poids habituel (soit 3,6 kg). Alors, vous verrez que le nain ne pourra plus ni* dunker *ni me contrer, et que je pourrai retrouver mes capacités normales ».*

L'affaire est grave. Comme il s'agit d'éviter la guerre, le président des États-Unis convoque tous les autres chefs d'État (certains sont pour le nain, d'autres pour le géant), et à la suite de laborieuses négociations on finit par tomber d'accord pour que le match soit rejoué avec de nouvelles règles qui tiennent compte du contexte lunaire ; à une condition cependant : que si James gagne, il y aura match nul.

James venait ainsi de faire la démonstration que la masse est une donnée immuable, qui ne varie pas selon le lieu (ou référentiel), alors que le poids varie en fonction de l'astre sur lequel on se trouve. Voici un tableau qui indique la variation de poids, dans chaque planète, d'un objet dont la masse est de 100 kg.

Planète	**g (N/kg)**	**Masse de l'objet en kg**	**Poids de l'objet en Newton (N)**
Terre	9,81	100	981
Lune	1,62	100	162
Vénus	8,87	100	887
Mercure	3,70	100	370
Mars	3,80	100	380
Jupiter	25,9	100	2 590
Saturne	9,28	100	928

Voilà qui montre, non seulement que le cerveau de James est un centre de calcul, mais encore que l'utilisation de la mathématique est pertinente pour lutter contre l'ignorance. Si Messi est un génie mathématique du football, James est un génie mathématique du basketball. Chacun, dans son rôle, excelle en mathématique (même si c'est dans l'ignorance), parce que son cerveau est un centre de calcul. Et ceci est valable pour n'importe lequel d'entre nous, génie ou pas : la seule différence réside dans la qualité de nos réalisations, très variable d'un individu à l'autre en fonction du rôle que nous jouons et de nos capacités.

Comme nous allons le voir dans le chapitre suivant, c'est le cas de tous les êtres vivants, animaux compris.

Chapitre 3
Notre cerveau est le centre de calcul le plus puissant de l'Univers

Rappelons-nous : la force d'attraction de la Terre, qui nous attire vers son centre et nous plaque contre l'écorce terrestre, a des conséquences immédiates et concrètes dans notre vie de tous les jours (elle nous impose des efforts – pour porter un objet, pour gravir une colline, etc.).

Elle se manifeste à la verticale, comme pour la pomme de Newton, ou comme pour la pluie (à condition qu'il n'y ait pas de vent) – on sait en effet depuis l'école que la pluie, qui provient de l'évaporation des eaux des océans due à la chaleur du Soleil, et dont les molécules H_2O qui s'échappent dans l'espace vont se condenser en nuages au contact de l'atmosphère, va finir par tomber sous forme de gouttes d'eau par l'effet de la force d'attraction. Essayez d'utiliser votre pèse-personne à l'horizontale : il refusera obstinément d'indiquer votre masse tant que vous ne l'aurez pas reposé en position verticale, orienté vers le centre de la terre.

Enfin, cette force s'applique sur notre propre centre de

gravité (G), qui est l'endroit de notre corps où se concentre notre masse ; il est en principe situé entre la hanche et le nombril. G peut légèrement se déplacer en fonction de notre morphologie : plus on est grand, plus il est élevé par rapport au centre de la Terre, ce qui explique pourquoi les personnes les plus grandes doivent faire plus d'efforts que les petites pour tenir debout.

Un jour, mon fils m'a demandé pourquoi il n'arrivait pas à soulever un petit seau plein de cinq litres d'eau en mettant ses deux mains du même côté du bord, alors qu'il y parvenait s'il mettait chaque main sur les bords opposés. Je lui ai répondu que tout objet a un centre de gravité (G) qui se trouve à l'endroit où sa masse est la plus importante, et que cette position est plus ou moins stable (celle de la Terre bénéficie d'une grande stabilité en son centre, où se concentre la masse de son noyau atomique) : en soulevant le seau avec les deux mains du même côté, mon fils appliquait sa force sur une petite partie du seau, et non à l'endroit où sa masse est concentrée, alors qu'en le soulevant avec les deux mains en opposition il lui aurait suffi d'exercer la moitié de cette force : elle s'applique sur le centre de gravité du seau et contrebalance la force exercée par la masse de la Terre. C'est le point faible du seau ! J'ajoutai que s'il essayait de porter quelqu'un, il était préférable de le prendre au niveau de la hanche (endroit du centre de gravité).

Par rapport à cette contrainte exercée par la force d'attraction terrestre, notre cerveau nous permet à tout moment d'adapter notre comportement. Si la croûte terrestre nous empêche de tomber verticalement vers le noyau en fusion, ce n'est pas du fait d'une intervention divine qui nous ferait résister aux efforts d'un Diable tentant de nous attirer vers les flammes de l'enfer, mais la mathématique, qui nous dit que deux corps de masse non nulle s'attirent mutuellement. Si nous nous levons le matin et marchons, c'est parce que notre cerveau a calculé que nous avons suffisamment d'énergie pour nous opposer à la force d'attraction terrestre qui tient obstinément à nous ramener à la position couchée ou nous plaque au sol (les astronautes le savent bien, qui dans l'espace peuvent dormir debout sans problème). Lorsque nous tombons malade, c'est notre cerveau qui, à travers ses réseaux neuronaux, calcule qu'il est préférable de rester allongé, faute d'énergie suffisante – jusqu'à ce que l'on reprenne des forces et qu'il en déduise que nous avons suffisamment d'énergie pour nous lever et marcher, tout comme les ordinateurs des navettes spatiales indiquent qu'il est possible de décoller. De retour sur Terre, les astronautes qui sont longtemps restés en apesanteur dans l'espace présentent de nombreux symptômes de maladies neurologiques ou osseuses qui témoignent du fait que leur cerveau a du mal à se réadapter.

J'éprouve un grand respect pour les personnes qui, comme ma mère, sont capables de faire une excellente cuisine pour de nombreux convives, mélangeant avec précision, sans aucun calcul préalable, les divers composants nécessaires. Je croyais, par ignorance, que c'est l'école qui rend intelligent ; pourtant, ma mère n'y est pas allée, et elle peut bloquer sur le moindre petit calcul mental ! Il me semblait que le fait d'être comme elle illettrée relevait du plus bas niveau de connaissance possible ; mais sa virtuosité en matière culinaire m'a démontré le contraire. Comme tous les autres êtres vivants, ma mère possède la forme la plus évoluée de cet outil mathématique ; la seule différence de connaissances existant entre ma mère et moi dépend de notre rôle sur Terre, et donc de notre libre arbitre. Ma mère a choisi de s'occuper de sa famille et d'exercer son talent à nous élever ; j'ai choisi d'aller à l'école pour apprendre les connaissances qui m'ont permis d'être chef d'entreprise et d'écrire un livre ; et tel professeur ou chercheur aura choisi pour discipline les mathématiques, dans lesquelles il excellera encore mieux que ma mère, Lionel Messi, LeBron James ou moi. Ce qui nous distingue tous, c'est que nous ne nous situons pas au même degré dans l'échelle de la mathématique ; mais nous en utilisons tous, grâce à notre cerveau, des éléments basiques, qui nous permettent, par exemple, d'effectuer des calculs d'addition ou de soustraction simples.

Notre centre de calcul est plus efficace que tous les ordinateurs que l'on pourrait réunir dans le monde entier, parce qu'il s'adapte en temps réel à toutes les situations que nous rencontrons. À l'inverse, quelle que soit sa puissance, un ordinateur (ou un robot) reste limité à la tâche déterminée par son logiciel. On parle alors d'invariabilité du système robotique, pour l'opposer à la variabilité du système humain qui peut s'adapter à toutes les situations grâce aux liaisons entre ses cinq sens et le centre de calcul situé dans le cerveau.

La dernière fois que j'ai complimenté une jeune fille en lui disant qu'elle était naturellement mathématicienne parce qu'elle possédait en elle un centre de calcul, elle m'a pris pour un vulgaire dragueur qui, de surcroît, utilisait des arguments grossiers. Comme elle a rapidement mis fin à notre rencontre, je n'ai pas pu lui expliquer le fond de ma pensée… Je souhaite vivement qu'elle lise ce livre, afin de revenir sur une appréciation aussi erronée.

Chapitre 4

Le mathématicien de nos organes

Pour subsister, l'être humain a avant tout besoin de se nourrir à travers l'oxygène qu'il consomme en respirant à chaque instant de sa vie. Mais la deuxième nécessité fondamentale à laquelle se trouve confronté l'être humain, c'est celle du traitement de l'information. Nous recevons tous les mêmes informations, mais c'est la manière dont notre cerveau les traite, et la rapidité de ce traitement, qui fait la différence. Nos cinq sens (l'ouïe, le toucher, le goût, l'odorat et la vue) sont les organes de réception de ces informations. Or, ce sont les interactions électromagnétiques qui permettent à nos sens d'être en permanence en action et d'interagir entre eux et avec notre environnement : rappelons-nous en effet que la force électromagnétique qui se manifeste sous la forme d'ondes est l'une des forces fondamentales de l'univers, qui est responsable de la cohésion de tous les objets qui le peuplent et sans laquelle tout se désintégrerait.

Commençons par l'*ouïe*, dont l'organe principal est l'oreille et qui capte les ondes électromagnétiques des vibrations émises dans l'air par les sons (votre mère qui vous appelle, le bruit de la télévision, le klaxon d'une voiture…). Ces ondes suivent le conduit auditif et atteignent le tympan, qui se charge de les transmettre aux trois osselets, lesquels les amplifient et les transmettent, via les nerfs auditifs, au cortex auditif. Mais encore faut-il, pour que ces sons aient le moindre effet sur nous, que le cerveau les reconnaisse, c'est-à-dire qu'il établisse un lien avec une table de sons qui sont déjà mémorisés, ainsi qu'avec les données fournies par les autres sens. S'il s'agit d'un nouveau son, il est mémorisé. Par exemple, lorsque vous apprenez une langue, le cerveau mémorise ses codes linguistiques afin qu'ils puissent être réutilisés. En une fraction de seconde, le cerveau peut gérer simultanément plusieurs sons ; il joue un rôle de traducteur, mais aussi stocke et traite rapidement l'information.

L'organe du *toucher* est la peau. Les interactions électromagnétiques transmettent au cerveau ce que nous touchons (notamment par les parties les plus sensibles de notre corps : la plante des pieds, le bout des doigts et les lèvres) et permettent d'établir le contact avec notre environnement. On distingue trois types de sensations : tactiles (qui reconnaissent la masse, la forme, la texture de ce qu'on touche), thermiques (le chaud et le froid) et douloureuses (lorsque l'on se fait mal). Ces informations sont transmises au cerveau par les terminaisons nerveuses situées sous la peau, et ce dernier les analyse et les mémorise en une fraction de seconde. Sans le relais du cerveau, le toucher nous laisserait de marbre – même lorsqu'on fait de savantes caresses aux personnes que l'on aime.

Le *goût* est l'organe sensoriel qui nous permet de reconnaître la saveur de ce que nous mangeons ; il se transmet à travers des capteurs qui sont en liaison électromagnétique avec les molécules des aliments. Ses organes principaux sont la langue et le palais, composés de nombreuses cellules sensorielles (les papilles) sensibles à quatre types de saveur : sucrée, salée, amère et acide. Les parties de la langue sensibles aux goûts sucré et salé sont situées en avant, celles sensibles aux goûts amer et acide en arrière. Les papilles transmettent au cerveau les informations relatives à ce que l'on mange, afin qu'il en analyse les caractéristiques chimiques et nous indique en temps réel si l'on peut ou non les consommer ; dans ce processus, d'autres sens sont aussi mobilisés, notamment la vue et l'odorat : voir l'aspect et sentir l'odeur d'un poulet rôti accroît (ou diminue) le plaisir de manger.

Grâce à l'*odorat*, des informations sont transmises au cerveau, qui pourra faire la différence entre l'odeur d'un poulet rôti et celle d'une cigarette. De nombreux cils très sensibles sont situés au fond du nez et captent les odeurs émises dans l'air que l'on respire sous forme de molécules. Plus sensibles encore que les capteurs de la langue, ils peuvent transmettre des milliers d'odeurs différentes qui parviennent au cerveau, lequel est seul à pouvoir les décoder.

Enfin, la *vue* est l'organe sensoriel le plus important chez l'être vivant. Nos yeux fonctionnent comme une caméra qui enregistre les images qui vont ensuite traverser les cellules de la pupille (cette partie foncée au centre de l'œil) et venir se former sur la rétine. Le nerf optique transmet l'image au cerveau, qui doit la décoder afin de la rendre compréhensible.

Étonnant organe que ce cerveau, qui pèse en moyenne 1,4 kg, consomme environ 20 % de notre énergie totale, et dont nous utilisons à peine 10 % du potentiel ! C'est lui qui, en réalité, décode les événements qui nous entourent et voit, sent, touche, entend et goûte : les cinq organes sensoriels n'ont qu'un rôle d'informateurs, en interaction électromagnétique permanente les uns avec les autres afin de transmettre au cerveau les bonnes informations.

Mais dans le rôle d'informateur, c'est la vue qui joue la partie principale. En effet, comme nous l'avons noté en introduction, l'univers est naturellement sombre : la lumière est une manifestation des ondes électromagnétiques qui émanent d'une source d'énergie. Elle se propage dans le vide en ligne droite sous la forme de particules appelées photons, et sa vitesse est de 299 792 458 m/s (ce que nous avons l'habitude d'arrondir à 300 000 km/s). Si nous pouvions voyager à cette vitesse, nous ferions sept fois le tour de la Terre en une seconde, le trajet Terre-Lune en une seconde et vingt-huit dixième, le voyage Terre-Soleil en huit minutes et vingt secondes, et Paris-New York en deux centièmes de secondes – à peine le temps de fermer les yeux. Les communications téléphoniques s'effectuent par le moyen des ondes lumineuses : si vous recevez un appel téléphonique en temps réel de votre correspondant à New York, c'est grâce à la vitesse de la lumière. Le principe de relativité restreinte cher à Einstein ($E = MC^2$) implique que cette vitesse est constante quel que soit le lieu (le référentiel) où l'on se trouve, et surtout qu'elle constitue une limite indépassable. Si un objet se déplace à la vitesse de la lumière (C), la masse (M) de l'objet deviendra infinie ; et plus la masse est importante, plus il faudra d'énergie (E). Autrement dit, vous pousserez plus facilement votre fils s'il est sur son vélo que s'il est dans votre voiture qui est tombée en panne.

L'objet le plus rapide qui ait été fabriqué à ce jour par l'homme est la sonde solaire allemande Helios 2, lancée en 1976 par la NASA. Sa vitesse (environ 252 292 km/h) ne représente que 0,022 % de celle de la lumière. Autrement dit, les êtres humains sont encore bien loin de se rapprocher de la vitesse de la lumière – à supposer même que cela soit possible, ailleurs que dans les films de science-fiction : notre corps ne pourrait pas supporter une telle vitesse du fait de l'accélération induite.

Lorsque l'on observe les étoiles dans le ciel, la distance qui les sépare de la Terre est tellement grande que leur lumière, malgré son extrême rapidité, met beaucoup de temps à nous parvenir. Nos yeux remontent le temps ! À l'autre bout de l'échelle (au sein de notre petite planète), lorsque vous appelez depuis New York votre épouse qui réside à Paris et que vous lui racontez de belles histoires afin qu'elle s'endorme paisiblement, vous utilisez les services d'un intermédiaire, heureusement muet comme une tombe et invisible : le photon, particule de taille microscopique qui voyage sous la forme d'ondes électromagnétiques à la vitesse de 300 000 km/s. Autrement dit, votre téléphone portable émet et reçoit des ondes à une vitesse de 300 000 km/s ; la distance entre Paris et New York étant d'environ 6 000 km, votre photon la parcourra en deux centièmes de seconde, c'est-à-dire sans décalage perceptible. Supposons que vous disposiez d'une fusée qui vous permette de vous déplacer à loisir dans notre galaxie, et que vous ayez offert à votre épouse, qui vient d'avoir un bébé, un télescope qui lui permet de suivre tous vos déplacements :

- En arrivant sur la Lune, votre épouse recevra votre message (« Bisous, ma chérie ! ») avec un décalage de 1,28 secondes.
- Lorsque vous aurez atteint le Soleil, elle aura le temps de

s'occuper de votre bébé pendant 8 min et 30 s entre le moment où vous aurez prononcé une phrase et le moment où elle l'aura captée.
- Une fois arrivé sur l'étoile la plus proche de nous, Proxima du Centaure, « Bisous, ma chérie ! » aura mis plus de quatre ans à lui parvenir, et lorsque vous recevrez sa réponse, votre bébé sera en classe de CE2 (8 ans).

En revanche, grâce à son télescope, votre épouse voit briller l'étoile d'où vous lui avez envoyé votre message. Intriguée, elle se pose la question suivante : « Comment se fait-il que je voie briller l'étoile dans laquelle se trouve mon mari, alors que son message met plus de 4 ans à me parvenir ? N'est-il pas tombé amoureux d'une charmante extraterrestre ? » Vous-même n'êtes pas moins intrigué, car vous trouvez bizarre qu'elle vous réponde au bout de huit ans que votre enfant est… encore en classe de CE2.

Il n'y a évidemment pas la moindre infidélité dans cette histoire. Proxima du Centaure étant à 38 000 milliards de km et la vitesse de votre photon approchant les 300 000 km/s, votre enfant aura vieilli de 8 ans entre le moment où vous aurez envoyé votre message et le moment où vous aurez reçu la réponse. De plus, lorsque votre épouse croit voir « en direct » l'image de l'étoile où vous résidez, elle ne voit que la lumière d'une étoile qui a déjà vieilli de quatre ans – tout comme votre message. De même, lorsque vous bronzez sur la plage, les rayons du Soleil ont mis 8 min et 30 s pour vous atteindre ; et lorsque vous regardez le soleil en face, il n'est déjà plus au même endroit, car il a parcouru environ 6 millions de km (le temps que sa lumière vous parvienne).

On peut donc construire l'échelle de correspondances suivante :
– 0 temps-lumière : c'est le temps que met la lumière pour vous parvenir quand, par exemple, vous allumez une lampe dans une pièce.
– 1 seconde-lumière : le temps pour parcourir environ 300 000 km.
– 1 minute-lumière : le temps pour parcourir environ 18 millions de km, soit 300 000 x 60 s.
– 1 heure-lumière : le temps pour parcourir environ 1 milliard de km, soit 300 000 x 3 600 s.
– 1 année-lumière : le temps pour parcourir environ 9 500 milliards de km, soit 300 000 x 365 j x 24 h x 3 600 s.

Lorsque, par une belle nuit étoilée, nous avons la chance de voir la galaxie d'Andromède, qui se trouve à 2,2 millions d'années-lumière de nous, nous devons donc nous souvenir que l'image que nous en recevons est celle qui était émise il y a 2,2 millions d'années : non seulement elle n'est plus dans le même état (peut-être a-t-elle même disparu ?), mais elle a parcouru une distance inimaginable (environ $2{,}1 \times 10^{19}$ km).

Quant à l'extraterrestre qui habite dans les environs d'Andromède, il verra notre Voie lactée de la même façon que nous voyons sa galaxie, à savoir dans l'état qui était le sien il y a 2,2 millions d'années. Avec un télescope approprié, il pourra peut-être distinguer des dinosaures ; peut-être même pourra-t-il assister à la naissance de Lucy, notre ancêtre *Homo erectus*...

Ma mère ne sait ni écrire, ni calculer ; mais elle a des yeux, et un cerveau qui lui permet non seulement d'appliquer naturellement les lois de la mathématique qui régissent l'univers (par exemple, voir un objet diminuer de taille lorsqu'il s'éloigne, et grandir lorsqu'il se rapproche), mais encore de créer et d'innover (par exemple lorsqu'elle se met aux fourneaux pour nous régaler de plats délicieux). Les mathématiques s'imposent naturellement à tous les êtres humains, qu'ils soient chefs d'entreprise ou éboueurs. Je comprends ma femme qui, bien qu'ayant une maîtrise en communication, s'interroge toujours sur ce que les mathématiques ont bien pu lui apporter. Elle voit bien qu'en apprenant l'anglais et le français elle finit par parler ces deux langues et les écrire sans faute ; elle constate que lorsqu'elle étudie l'histoire et la géographie, elle comprend mieux ce qu'a été le monde et ce qu'il est devenu. Mais les équations à deux inconnues ou les intégrales, en quoi cela lui permet-il de briller dans son travail ? Et je ne peux que lui confirmer qu'elle pourrait devenir présidente de la République sans savoir résoudre une équation ou connaître la moindre théorie mathématique. Il n'en reste pas moins qu'elle ne peut pas se passer de la mathématique à chaque instant de son existence.

De ce point de vue, il n'y a aucune différence entre d'une part Messi, James et ma mère, et d'autre part les experts mathématiciens qui calculent la trajectoire d'une fusée : chacun applique les mathématiques *à son niveau*, que ce soit pour se déplacer ou pour envoyer un objet dans l'espace. Bien sûr, l'expert de la NASA suscite une plus grande admiration, de même que le concepteur du petit robot qui élabore des algorithmes complexes pour lui permettre de faire, comme vous, quelques pas. Mais chacun excelle en mathématique dans son domaine, et les femmes ne sont pas les moins bien loties à cet égard – je vous renvoie à ce que j'écrivais sur leur potentiel en tant que créatrices de la vie. C'est pourquoi je serais très honoré que cette jeune fille qui me prenait pour un dragueur puisse un jour venir me voir et me dire : « J'ai lu votre livre, et j'ai compris que, moi aussi, je suis mathématicienne. » Je pourrais alors lui répondre : « Et en plus, vous l'exercez avec élégance et charme ! »

Si vous posez à Messi, à James ou au président des États-Unis la question : « Qu'est-ce que la gravitation ? », il y a de fortes chances pour qu'ils vous disent qu'ils ne peuvent pas y répondre parce qu'ils ne sont pas des scientifiques. Et de fait, ils n'ont pas besoin de le savoir : les équations mathématiques qui régissent les trous noirs, les galaxies, les étoiles, les planètes et autres corps célestes sont exactement les mêmes que celles que nous, terriens, appliquons à tout instant de notre vie dans l'ignorance (parfois) la plus complète.

Pour conclure, je dirais donc que je ne demande pas à LeBron James de ne pas prier avant un match de basketball ; en revanche, je lui demande d'accepter l'idée que, dans son rôle, il excelle en mathématique, sans pour autant avoir besoin de résoudre des équations mathématiques pour nous régaler de superbes *dunks* : son cerveau s'en occupe naturellement.

Chapitre 5

Notre cerveau fait la différence avec les robots (le procès de « Tobor »)

Pour ceux qui douteraient encore que la mathématique est une propriété intrinsèque à l'être vivant, je voudrais raconter l'histoire de cette dame qui souhaitait avoir un robot à son domicile afin qu'il exécute tous les jours cette tâche anodine qui consiste à préparer son café du matin. Elle va voir un concepteur de robot.

La Dame (D) – Bonjour monsieur, je voudrais un robot qui prépare mon café tous les matins à 8 h et me le serve dans ma chambre à 8 h 20.

Le Fabricant (F) – Pas de problème, madame, c'est notre domaine : nous avons déjà créé des milliers de robots dans le monde.

D – Parfait cher monsieur, faites-moi donc un devis.

F – Oui, mais auparavant, pouvez-vous me fournir un cahier des charges avec tous les détails concernant vos besoins ?

D – Voici le document, avec les recommandations – c'est le scénario exact de toutes les tâches simples que j'effectue chaque matin pour faire mon café.

Après avoir analysé le document, le Fabricant lui transmet

son devis. La réaction de la Dame n'est guère positive.

D – Mais votre prix est très excessif, pour une tâche aussi anodine !

F – Je crains, madame, que vous n'ayez pas une vision très claire de la complexité de ce que vous demandez…

D – Mais enfin, monsieur, comment pouvez-vous dire cela ? Ne seriez-vous pas en train de me rouler dans la farine ?

F – Certainement pas, et je vais vous expliquer pourquoi. Ce n'est pas la partie matérielle du robot qui demande le plus d'expertise : cela ne constitue qu'environ 20% du coût total. En revanche, le logiciel nécessite un algorithme mathématique complexe dont la mise au point coûte très cher.

D – Allons ! Vous me prenez pour une ignorante ? Qu'est-ce que les mathématiques ont à voir avec une tâche aussi anodine, que je réalise tous les jours sans pour autant être mathématicienne, ni avoir jamais été à l'école… ?

F – Laissez-moi poursuivre mon explication. Si vous m'aviez demandé de fabriquer une chaise ou une assiette, cela serait relativement simple et peu coûteux. Mais concevoir un robot qui vous serve le café aussi bien que vous le faites vous-même, cela nécessite d'élaborer un petit cerveau à partir de calculs mathématiques suffisamment précis et complexes pour que l'engin ne mette pas trop d'eau ou de sucre, qu'il dose correctement le café et qu'il ne se trompe pas en y faisant fondre les somnifères qui traînent dans votre cuisine. Autrement dit, il s'agit de lui donner, pour cette tâche précise, et de façon artificielle, les éléments nécessaires de votre intelligence.

D – Attendez… Vous êtes en train de me dire que cette tâche que je réalise tous les matins et que je croyais parfaitement anodine nécessite que votre robot acquière une complexité mathématique ?

F – Mais oui madame, parce qu'il n'a pas comme vous un cerveau naturellement complexe. Je dois lui en attribuer un, de façon artificielle, et les tâches qu'il va avoir à gérer sont nombreuses et délicates : bien faire votre café ; se déplacer de la cuisine à votre chambre en 20 minutes pour le livrer à temps ; adapter sa trajectoire aux éventuels obstacles ; calculer sa vitesse de déplacement pour accélérer ou ralentir en fonction du temps de parcours ; évaluer la torsion de son pied afin d'avoir une allure humaine lorsqu'il bouge ; appliquer la force nécessaire sur le

plateau afin que la tasse ne tombe pas durant le trajet ; calculer son centre de gravité pour rester debout et tenir compte de l'attraction terrestre, etc., etc.
D – Si je comprends bien, lorsque je fais mon café moi-même, je résous sans le savoir une série de problèmes mathématiques qu'un objet sans cerveau est incapable d'effectuer ? Vous allez lui implanter un cerveau artificiel et lui transmettre, par le logiciel que vous allez élaborer, une copie de mon cerveau ? C'est cela qui explique un prix aussi élevé ?
F – Parfaitement, madame, vous avez tout compris.
D – Mais alors, sans être allée à l'école, je suis mathématicienne… ?
F – C'est exactement ce que je pensais – mais par peur d'une réaction courroucée de votre part, j'ai préféré vous le laisser deviner.
D – Votre explication me semble crédible, et c'est sans doute pourquoi j'interpelle mon fils, quand il a fait une bêtise, en lui disant « Tu n'as pas de cerveau ! »
F – Tout à fait, sans le cerveau nous serions comme un arbre qu'on plante, qui pousse et qui meurt.
D – Alors j'accepte votre offre !
F – Merci madame, je vais réaliser exactement ce qui est mentionné dans votre document.

Imaginez maintenant que vous soyez un instant dépourvu de cerveau, comme le robot, et que le Fabricant mette en place, dans votre organisme, un algorithme qui vous permette d'effectuer un pas – rien de plus qu'un pas. Après avoir réalisé avec succès un test sur un robot qui a les mêmes mensurations que vous, il vous implante le logiciel qui vous permet de faire ce pas. Mais ensuite, vous n'irez pas plus loin… En d'autres termes, c'est le Fabricant qui va déterminer ce que vous devez ou pouvez faire.

La suite de l'histoire va nous montrer quelles sont les limites du robot. L'engin a été livré, et la Dame a effectué un test tout à fait satisfaisant. Très contente, elle lui attribue le nom de Tobor. Un matin, alors qu'elle a passé une agréable nuit avec son Compagnon, Tobor lui sert son café comme d'habitude dans sa chambre. Elle s'exclame (avec un grand sourire) : « Oooohhhh, Tobor, que je suis heureuse… Merci pour le café ! » Le pauvre robot, sans broncher, revient s'installer dans la cuisine auprès de la

machine à café. Le Compagnon prend alors la parole :
C – Ton copain en métal, là, il ne sourit pas… ?
D – Non mon chéri, il doit juste me servir mon café, c'est tout.
C – Mais quand même, tu pourrais demander au Fabricant de lui rajouter un petit sourire au moment où il sert, et puis une gentille phrase du genre : « Bonjour madame, avez-vous bien dormi ? »
D – Si tu veux, je le ferai.

Aussitôt dit, aussitôt fait : elle se rend chez le Fabricant.
D – Bonjour monsieur, j'aimerais rajouter deux options à Tobor : dire « Bonjour madame » dix secondes avant de me tendre le café, et sourire pendant environ une minute à partir du moment où je prends le café.
F – Aucun problème, je le fais tout de suite.

Le test une fois réalisé, Tobor reprend sa routine, agrémentée d'une phrase et d'un sourire. La Dame, ravie, fait venir son Compagnon pour lui présenter la version améliorée de son robot. Mais la nuit se passe mal (le Compagnon n'a pas été à la hauteur et il s'est gentiment fait chambrer par la Dame) et à l'heure du café, alors qu'elle prend sa douche, il est seul dans la chambre lorsque Tobor fait son apparition. « Bonjour madame », dit ce dernier en le gratifiant de la minute de sourire dont il a désormais le secret… Le Compagnon en colère, qui soupçonne le robot d'avoir suivi ce qui s'était passé pendant la nuit et de l'appeler « madame » parce qu'il a été peu performant, ne peut manquer d'interpréter son sourire comme une moquerie. Madame sort de la douche et s'étonne :
D – Mais que t'a donc fait Tobor pour qu'il te mette dans cet état ?
C – Il m'a traité de femme et s'est mis à rire !
D – Comment a-t-il osé ?
C – Je crois que c'est un voyeur ; il a suivi tout ce qui s'est passé cette nuit et il se moque de moi.
D – Alors je vais porter plainte contre le Fabricant, pour atteinte à la vie privée et défaut de fabrication. Je n'ai pas commandé un robot pour qu'il insulte qui que ce soit !

C'est ainsi que les deux amoureux se retrouvèrent au tribunal face au Fabricant. Personne ne contestait que Tobor ait proféré cette phrase assassine et souri, mais il fallait définir la responsabilité de chacun. Le Compagnon expliqua à la Cour que son honneur avait été sali et que Tobor avait suivi toute la nuit leurs ébats amoureux. Puis la Dame présenta au Juge le contrat conclu avec le Fabricant, avec son cahier des charges, et termina en affirmant que Tobor avait commis une faute grave en prenant son Compagnon pour une femme, et qu'il y avait atteinte à sa vie privée. Elle exigea un dédommagement de la part du Fabricant, contractuellement responsable du comportement de Tobor. C'est alors que le Juge intervint :

Le Juge (J) – Monsieur le Fabricant, plaidez-vous coupable devant ces preuves accablantes ?

F – Je plaide non coupable, monsieur le Juge.

J – Comment avez-vous pu concevoir un robot qui insulte le Compagnon de votre cliente, au point de mettre leur couple en péril ?

F – Je reconnais avoir fabriqué Tobor pour madame, et de ce fait je suis responsable de tous ses défauts de fabrication. En revanche, je ne peux être rendu responsable de la modification de l'environnement dans lequel Tobor était censé exécuter ses tâches.

J – Voulez-vous dire que si madame changeait de maison, Tobor ne ferait plus son café ?

F – Oui monsieur le Juge. Tobor a été conçu selon un cahier des charges précis, dans lequel son périmètre d'action est clairement défini. Il suffit de modifier une petite information relativement à ce périmètre, et Tobor sera complètement désorienté. Ce n'est qu'un robot, qui ne peut que répondre aux injonctions de l'algorithme mathématique qui lui sert de cerveau.

J – Justement, dans ce cahier des charges que j'ai consulté, il n'est pas mentionné que Tobor puisse se permettre d'insulter qui que ce soit !

F – C'est exact, mais Tobor n'a jamais traité monsieur de « femme », il n'a fait qu'appliquer le cahier des charges. Il a fait, comme d'habitude, le café à l'heure requise ; mais il ne pouvait pas deviner qu'à la place de madame il trouverait son Compagnon, ni que cette personne n'était pas madame. Son cahier des charges précise en effet l'heure exacte à laquelle il doit faire le café, ainsi que la distance et l'endroit où il faut servir madame à l'heure requise. Si madame s'absente à ce moment précis, il continuera d'effectuer sa tâche, et il le fera tous les jours – sauf si l'on appuie sur le bouton « arrêt ». C'est à madame de prendre ses dispositions pour qu'elles s'accordent avec les actions de Tobor. Vous pourriez d'ailleurs, monsieur le Juge, faire vous-même le test et vous mettre dans la chambre de madame, à sa place… Tobor vous apportera le café et vous dira « madame ». Son logiciel ne lui a pas appris à reconnaître qu'il n'avait pas affaire à elle, à repartir avec son café et à attendre qu'elle revienne.

J – Et pourquoi ne pouvez-vous pas lui concevoir un cerveau artificiel qui lui permettrait de modifier son comportement selon le contexte, comme le ferait un être humain ?

F – On peut intégrer au logiciel du robot toutes les valeurs possibles, mais il lui manquera toujours quelque chose, car ce n'est pas un être vivant.

J – Vous voulez dire qu'un robot ne pourra jamais se comporter comme un être humain ?

F – Absolument, même le cerveau d'un animal sera toujours plus puissant que celui d'un robot, car les êtres vivants expriment leurs émotions et adaptent leurs comportements en fonction du contexte. Ces émotions sont le résultat du fonctionnement des cinq sens et du cerveau. Celui-ci est composé d'environ 100 milliards de cellules (neurones, interneurones, cellules gliales, avec tous les réseaux), et ces cellules sont interconnectées et en interactivité permanente. La complexité de ce dispositif est à l'échelle de l'univers ; elle est tellement grande que nous sommes encore loin de maîtriser son fonctionnement. Tant que nous n'y serons pas parvenus, nous ne pourrons pas programmer artificiellement une vie intelligente. Prenons le cas de Tobor, et supposons qu'à la demande de madame, je rajoute à son logiciel une option qui lui permette de la reconnaître à partir de ses pupilles ; si au moment où le café est servi madame porte des lunettes noires, Tobor remportera son café à la cuisine : on lui a simplement demandé de reconnaître madame à partir de ses pupilles. On peut ajouter de nouvelles options, créer des sous-options dépendantes des options primaires, les interconnecter ; on peut appeler à l'aide les neurologues du monde entier et les meilleurs spécialistes de l'intelligence artificielle : il manquera toujours quelque chose à ce pauvre Tobor, car il sera le produit d'êtres qui ne maîtrisent pas leur propre création.

J – Si j'ai bien compris, cela veut dire que si l'on crée un robot « Juge » pour prendre ma place, on implantera dans son cerveau artificiel toutes les lois, les condamnations, les jurisprudences, les correspondances entre délits et peines, etc. – sans que pour autant il puisse éprouver toute l'émotion qui m'étreint lorsque j'écoute votre plaidoirie ? Et en plus, comme toutes ces informations que l'on aura inscrites dans son logiciel viennent de moi, je connaîtrai d'avance sa décision ?

F – C'est exact, monsieur le Juge. Et vous serez seul responsable du bien et du mal qu'il pourra faire durant l'exécution de ses tâches. Un robot ne peut pas inverser une décision, si on ne lui a pas dit qu'il fallait le faire.

J – Mais alors, pouvez-vous m'expliquer pourquoi, en 1997, le meilleur joueur d'échecs au monde, Gary Kasparov, a été battu par un ordinateur ? N'avait-il pas trouvé là plus intelligent que lui ?

F – Effectivement, Deep Blue avait battu Kasparov au deuxième match, après avoir été battu au premier. Les concepteurs du robot avaient refusé qu'il y ait une troisième confrontation. Les journalistes avaient donné dans le sensationnel, avec des titres du genre « un ordinateur a dépassé l'homme ». Mais pour comprendre ce qui s'est réellement passé, je vais prendre l'exemple de la petite calculatrice de base utilisée par votre enfant. Si je vous donne deux secondes pour répondre à la question « 8 fois 7… ? », vous verrez que la calculatrice a résolu la multiplication avant vous. Pensez-vous qu'elle est plus intelligente que vous ?

J – Bien sûr que non !

F – Et pourquoi ?

J – Parce qu'elle a été programmée pour ne faire que des calculs. Le concepteur a introduit dans la calculatrice un programme qui prend en compte tous les calculs et toutes les réponses de la table de multiplication.

F – Excellente réponse ! Veuillez m'excuser d'avoir, pour les besoins de la démonstration, inversé les rôles en vous questionnant ; mais le public va ainsi pouvoir mieux comprendre mes explications. De la même façon qu'avec la calculatrice, les concepteurs de Deep Blue, après des années de travail, ont introduit dans son cerveau artificiel la totalité des coups de Kasparov ; de ce fait, le robot pouvait les anticiper. Face à la multiplication de 8 par 7, vous allez un instant hésiter (54 ? 56 ?), puis trouver la bonne réponse, mais la calculatrice n'avait même pas à réfléchir : le résultat était déjà là. Malgré sa rapidité, Deep Blue restera, comme la calculatrice, limité par les paramètres que ses concepteurs ont pu programmer. En d'autres termes, si Kasparov change totalement de stratégie, Deep Blue peut perdre. Et voilà pourquoi le troisième match a été annulé…

C'est alors que le Juge se tourna vers la Dame et son Compagnon, qui avaient assisté hébétés à ces échanges ; il leur demanda de s'approcher de lui et leur dit, en toute discrétion : « Si vous croyez que Tobor est un voyeur, débranchez-le la prochaine fois que vous faites l'amour. Vous êtes comme son Dieu, vous pouvez décider de son sort. »

Il déclara le Fabricant non coupable.

Malgré mes modestes connaissances en intelligence artificielle, cette excellente plaidoirie m'a beaucoup édifié. J'ai compris que l'être humain, s'il était dépourvu de cerveau, appliquerait bêtement les lois de la mathématique telles qu'elles régissent l'univers : ce serait un simple objet posé sur terre, tel un arbre qui pousse et meurt, dont la vie totalement linéaire serait dénuée d'imagination et de curiosité. Certes, notre planète serait plus apaisée… Lorsque l'on assiste à des comportements inhumains, on ne peut s'empêcher de poser la question de l'utilité de notre cerveau. Mais le libre arbitre n'est pas qu'une qualité négative, il peut aussi nous procurer l'autonomie d'imagination et de décision qui va nous permettre d'améliorer notre vie et de faire en sorte qu'elle ne soit ni linéaire ni ennuyeuse.

Malheureusement, les effets du libre arbitre semblent de plus en plus négatifs. Et l'on voit en conséquence surgir de plus en plus d'appels à Dieu. Comme si l'on voulait le rendre responsable de tout ce dont notre libre arbitre est capable.

Quatrième partie

La science et Dieu

Vous venez d'arriver, avec votre compagne, sur une plage déserte et paradisiaque. Vous croyant seuls au monde, vous entreprenez de flirter avec elle ; mais au moment de vous installer confortablement, vous apercevez des empreintes de pas sur le sable. Du coup, vous ne vous sentez plus aussi seul, et votre élan amoureux a tendance à s'effriter… Vous ne serez pas à l'aise dans votre entreprise tant que vous n'aurez pas localisé l'intrus ! Vous suivez les empreintes, mais elles sont interminables… Vos enfants prendront le relais, et les générations suivantes n'auront pas davantage de succès : chacune d'entre elles pensera être arrivé au bout de cette quête, mais ce sera pour s'apercevoir que de nouvelles empreintes, toujours plus fraîches, ont remplacé les précédentes – comme si l'intrus vous disait : continuez à me suivre, je ne m'arrêterai jamais, car je suis l'infini !

Chapitre 1

Quelques données historiques

Selon nos connaissances actuelles, la Terre aurait environ 4,6 milliards d'années. Quant à l'univers, il serait né il y a quelques 13,7 milliards d'années. Autrement dit, pendant plus de 8 milliards d'années, notre planète n'avait aucune existence et se trouvait en gestation dans la poussière de semences mélangées dans la nébuleuse de notre tout jeune système solaire. Faut-il en conclure que pendant cette période, supposée dénuée de toute forme de vie intelligente susceptible d'observer ou d'étudier la mathématique, cette dernière n'existait pas ?

Il n'en est rien. Non seulement la mathématique existait, mais encore elle continuera à exister même après la disparition de tous les objets contenus dans l'univers. Elle est omniprésente, et nous la découvrons au fur et à mesure que nous résolvons les problèmes. Personne ne peut se vanter d'avoir inventé une formule ou une équation – nous la découvrons au fur et à mesure de notre évolution. C'est l'outil singulier qui nous ouvre malicieusement ses pages au fur et à mesure que nous progressons dans la connaissance. Ni son temps ni son espace d'action ne sont les nôtres. Si, influencés par notre libre arbitre, nous choisissons de l'ignorer, elle nous regardera ironiquement passer notre chemin ; mais elle restera présente et disponible pour de nouvelles générations de terriens, ou pour les habitants d'autres planètes qui décideront d'ouvrir les pages qu'elle tient à notre disposition. Les éventuels extraterrestres pourront bien avoir d'autres formes de langage que les nôtres, d'autres couleurs de peau et des formes que nous n'imaginons même pas, ils partageront toujours quelque chose avec nous : la mathématique, dont les propriétés s'appliquent quelle que soit la place que l'on occupe dans l'univers. Lorsque nos astrophysiciens envoient un engin spatial vers une autre planète, ils doivent tenir compte des propriétés mathématiques qui la régissent, sinon la mission est vouée à l'échec – et cela même si la planète en question n'est pas susceptible d'abriter de quelconques êtres humains dotés d'intelligence, qui seraient capables d'apprécier la mathématique ou simplement de prendre acte de son existence. Chaque astre a son histoire mathématique personnelle, sinon la Lune serait devenue une banlieue résidentielle pour les superpuissants ; au lieu de cela, nous découvrons que Vénus est piégée par les gaz à effet de serre, qui lui confèrent une température plus élevée que celle de Mercure (alors que celle-ci est plus proche du Soleil, nous analyserons ce paradoxe plus loin).

Malheureusement, nous avons beau être conscients de l'importance de la mathématique, nous ne pouvons pas pour autant en raconter la véritable histoire : nos connaissances en ce domaine sont bloquées au chapitre « Big Bang, infiniment petit et vitesse de la lumière ». De plus, même dans ces domaines, nous restons confrontés à quelques pages inexplicables : que s'est-il passé *avant* le Big Bang ? D'où viennent ces corps infiniment petits qui se meuvent dans l'espace ? Comment concevoir l'infini ? Qu'y a-t-il après l'infini ? Et finalement, d'où vient la mathématique ?

Ces questions, qui pourtant gouvernent notre vie quotidienne, nous ne pouvons pour l'instant leur donner aucune réponse satisfaisante. Notre intuition et notre bon sens nous permettent bien entendu d'aller de l'avant, mais ni l'une ni l'autre ne sont nécessairement approuvés par la mathématique – et pourtant cela ne nous empêche pas de leur faire confiance. Prenons l'exemple concret du Soleil, dont on dit communément qu'il se lève et se couche : notre bon sens nous le suggère, et le déduit du mouvement apparent du Soleil dans le ciel alors que la Terre, elle, semble ne pas bouger. Pourtant, les équations mathématiques issues des travaux d'Isaac Newton le désapprouvent entièrement !

De son côté, sans appliquer d'équations mathématiques, le naturaliste anglais Charles Darwin (1809-1882) avait eu l'intuition en 1850 que les êtres humains avaient un ancêtre commun sous la forme des hominidés : il avait en effet observé une similitude entre la morphologie et le comportement des chimpanzés (seuls animaux à rire quand on les chatouille, contrairement aux chiens qui sont pourtant domestiqués depuis 36 000 ans…) d'une part, et ceux des êtres humains d'autre part. Voilà qui était contraire au bon sens, l'être humain ayant jusque-là refusé de considérer qu'il avait un lien quelconque avec les animaux. Cette intuition a beau être approuvée aujourd'hui par la mathématique, cela n'empêche pas de nombreuses personnes de croire que ce lien avec les animaux n'est réservé qu'à certains individus du fait de la couleur de leur peau…

Voir n'est pas croire : ce qui peut prendre les apparences du réel peut donc être mathématiquement infondé ; c'est, nous l'avons vu, ce qui se produit par exemple lorsque notre bon sens semble nous indiquer la position d'une étoile que nous voyons briller dans le ciel, alors que la mathématique nous enseigne que nous ne voyons plus que le fantôme de cette étoile, laquelle s'est déplacée depuis longtemps dans un autre endroit de l'univers. Il en va de même avec la conception que nous avons du divin : aucune équation n'a jamais démontré l'existence (ou l'inexistence) d'un super-créateur, et face à cette indétermination, toutes les affirmations que nous produisons ne peuvent être que le fruit d'une idéologie ou d'une intuition générée par notre bon sens.

Essayons de transposer ce concept de bon sens dans le débat relatif à l'existence éventuelle d'un Super-Créateur, et prenons l'exemple des scientifiques qui la réfutent. Bien qu'aucune démonstration mathématique n'approuve leur argumentation, ils vont procéder par intuition déductive en montrant que notre univers est né de l'explosion d'une grosse étoile composée de matière microscopique, issue elle-même d'atomes infiniment petits, etc. – bref, que ces événements se seraient produits « tout seuls », sans aucune intervention particulière. Mais on peut voir les choses autrement.

Notre intelligence – la plus belle invention qu'ait produite la mathématique – nous permet d'observer et d'analyser les composants de l'univers, et c'est pourquoi il est de plus en plus possible d'agir sur notre vie de tous les jours. Nous avons des GPS, alors que nos ancêtres se guidaient en observant le mouvement des astres ; nous avons en moyenne deux téléphones portables par habitant, ce qui nous permet assez facilement d'appeler notre employeur pour l'informer d'une grève des transports, alors qu'en 1990 il était encore possible de perdre son emploi parce qu'on n'arrivait pas à trouver une cabine téléphonique ; à la même époque, il fallait environ trois jours pour que parvienne un message postal à l'autre bout du monde, alors que désormais, en un simple clic, ce message est diffusé instantanément en n'importe quel point de la planète. Autrement dit, nous faisons partie de ce que j'appelle l'Entité de Créativité Consciente (ECC) qui nous permet, grâce à notre libre arbitre, de créer, innover et exprimer nos émotions – et non des 99,9999999… % des objets de l'univers qui constituent l'Entité de Créativité Inconsciente (ECI), mais qui permet aux étoiles de créer des planètes et l'énergie qui les accompagne, ou aux arbres de porter des fruits, sans être pour autant pourvus de la moindre intelligence et de la moindre conscience de ce qu'ils font. Or, dans cette perspective, il me semble que l'intuition déductive selon laquelle un super-créateur aurait *utilisé* la mathématique dans un projet d'infinie grandeur est plus plausible que l'intuition déductive selon laquelle l'univers serait né d'un Big Bang et d'une étoile issue de nulle part – comme le Christ !

Ce Super-Créateur, nous lui donnons une forme humaine pour mieux l'appréhender concrètement, et nous l'appelons Dieu ; mais cela heurte notre bon sens et la logique mathématique, de concevoir un être divin occupé à observer passivement nos turpitudes sans réagir. En revanche, si nous ne tentons pas de le rapprocher de nos propres comportements, notre bon sens peut plus facilement nous porter à croire en son existence.

Aux scientifiques qui pensent qu'ils ont trouvé l'origine de l'univers, on peut poser une question fondamentale qui est susceptible de mettre en échec leur argumentation : avec vos équations, aussi élégantes soient-elles, pouvez-vous nous expliquer ce qu'est l'infini ? Notre méconnaissance dans ce domaine est absolue – nous verrons cela plus précisément par la suite ; mais si nous analysons sommairement l'histoire de la science, nous pouvons constater que nos connaissances scientifiques progressent, d'étape en étape, de façon étrange : les scientifiques font une découverte fondamentale, qui est ensuite détrônée par une autre avancée théorique qui ouvre une nouvelle page, et ainsi de suite dans une répétition malicieuse et infinie.

Pendant longtemps, nous avons cru que l'histoire de la mathématique commençait avec la Grèce antique, environ cinq siècles avant notre ère. C'est totalement méconnaître le rôle qu'a joué la civilisation arabe dès 3 000 ans av. J-C, au bord du Tigre et de l'Euphrate. Babylone, qui était une des principales villes de Mésopotamie, fut pendant longtemps le siège de la connaissance scientifique et le lieu d'émergence de l'astronomie. Les Babyloniens furent les premiers à comprendre que les mouvements des astres ou certains phénomènes comme les équinoxes, loin de dériver des caprices des dieux, étaient en accord avec les lois mathématiques de l'univers.

Les tablettes couvertes d'écritures cunéiformes datant de cette époque nous indiquent l'influence qu'avait l'astronomie babylonienne et égyptienne sur certains savants grecs. C'est en effet la conquête de Babylone par Alexandre le Grand (356-323 av. J-C) qui a permis aux Grecs de s'emparer des archives et des travaux des mathématiciens babyloniens. Thalès de Milet les utilisa pour prédire l'éclipse de Soleil du 28 mai 585 av. J-C ; Platon, Socrate et Archimède s'en inspirèrent également. Eudoxe de Cnide, à la même époque, élabora sa théorie des « sphères homocentriques », d'après laquelle la Terre se situait au centre de l'univers, entourée de 27 sphères permettant de contenir tous les astres et organisées ainsi : une sphère pour l'ensemble des étoiles, trois pour la Lune, trois pour le Soleil et quatre pour chacune des cinq planètes. Pour Eudoxe, qui initiait ainsi la théorie du géocentrisme, il s'agissait là d'une vérité irréfutable !

Ce modèle géocentrique fut aussi soutenu par Aristote (384-322), mais il augmenta le nombre de sphères (qui passa désormais à 55) et y adjoignit une dose de religion, l'univers ainsi décrit étant une création divine. Ce qui donnait aux religieux un argument scientifique pour déclarer officiellement que Dieu réside, avec les anges, au paradis – matérialisé par le plafond qui couvre la Terre et ses sphères (« Notre Père qui es aux cieux… »). Une telle représentation satisfaisait à la fois le monde religieux et le monde scientifique, et Aristote mourut persuadé que sa théorie était une vérité indiscutable.

À une époque où cette théorie aristotélicienne de l'univers était de rigueur, Aristarque de Samos prit le risque, vers 280 av. J-C, d'élaborer les premiers principes de l'héliocentrisme : c'était désormais le Soleil qui se situait au centre de l'univers, et la Terre ne se distinguait pas des autres planètes, qui tournaient sur elles-mêmes et autour d'un Soleil immobile. Il s'attira de ce fait la colère des religieux et des partisans de la théorie aristotélicienne dominante : ses conceptions furent jetées aux oubliettes, d'autant plus facilement qu'elles contenaient quelques imperfections et n'étaient pas présentées de façon très élégante. Cela n'empêcha pas Aristarque d'être persuadé, jusqu'à sa mort, de la véracité de sa théorie.

C'est alors qu'intervient Ptolémée (90-168)… Formé en Égypte – pays qui était alors le principal foyer des connaissances mathématiques – il va perfectionner la théorie d'Aristote en ajoutant aux fameuses sphères un fluide qu'il appelle l'Éther, dont le rôle est de maintenir les astres autour de la Terre ; dans cette nouvelle présentation, le ciel est toujours considéré comme un domaine privilégié, réservé à Dieu. L'élégance de ses équations, la perfection de ses calculs, l'excellence de ses démonstrations empiriques (et notamment la définition exacte de la position des astres et de leur mouvement circulaire autour de la Terre, qui a contribué à la dénomination des sept jours de la semaine) – tout militait pour que son œuvre, qu'il éditera dans son fameux ouvrage l'*Almageste*, devienne une référence ; pendant 9 siècles, elle restera l'optimum de la connaissance scientifique dans ce domaine et mettra un point final aux discussions théologiques relatives à l'action du divin. Fort d'une grande renommée mondiale, lui aussi mourut en étant convaincu qu'il avait énoncé une théorie indépassable.

On peut déjà remarquer que, jusqu'aux débuts du Moyen-Âge, n'importe quel auteur d'une nouvelle théorie était convaincu d'avoir trouvé la clef de la connaissance de l'univers. Par ailleurs, tous les partisans de la théorie géocentrique représentaient un univers fini dont le « plafond » (le ciel) était occupé par la puissance divine : il suffisait de construire une échelle suffisamment grande pour aller saluer les anges, voire Dieu lui-même si l'autorisation était accordée… Ils ne pouvaient imaginer que le 12 avril 1961, l'astronaute russe Youri Gagarine (1934-1968) irait se balader dans les cieux et rentrerait bredouille.

Mais alors, tous ces scientifiques qui se sont trompés étaient-ils dans l'ignorance mathématique ? Le problème, c'est que même ceux qui ont choisi la route de la vérité mathématique ne sont pas pour autant arrivés au bout. Certains détracteurs de la théorie géocentrique ont produit des travaux qui ont ensuite été repris par les plus grands savants et ont fait progresser la connaissance, mais n'ont pu triompher de leur temps car ils étaient prisonniers d'un contexte hostile et obscurantiste.

À la suite des doutes exprimés par Aristarque, c'est par exemple Nicolas Copernic qui, à la Renaissance, sera le premier à calculer de façon précise la rotation journalière de la Terre sur elle-même, puis à mettre en évidence les incohérences de la théorie de Ptolémée en affirmant que l'ampleur de l'orbite d'une planète influence le temps de sa révolution autour du Soleil. Copernic, téméraire face à la religion, a bien tenté de publier ses résultats, mais ce n'est que le jour de sa mort, le 24 mai 1543, que son premier livre verra le jour. Malgré la certitude qu'il avait de la pertinence de sa théorie, il dut pendant toute son existence, face à la puissance de l'obscurantisme religieux, adopter la notion des sphères fixes aristotéliciennes. Ses thèses révolutionnaires, démontrées empiriquement, serviront de base de réflexion à de nombreux autres savants, et notamment à Isaac Newton pour fonder sa théorie de la gravitation, comme nous l'avons vu précédemment. Mais la route sera longue pour y parvenir !

C'est d'abord l'astronome autodidacte danois Tycho Brahe (1546-1601) qui, à partir de la découverte d'une étoile nouvelle dont il a démontré qu'elle était absolument immobile et fixe par rapport aux autres étoiles, a remis en cause le dogme d'Aristote selon lequel les cieux n'étaient pas immuables : si cette étoile avait été proche de la Terre, elle aurait dû se déplacer comme les planètes ; c'est donc qu'elle devait se situer bien plus loin qu'elles.

Ces observations furent confirmées cinq ans plus tard grâce au passage d'une comète, dont il était évident qu'elle se déplaçait beaucoup plus lentement que la Lune : un nouvel objet céleste était, lui aussi, soumis à des changements ! Enfin, Brahe montra que la trajectoire de la comète n'était pas circulaire mais elliptique – ce qui était contraire à la théorie aristotélicienne du mouvement circulaire des planètes. Aidé par son assistant Johannes Kepler, il va proposer un modèle de l'univers, que l'on peut qualifier de géo-héliocentrique en ce qu'il unifie le géocentrisme de Ptolémée et l'héliocentrisme de Copernic : la Lune et le Soleil tournent autour de la Terre, mais Mercure, Vénus, Mars, Jupiter et Saturne tournent autour du Soleil. Lorsqu'il meurt en 1601, convaincu qu'il s'agit là de la seule théorie valable, c'est Kepler qui prolonge ses travaux et propose les trois « lois » qui vont révolutionner le monde scientifique.

Les deux premières sont publiées en 1609 dans son livre intitulé *Astronomia Nova.* D'après la première loi, les planètes tournent autour du Soleil en décrivant une ellipse – ce qui permettra d'expliquer, plus tard, les bizarreries de la trajectoire de la Terre (avec le périhélie et l'aphélie), la succession des quatre saisons ou l'action de la Lune sur le niveau de l'eau (la marée). La deuxième loi montre, à partir de calculs précis, que les planètes ne tournent pas autour du Soleil à la même vitesse : celle-ci est d'autant plus grande qu'elles sont proches du Soleil. Quant à la troisième loi, elle sera publiée en 1618 dans son livre intitulé *L'Harmonie du monde* ; elle permet de calculer la distance entre une planète et le Soleil à partir de son temps de révolution. C'est ce qui permettra à Isaac Newton d'élaborer la première loi de l'attraction universelle, qui explique la force d'attraction que la Terre exerce sur nous et les variations de poids des objets en fonction de la planète sur laquelle ils sont situés.

C'est probablement l'italien Bruno Giordano (1548-1600) qui fut l'héritier le plus malchanceux de cette révolution copernicienne : il fut brûlé vif, à la suite d'un procès d'inquisition mené par l'Église catholique romaine, pour avoir estimé que Copernic n'était pas allé assez loin : non seulement la Terre n'était pas au centre de l'univers, mais encore ce dernier était infini, ce qui impliquait un Dieu infini ! Autrement dit, le Dieu de l'Église n'était qu'un tout petit Dieu, dont le champ d'action se limitait à notre petite planète…

Le flambeau fut ensuite repris par le savant italien Galileo Galilei, que nous connaissons sous le nom de Galilée. À partir de l'invention de la lunette astronomique, il va moderniser la révolution copernicienne en permettant aux scientifiques d'observer les cieux avec plus de précision et de vérifier la nouvelle théorie. D'autres étoiles, qui brillaient très au-delà de notre système solaire, furent ainsi découvertes, confirmant que Giordano Bruno avait été persécuté injustement – par exemple Jupiter et ses satellites, ce qui prouvait que la Terre n'était pas la seule planète autour de laquelle pouvaient graviter d'autres corps célestes. La publication en 1632 de son livre *Dialogue sur les deux grands systèmes du monde*, dans lequel il se moque du géocentrisme, le livra à l'Inquisition. Lors de son procès, le pape Urbain VIII lui proposa de démontrer concrètement que la Terre tourne autour du Soleil. N'ayant aucun calcul précis à faire valoir, Galilée était incapable de démontrer logiquement l'inertie de la masse du Soleil par rapport à celle de la Terre, ou l'emprise gravitationnelle induite par la masse de l'astre le plus massif. Autrement dit, malgré l'élégance des équations de Kepler et les observations de Galilée, la nouvelle génération copernicienne était dans l'incapacité de produire une démonstration convaincante de l'inanité des théories géocentriques.

Une évolution décisive en ce sens va être initiée par Isaac Newton. Avec sa loi de la gravitation, inspirée des travaux de Kepler, il va démontrer ce que Galilée n'avait pu faire dans son combat contre l'Église : comment la masse du Soleil influence la trajectoire des autres planètes. C'est la fameuse formule du carré inverse

$$F = G \frac{m_1 m_2}{d^2}$$

Où :

– F est la force d'attraction que chacune des deux masses exerce sur l'autre (la Terre par rapport au Soleil, la Terre par rapport à la Lune, moi par rapport à la Terre…).
– G est la constante gravitationnelle, valeur qui s'applique en tout lieu de l'univers. Calculée en 1798 par l'astrophysicien anglais Henry Cavendish (1731-1810), qui a montré par des tests de laboratoire qu'elle est de 6,67 x 10^{-11} N.m^2.kg^{-2}, elle est approuvée par le Système International d'unités (SI) et ne doit pas être confondue avec l'intensité de la pesanteur (g) qui nous permet de calculer le poids : c'est grâce à cette valeur de G que l'on a pu calculer celle de g, dont on rappelle qu'elle est (sur Terre) égale à 9,81 N/kg.
– m_1 et m_2 sont les masses des deux corps célestes en présence – par exemple m_{Terre} et $m_{Jantcheu}$. Enfin, disons plutôt (ma propre masse étant ridicule), m_{Soleil} et m_{Terre}…
– d^2 est le carré de la distance qui sépare les deux corps – celle entre la Terre et moi (insignifiante) ou celle entre la Terre et le Soleil.

Il est désormais possible de savoir qu'existe dans l'univers une hiérarchie de forces entre tous les corps célestes, et qu'elle est induite par leurs masses. Le géocentrisme en prend un sérieux coup : le Soleil étant plus massif que la Terre, il exerce une force à distance qui est plus forte, et c'est donc la Terre qui tourne autour du Soleil et non l'inverse. Plus généralement, tous les corps célestes au voisinage du Soleil tournent autour de lui, et l'espace n'est occupé par aucune « sphère ».

Cette formule, qui nous permet de faire décoller des avions, placer des satellites sur orbite et gérer nos GPS ou nos téléphones portables, est aussi appliquée à notre cerveau afin d'adapter nos mouvements sur la Terre. Néanmoins, lorsque l'on demanda à Newton comment se manifestait cette force, il n'en trouva pas l'explication scientifique et préféra l'attribuer à Dieu, l'éther restant le support invisible dans lequel se mouvaient les corps célestes. Lui aussi est mort convaincu d'avoir trouvé la véritable explication scientifique. Certes, la pensée géocentrique s'en trouvait bouleversée, et les théories héliocentriques nettement améliorées ; mais Dieu et l'éther restaient à l'origine de la manifestation de la force gravitationnelle, et à travers le principe d'inertie, l'espace et le temps constituaient des notions à la fois absolues et séparées, dans une conception statique de l'univers.

Mais c'est à présent au tour d'Albert Einstein ! Animé comme toujours par le principe EMC (Évitons de Mourir Con), il va reprendre tous les principes fondamentaux de la physique, faire valser le monde scientifique à une vitesse insoutenable et remettre en cause tout ce qui semblait acquis pour les partisans du modèle héliocentrique. Autrement dit, il va porter le débat non plus entre géocentristes et héliocentristes, mais au sein de ces derniers. On entre là dans des travaux et des concepts – notamment celui de la relativité – que je ne prétends nullement maîtriser, d'autant qu'ils sont extrêmement complexes à exposer ; aussi me bornerai-je à les rapprocher de notre vie quotidienne à partir d'exemples concrets qui vous permettront de mieux les comprendre.

C'est dans son ouvrage *De l'électrodynamique des corps en mouvement* qu'Einstein élabore, en 1905, la théorie de la relativité restreinte, revisitant entièrement la physique newtonienne des objets en mouvement uniforme – mais en excluant la gravitation, d'où l'appellation de « restreinte ». S'intéressant donc uniquement aux mouvements lents qui constituent notre quotidien, il introduit la notion de relativité dans la physique. Mais que signifie « relativité » ?

Considérons l'expression « le camembert est un bon fromage ». Si nous estimons que cette affirmation est absolue, cela signifie que, bien que les Américains disent le détester et le traitent de « fromage qui pue », il leur arrive de le manger en cachette – car le camembert est alors considéré comme bon en tout lieu et pour tout le monde. En revanche, si on considère que cette affirmation est relative, cela signifie que, malgré le fait que les Américains considèrent que c'est un mauvais fromage, il s'en trouvera au moins un pour dire qu'il pense le contraire. De même qu'en France, où l'on adore le camembert, il existe au moins une personne qui ne l'aime pas (c'est sans doute ma femme).

Prenons le cas de la relativité du mouvement, et revenons à cet exemple de l'automobiliste terrestre qui envoie des appels de phares vers le Soleil. Il envoie son premier appel à minuit et attend, sans bouger, 24 h pour faire le second. Pour un observateur terrestre, cet individu est resté exactement au même endroit (le compteur de sa voiture en témoigne) ; pour un observateur situé sur le Soleil, qui en supporte vaillamment la chaleur, l'automobiliste terrestre a parcouru pendant ces 24 h une distance de 2,6 millions de km. Or, dans la physique newtonienne, ce dernier n'aura absolument pas bougé, quel que soit l'endroit où se trouve l'observateur. En revanche, pour la physique moderne initiée par Einstein, ce mouvement est relatif car chacun des deux observateurs a raison : c'est la théorie de la relativité restreinte.

Prenons encore l'exemple de cet individu qui est en train de dormir dans un train lancé à grande vitesse. Pour son voisin qui essaie en vain de le réveiller parce qu'il ronfle bruyamment, le dormeur est absolument et tragiquement immobile. Pour le chef de gare qui, sur le quai, voit passer le train à toute allure, le dormeur est un sacré sprinteur !

Autrement dit, Einstein va montrer que le temps et l'espace sont deux notions relatives, qui sont liées et indissociables. Ce faisant, il met à mal la physique newtonienne, pour laquelle le caractère absolu de l'espace et du temps était une condition nécessaire pour fonder les lois de l'inertie, à savoir que dans un système de référence galiléen (un endroit isolé, dans lequel ne s'exerce aucune force), tout corps non affecté par une force externe reste en mouvement rectiligne et uniforme ; cela implique que l'espace dans lequel ce corps se meut reste absolument identique, et que le temps qui lui est associé (la durée) soit également absolu. Dans ce système, une bille lancée sur une table plate continue sa route en ligne droite jusqu'à l'infini, car l'espace qu'elle traverse est identique et immuable, et si elle finit par s'arrêter à un certain moment, c'est à cause du frottement avec la table ; de plus, cette bille est soumise à un temps identique quel que soit le référentiel, c'est-à-dire en quelque point de l'univers que ce soit.

Par rapport à ce système d'espace/temps absolu, Einstein va d'abord établir le principe d'un dénominateur commun à tout l'univers, sous la forme de la vitesse de la lumière (300 000 km/s), considérée comme identique quel que soit le lieu considéré. C'est ce postulat qui va permettre aux scientifiques de mesurer les distances entre tous les objets contenus dans l'univers, à partir de la notion d'année-lumière (AL). Mais plus la vitesse que nous atteignons se rapproche de celle de la lumière, plus le temps et l'espace se contractent, comme l'illustre l'exemple des deux jumeaux dont l'un est resté sur Terre tandis que l'autre s'est envolé dans un vaisseau spatial dont la vitesse est proche de 300 000 km/s : revenant sur Terre, il constaterait que son frère a davantage vieilli que lui. La physique de Newton pouvait correctement expliquer les mouvements lents que nous effectuons sur Terre (par exemple, l'un des deux jumeaux qui aurait fait le déplacement Paris/New York en Concorde ne trouverait pas, au retour à Paris, son frère plus âgé que lui) : en se déplaçant à la vitesse du son, le temps et l'espace ne sont pas affectés. En revanche, en se déplaçant à une vitesse proche de celle de la lumière (le mouvement accéléré), le temps est ralenti, pour ceux qui sont à l'intérieur du vaisseau spatial, par rapport au temps terrestre : c'est la dilatation du temps. De même, la distance se contracte par rapport à celle qui est observée sur Terre : c'est la contraction de la longueur. Autrement dit, à 99,99 % de cette vitesse, une distance parcourue de 1 km dans l'espace sera l'équivalent de 700 km sur Terre, et un jour écoulé sur le vaisseau correspondra à deux ans sur Terre. Et les deux mesures, celle de l'espace et celle du temps, sont indissociables.

À partir de ces postulats, Einstein va aussi démontrer que la masse et l'énergie sont liées. Alors que, selon la mécanique de Newton, la masse au repos n'émet pas d'énergie, sauf lorsqu'elle subit une accélération, Einstein montre que, même au repos, il y a équivalence entre énergie et masse. Ce principe aura des conséquences considérables sur la formulation de la théorie de la relativité générale, la célèbre formule $E = MC^2$ s'appliquant aux particules se déplaçant à une vitesse proche de celle de la lumière (E = énergie, M = masse, C^2 = carré de la vitesse de la lumière).

C'est à partir de cette formule que l'on a attribué à Einstein, très injustement, la paternité de la bombe atomique qui a tué tant de millions d'innocents. C'est l'astrophysicien américain Robert Oppenheimer (1904-1967) qui dirigeait le projet Manhattan responsable de l'élaboration de la première bombe. Certes, les mécanismes de la réaction en chaîne de la fusion nucléaire, que maitrisaient l'astrophysicien américano-hongrois Leó Szilárd (1898-1964) et son collègue Enrico Fermi (1901-1954), sont en accord avec la célèbre formule einsteinienne ; mais il faut rappeler que l'illustre savant avait signé un courrier rédigé par Léo Szilárd et destiné au président Roosevelt pour l'informer du risque que pourrait représenter la fabrication d'une telle arme par les physiciens à la solde de Hitler, dont on savait qu'ils travaillaient sur la question. Ce sont finalement les États-Unis, par l'intermédiaire du président Harry Truman, qui la développèrent et, à la suite de la destruction du régime nazi, la lancèrent sur Hiroshima, puis sur Nagasaki.

Une fois la notion de relativité introduite au sein de la physique, Einstein va pouvoir s'attaquer au cœur des travaux de Newton, à savoir la gravitation. Si rien ne peut aller plus vite que la lumière, se demanda-t-il, comment la force de gravitation qu'exerce sur les autres planètes un astre comme le Soleil pouvait-elle se propager instantanément dans une étendue aussi immense que celle du système solaire ? Il fit l'hypothèse que c'est l'énergie induite par la masse du corps céleste le plus massif (ici le Soleil) qui courbe l'espace/temps dans lequel évoluent les planètes, en prenant le chemin le plus court, appelé géodésique (*cf.* notre premier chapitre). Initié à la géométrie non-euclidienne par deux collègues mathématiciens, le Hongrois Marcel Grossmann (1878-1936) et l'Allemand David Hilbert (1862-1943), guidé par les travaux antérieurs sur la relativité du mathématicien et astrophysicien français Henri Poincaré (1854-1912), il va élaborer en 1916 la théorie de la relativité générale à partir des postulats de la relativité restreinte. Les conséquences peuvent être résumées de la façon suivante :

– Selon la relativité restreinte, rien ne peut aller plus vite que la lumière. En termes de relativité générale : la gravitation n'est pas une force qui se propage dans l'espace pour maintenir les planètes ; c'est la courbure de l'espace/temps au voisinage de l'astre le plus massif qui les oblige, telle la Terre, à prendre le chemin le plus court appelé géodésique.

– Selon la relativité restreinte, toute masse en repos a une équivalence en énergie ($E = MC^2$). En termes de relativité générale, du fait du principe d'équivalence, la masse d'un astre produit de l'énergie, et c'est cette dernière qui courbe l'espace/temps au voisinage du corps céleste le plus massif et qui est à l'origine de la gravitation. Autrement dit, la Terre (et les autres planètes du système) se meuvent au bord du creux que produit l'énergie induite par la masse du Soleil ; et de la même façon la Lune tourne autour de la Terre dans le creux que génère la masse de celle-ci. On se souvient des observations de l'astrophysicien anglais Eddington, à Sao Tomé-et-Principe, qui en mai 1919 avait confirmé clairement, lors de l'éclipse du Soleil, que la courbure de celui-ci déviait les rayons de lumière des étoiles situées derrière lui. Mais d'autres phénomènes étranges purent ainsi être expliqués par la relativité, comme par exemple l'existence des « trous noirs », résultant de la mort d'un astre massif qui, en s'écroulant sur lui-même par l'effet de sa propre gravité, va créer un creux encore plus puissant qu'aucun objet ne peut traverser, y compris la lumière des étoiles.

– Selon la relativité restreinte, le mouvement modifie l'espace/temps. En termes de relativité générale, la masse modifie aussi l'espace/temps en provoquant la courbure de l'espace et en perturbant le temps. Plus on s'approche du centre de la Terre, plus l'horloge ralentit, plus on s'en éloigne et plus elle s'accélère. Les 24 satellites de nos GPS qui sont en orbite à environ 20 200 km au-dessus de nous doivent corriger ce décalage temporel si nous voulons que, dans nos voitures, le récepteur GPS ne nous éloigne pas d'une dizaine de kilomètres par jour par rapport à l'adresse indiquée.

Malgré ses contributions inestimables à la connaissance scientifique, Einstein n'a jamais adhéré aux théories quantiques, en particulier à celles qui décrivent les comportements intrigants de particules plus petites que les atomes, positions défendues par le physicien danois Niels Bohr (1885-1962). En mécanique classique, il est possible de déterminer les positions successives d'un objet lorsqu'on connaît sa vitesse : si je roule à 50 km/h, au bout d'une heure j'aurai parcouru 50 km… ce qui paraît logique ! En mécanique quantique, en revanche, ce n'est pas parce que l'on connaît la vitesse d'une particule qu'on peut calculer ses positions successives, et ce n'est pas à partir de la succession de ses positions que l'on peut déterminer sa vitesse.

Prenons l'exemple d'un joueur de football qui tire un penalty. Au moment où il frappe la balle, le gardien voit partir *une seule* balle – ce qui nous semble évidemment normal et en accord avec la physique classique. En revanche, en mécanique quantique, le gardien voit arriver *plusieurs* balles à la fois à la même vitesse, avec des caractéristiques identiques – comme si la balle s'était multipliée en plusieurs vrais jumeaux qui auraient des compositions atomiques identiques. Étrangement, c'est pourtant la même balle qui avance, et qui change d'état (de position) à chaque moment où le gardien l'observe. Pauvre gardien, qui n'en croirait pas ses yeux et qui, devant l'impossibilité d'affecter à la balle une position précise à un moment précis (incertitude), serait obligé d'élaborer des calculs de probabilité complexes afin de pouvoir s'en saisir ! L'arbitre aurait quelques raisons de refuser le but s'il était marqué…

Un tel décalage se produit toujours lorsqu'on observe les particules en question, comme si le fait de les observer modifiait leur état. Une telle théorie, qui affectait des probabilités au déplacement des particules, contredisait le postulat fondamental auquel tenait Einstein, à savoir que la vitesse de la lumière constituait une limite indépassable. Il était impossible de déterminer à l'avance le déplacement de la particule, elle variait instantanément, et cette variation était plus rapide que la vitesse de la lumière. D'où le fameux échange avec Bohr : alors qu'Einstein lui faisait remarquer que « Dieu ne joue pas aux dés dans l'univers », il lui répondit : « Laissez Dieu tranquille là où il est. » Autrement dit, il s'agissait là d'une évolution logique de la physique et de nos connaissances, et Dieu n'y était pour rien.

Il fallut attendre la confirmation empirique fournie par le physicien français Alain Aspect pour départager de façon posthume les deux protagonistes, et donner raison à Niels Bohr.

Chapitre 2
La mathématique peut-elle démontrer l'existence de Dieu ?

La brève présentation que nous venons de faire de quelques découvertes scientifiques majeures montre que, dans l'histoire de la science, chaque grande découverte constitue une étape qui, quel que soit le consensus qui finit par s'établir au sein de la communauté des savants, doit céder la place à une autre découverte qui la relègue aux oubliettes. Comme si la connaissance (et la mathématique) tendaient vers l'infini, alors que les objets que nous maîtrisons ont des propriétés finies. C'est d'autant plus frappant qu'au regard du temps dévolu au progrès scientifique, dont il est impossible de fixer la limite, les découvertes de nos savants s'enchaînent rapidement ! Ceux de nos descendants qui vivront dans les années 3000 verront peut-être avec condescendance les découvertes qui ont marqué notre époque ; ils oublieront alors que ceux de leurs descendants qui vivront dans les années 4000 risquent d'avoir la même attitude à leur égard… Si l'humanité existe encore dans des millions d'années, il restera toujours de nouvelles connaissances scientifiques à découvrir. « Tu as manifesté beaucoup d'intelligence pour en arriver là, mais tu peux toujours essayer de me rattraper… » Et même en cas de disparition des planètes et des étoiles, au cas où d'autres prétentieux voudraient relever le défi, il s'agit d'une course perdue d'avance.

Notre cher Einstein lui-même remarqua, en essayant d'appliquer sa théorie de la relativité générale à l'univers entier, que son équation n'était pas si harmonieuse qu'il l'aurait souhaité, et qu'elle ne répondait pas à la question : « Pourquoi l'univers ne s'effondre-t-il pas sous l'action gravitationnelle induite par la courbure des corps célestes les plus massifs ? » Cette question embarrassante le poussa à commettre ce qu'il considéra jusqu'à sa mort comme étant l'erreur de sa vie : intégrer dans son équation de la relativité une constante cosmologique susceptible d'empêcher un tel effondrement, en rendant l'univers stable et éternel. Comme quoi Dieu peut aussi rôder dans l'esprit des plus grands savants…

Prenons un exemple afin de mieux comprendre cette problématique erronée. Supposons que vous élaboriez une équation qui explique que, lorsque vous lancez une pierre en l'air, quelle que soit la puissance de votre jet, elle finira par retomber devant vous, à cause de la force d'attraction que la Terre exerce sur elle. C'est bien conforme à la réalité, mais comme cette notion ne vous plaît pas (elle risque de vous retomber dessus, et de plus vous constatez qu'elle met du temps avant de revenir à son point de départ), vous décidez de modifier votre équation de telle façon que la pierre ne doit pas retomber car, à un certain moment, elle s'est trouvée incluse dans un endroit stable et éternel. Une telle modification doit pouvoir s'appliquer en tout moment et en tout lieu – c'est ce que l'on appelle une constante cosmologique. Mais peut-être que si votre pierre ne retombe pas tout de suite, c'est qu'un oiseau s'en est emparé, la confondant avec un grain de maïs ? Et si elle ne revient pas à son point de départ, c'est peut-être qu'un vent imprévu et violent a déplacé sa trajectoire ?

Lorsqu'Einstein a intégré sa constante cosmologique dans son équation afin d'expliquer pourquoi la matière ne retourne pas vers son point de départ – ce point initial où s'est exercée la force qui a propulsé la matière dans l'univers il y a plus de 13 milliards d'années – il pensait que l'univers était statique et éternel. Or, en 1927, un prêtre belge nommé Georges Lemaître montra au grand savant, avec une certaine insolence, qu'il avait eu tort de modifier son équation : il y avait eu une explosion initiale, que l'on appelle le Big Bang, qui avait propulsé la matière dans l'univers, et celui-ci continuait sa course sous l'emprise de cette force initiale.

Cela n'empêcha pas Einstein de s'accrocher à sa constante cosmologique – d'autant que la qualité de prêtre de Georges Lemaître pouvait laisser planer quelques doutes sur ses investigations scientifiques... Un homme d'Église qui remettait en question l'action de Dieu dans la création de l'univers et qui attribuait à la mathématique l'origine de tout ![2]

De nos jours, l'existence de galaxies est tellement naturelle qu'elle semble avoir été établie il y a bien longtemps. Or, ce n'est qu'en 1923 que l'astrophysicien américain Edwin Hubble en a fait la preuve grâce à ses observations. Vers 1929, il a pu montrer que ces galaxies s'éloignaient les unes des autres, et que c'était celles qui étaient les plus lointaines qui s'éloignaient le plus vite. Autrement dit, l'univers n'était pas stable mais en expansion – ce que certains ont appelé « l'univers inflationniste ». Il confirmait ainsi la théorie de notre illustre prêtre, qui était néanmoins astronome et physicien... Einstein finit par capituler et par accepter la seconde loi de la thermodynamique : il y a bien eu un point de départ, que les scientifiques appellent « point alpha » et (cela prendra le temps qu'il faudra) il y aura un point final, le « point oméga », retour à la position de départ par action gravitationnelle et du fait de l'entropie.

Autrement dit, le monde physique que la mathématique nous avait permis de comprendre et qui concernait l'univers macroscopique (celui que nous pouvons observer à l'œil nu) était voué à disparaître – soit à travers le Big Crunch (sous l'emprise de la force initiale du Big Bang, la gravitation reprend le dessus et l'univers s'effondre sur lui-même), soit à travers le Big Freeze (l'univers devenant un cimetière de corps célestes désespérément froids).

Bien que ce dernier chemin vers le point Oméga me paraisse vraisemblable, à condition qu'il s'agisse d'une étape du modèle

---

[2] On pourra consulter sur ce sujet l'ouvrage de Vincent Engel, *Le prêtre et le Big Bang*, Ed. JC Lattès.

cyclique où, lorsque des étoiles meurent, d'autres naissent, il ne s'agit pas ici d'épiloguer sur la manière dont notre univers va s'évanouir. Mais il me paraît clair que tout ce qui est macroscopique va disparaître, quel que soit le temps qu'il faudra, et que grâce aux mathématiques cette disparition ne constituera pas une destruction globale, ou une sorte de Big Bang inversé : il n'y aura pas de fin, car pendant qu'une galaxie ou une étoile disparaîtra, d'autres naîtront. Pendant que vous lisez ce livre, au moins une étoile sera en train de mourir – et demain notre Soleil disparaîtra aussi dans une indifférence totale, dans une immense explosion qui émiettera les corps célestes et les réduira en poussière. Est-ce que pour autant l'espace qu'il occupait, avec ses planètes, sera lui aussi réduit à néant ? Non, cet espace subsistera sous forme de nébuleuses issues de l'explosion, qui s'agrégeront ensuite pour former d'autres systèmes de planètes et, éventuellement, d'autres formes de vie intelligente ; une nouvelle histoire de la science verra peut-être le jour, ainsi qu'un petit Einstein pour expliquer que l'espace et le temps sont indissociablement liés. Tout est cyclique dans l'univers, et même les particules les plus infimes se renouvellent ; mais comme elles sont invisibles et se meuvent de manière étrange, nous avons l'impression qu'elles n'ont pas leur propre histoire et qu'elles sont simplement des gaz issus de la désintégration d'un corps céleste.

En effet, pour certains scientifiques, la présence abondante d'hydrogène dans l'espace (le carburant des étoiles) est une preuve concrète que c'est l'explosion d'une étoile infiniment grande (notre étoile primitive) qui, en y propulsant son hydrogène, a donné naissance à l'univers. Mais comment concevoir que la mathématique qui explique notre existence est différente de la mathématique qui explique la vie des plus petites particules si celles-ci proviennent d'une étoile plus grande que notre Soleil ? Dans notre existence d'êtres humains, est-ce nous qui donnons vie aux atomes, ou les atomes qui nous donnent vie ? Nous avons vu comment le pouvoir mathématique de nos femmes donnait la vie à partir des particules les plus infimes, et comment le comportement de ces dernières déterminait en permanence les conditions de notre existence, comme elle détermine celles des astres et des planètes. Il me paraît impossible que ces particules infiniment petites soient nées de l'explosion de l'étoile primitive : elles étaient déjà présentes dans l'espace et s'agrégeaient progressivement jusqu'à ce qu'elles puissent donner naissance à la première grosse étoile. Le fait qu'elles se meuvent dans l'espace confirme que celui-ci n'est pas né au moment du Big Bang, et qu'il n'y a pas pour elles de limite à leur expansion. Cependant, dans l'univers quantique, soumis à la mathématique quantique, elles ont aussi des propriétés infinies : si vous prenez la plus petite d'entre elles, vous trouverez encore qu'elle en abrite une sous-couche, que l'on découvre comme si on ouvrait une nouvelle page d'un livre qui raconte des histoires prenant en compte les histoires des pages précédentes. Comme notre vie, constituée de la somme des histoires de nos organes, eux-mêmes constitués de la somme des histoires de leurs cellules, lesquelles sont constituées de la somme des histoires de leurs atomes – et ainsi de suite jusqu'à l'infini.

Nous pouvons ainsi conclure que l'espace, la matière et la mathématique tendent vers l'infini. Il nous est impossible de lui donner une forme quelconque, car il n'a par essence aucune limite ; mais nous pouvons, grâce à notre imagination (le libre arbitre !), aussi bien l'appeler « Dieu », « Super-Créateur », ou « Rien ». Dans son livre *Y a-t-il un architecte dans l'univers ?*, l'astrophysicien anglais Stephen Hawking explique que tout est parti de rien… Mais en mathématique, « rien » peut désigner une inconnue dont on ne connaît pas l'identité. Vous êtes libre de remplacer « Dieu » par « rien », ou par « mathématique »… Tant que n'a pas été démasqué l'inconnu qui se cache derrière l'infini, vous pouvez légitimement vous offrir le plaisir de continuer à croire en votre Dieu.

À condition toutefois de ne pas le réduire au rôle ingrat d'observateur passif de nos turpitudes, car alors, la mathématique ne serait plus de votre côté.

Chapitre 3

L'infini, le divin et nous

Comment ne pas être attiré par ces propositions commerciales, qui affichent « buffet à volonté » dans les restaurants ou qui vous donnent droit à des appels téléphoniques « illimités » ? Les fournisseurs savent très bien que cela permet de fidéliser le client, sans pour autant rogner leurs marges bénéficiaires car ils peuvent estimer correctement à l'avance le potentiel de consommation de tel ou tel type de client.

En 2007, un gros opérateur téléphonique français avait mis en place une offre d'appel illimitée entre 20 h et 6 h du matin, car il avait remarqué que pendant cette période de la journée la consommation téléphonique de ses clients était relativement calme. Il comptait sur le fait que les capacités des clients à consommer rencontraient des limites physiologiques. Il ne s'était pas avisé qu'un match de football se termine vers 22 h 30, et que c'est le départ de communications interminables pendant lesquelles les hommes « refont le match » ; ou encore que, la soirée venue, nos femmes (loin de moi l'idée de les offenser) adorent raconter à leurs copines, avec un luxe de détails inouï, ce qu'elles ont fait pendant la journée, les manies des uns et des autres ou leurs propres états d'âme : de nombreux clients se sont mis à consommer les communications téléphoniques de façon réellement illimitée pendant la période autorisée, et le revenu potentiel de l'opérateur a commencé à diminuer. Mais sa stratégie commerciale s'appuyait sur cette fascination que l'être humain a toujours éprouvé à l'égard de l'infini, et sur le besoin permanent de le maîtriser.

Nous avons déjà fait état du débat qui, pendant des siècles, a opposé la science et la religion quant au lieu de résidence du divin. Lorsque l'astronaute russe Youri Gagarine, le 12 avril 1961, s'est affranchi de l'attraction terrestre dans le cadre de la mission Vostok 1, certains religieux pouvaient s'angoisser de ce qu'il allait trouver là-haut – le paradis, ou un espace infini… ? Mais la mission de Gagarine n'avait pas pour objet de démontrer empiriquement la présence ou l'absence de la puissance divine – il s'agissait plus prosaïquement d'affirmer la suprématie de l'URSS en matière de conquête de l'espace, à une époque où la guerre froide faisait rage. Le monde s'est en effet trouvé, à l'issue de la Deuxième Guerre mondiale, divisé en deux pôles antagonistes conduits par les deux superpuissances qui avaient triomphé de l'Allemagne et du Japon.

Cette lutte pour la suprématie planétaire était alimentée par l'opposition idéologique entre le système capitaliste et le système communiste. Sur le plan géopolitique, l'affrontement se solda par le partage des territoires jadis occupés par les nazis. C'est ainsi que l'Allemagne subit une partition entre une Allemagne de l'Ouest capitaliste et une Allemagne de l'Est communiste. Mais la redistribution des cartes concerna aussi de nombreux autres pays : d'un côté ceux qui étaient regroupés au sein de l'OTAN (Organisation des Traités de l'Atlantique Nord), née en 1949 et regroupant notamment le Royaume-Uni, la France, la Belgique, les Pays-Bas, le Luxembourg ou le Canada, sous la houlette des États-Unis ; de l'autre des pays comme la Pologne, la Roumanie, la Hongrie, la Bulgarie ou la Tchécoslovaquie, qui faisaient partie de l'entente appelée Pacte de Varsovie dirigée par l'URSS.

Avant que cette dernière entité ne s'effondre en décembre 1991 du fait de la disparition du « mur de Berlin » qui marquait, dans la capitale allemande, la séparation des deux blocs, le monde était ainsi partagé entre deux idéologies politiques qui se disputaient la suprématie planétaire. Si l'on a qualifié cet affrontement de « guerre froide », malgré la vive tension qui régnait entre les deux superpuissances, c'est parce qu'il ne se traduisait pas par des confrontations directes entre elles ; il s'agissait plutôt de provoquer et d'alimenter des conflits entre leurs satellites respectifs, les soutenant notamment par des livraisons d'armes (sources de juteux bénéfices), ou encore de montrer à quel point le système dont ils se faisaient les champions (le capitaliste et le communiste) était le plus efficace, qu'il s'agisse de l'économie, du sport ou des avancées scientifiques.

Dans ce dernier domaine, qui concernait ce que l'on appelait la « guerre des étoiles », la confrontation entre les deux superpuissances était directe. Le programme spatial soviétique avait pour but de démontrer que les États-Unis ne pouvaient pas prétendre à la suprématie dans la conquête de l'espace. En utilisant les lois de Kepler ou les équations de la gravitation de Newton et d'Einstein, les deux superpuissances vont ainsi se livrer à une bataille de connaissances scientifiques visant à la conquête du ciel, chacune répondant à l'autre au coup par coup :

– Le 4 octobre 1957, les Soviétiques lancent leur premier satellite, Spoutnik 1, qui tourne autour de la Terre en 96 minutes en émettant des ondes radio. Non seulement les Américains n'étaient pas les premiers à réaliser l'exploit, mais encore ils voyaient avec inquiétude un engin ennemi se balader au-dessus de leur territoire, ce qui alimentait les craintes d'une guerre atomique. Ils vont riposter extrêmement rapidement, puisque le 11 octobre 1957 ils lanceront leur propre satellite.

– Le 12 avril 1961, on l'a vu, ce sont à nouveau les Soviétiques qui frappent les premiers, en envoyant Youri Gagarine faire le tour de la Terre en 1 h 48. Mais la riposte américaine est immédiate : le 5 mai de la même année, la mission Mercury, avec à son bord Alan Shepard (1923-1998), fait un petit tour de 15 minutes en orbite, et le 20 février 1962 c'est au tour de John Glenn (mission Mercury-Atlas 6), premier Américain à rester en orbite en faisant trois fois le tour de la Terre.

– La barre est mise un peu plus haut quand, le 16 juin 1963, les Soviétiques envoient pour la première fois dans l'espace une femme, Valentina Terechkova, à bord de Vostok 6. Elle fera également trois fois le tour de la Terre – sans doute pour montrer aux Américains que les femmes soviétiques sont aussi performantes que les hommes capitalistes… L'étape suivante consistera à montrer que les hommes soviétiques sont plus performants que les hommes capitalistes ! En effet, l'astronaute qu'ils envoient le 18 mars 1965 à bord de Voskhod 2 (Alexeï Leonov) réalise une sortie dans l'espace et flotte dans le vide spatial – comme si, acte de provocation suprême pour les religieux, il voulait vérifier *de visu* la présence divine !

– Digérant mal leur incapacité à mener le jeu spatial, les Américains vont finir par rattraper leur retard en s'attaquant à la Lune. Le président Kennedy leur avait promis que notre satellite serait conquis dès 1961, ce qui était assez présomptueux : c'est un peu comme si l'on demandait à quelqu'un de courir alors qu'il ne sait pas marcher. Mais ils le réaliseront le 20 juillet 1969, lorsque Neil Armstrong et Edwin Aldrin séjourneront sur la Lune pendant 21h.

Ces événements relatifs à la conquête spatiale ne pouvaient que contribuer à enterrer davantage les vieilles idées religieuses quant à la représentation de l'espace. Certes, au moment où ils avaient lieu, plus personne ne considérait, comme on le faisait au Moyen-Âge, que nous occupons le centre de l'univers ; et plus personne n'ignorait que nous vivons dans un espace infini. Mais la transformation du ciel en un lieu de balade quasi-quotidienne, et de la Lune en bac à sable où s'affrontaient les deux superpuissances, a facilité la prise de conscience d'un Dieu qui, loin de disposer d'une sorte de domaine réservé qui serait le ciel, est « partout » – c'est-à-dire sans domicile fixe au sein de l'univers. Ou si l'on préfère, « Dieu est infini », comme si l'on repoussait les difficultés plus loin en disant aux scientifiques : « vous avez transformé le ciel en une cour de récréation, alors nous déménageons la résidence de Dieu, elle est désormais située dans l'infini. » C'est d'ailleurs ce qu'avait énoncé Saint Thomas d'Aquin (1224-1275), selon qui Dieu était l'infini actuel, et non potentiel ; et bien avant lui, Saint Augustin (354-430) avait prévenu les mathématiciens : « N'allez plus chercher l'infini, vous y passerez votre vie sans pouvoir le trouver, car il est là, et c'est Dieu. »

Notre cerveau est un centre de calcul qui fait de nous tous des mathématiciens. Tout au long de notre scolarité, nous avons appris à compter et, en classe de 6e, sont apparus les nombres entiers naturels (N), ensemble des nombres positifs qui s'étagent de 0 à l'infini. Les professeurs de mathématique, auxquels les élèves posaient souvent la question « à quel nombre s'arrête-t-on de compter ? », répondaient invariablement qu'il n'était pas question de s'arrêter et que l'on pouvait toujours ajouter 1 à n'importe quel nombre : l'addition et la multiplication n'avaient pas de limite. L'infini, matérialisé par un huit couché (∞), est alors considéré comme étant le nombre de la fin, que pour autant nous ne connaîtrons jamais. Il est même arrivé que certains grands mathématiciens refusent cette notion, car elle leur semblait à la fois très abstraite et non atteignable. Peut-être était-ce la crainte que, devant l'incapacité à maîtriser cette notion, les religieux ne s'en emparent pour l'associer au divin ? Toujours est-il que le mathématicien allemand d'origine juive Georg Cantor (1845-1918), connu pour être le créateur de la théorie des ensembles, démontra que l'infini était une propriété à part entière de la mathématique.

Cantor a clarifié la notion d'infini qui, tout en restant impossible à délimiter, devenait mathématiquement exploitable, c'est-à-dire actuelle et non potentielle. Souvenons-nous de la façon dont Galilée avait fortement contribué à désintégrer l'idée, très chère à la religion, selon laquelle la Terre se trouvait au centre de l'univers. Bien que l'Inquisition ait essayé de le réduire au silence, il avait publié en 1632 un ouvrage intitulé *Des nouvelles sciences*, dans lequel il expliquait à ses deux compères, Saviati et Simplicio, les mystères de l'infini. La liste des nombres entiers positifs (1, 2, 3, 4, 5, 6, 7, 8…), nous l'avons vu, est infinie ; si l'on élève au carré les nombres de cette liste, nous obtiendrons une nouvelle liste constituée par la succession 1, 4, 9, 16, 25, 36, 49, 64, etc., jusqu'à l'infini. La liste des carrés est bien un sous-ensemble de la liste des entiers, puisqu'on trouve dans cette dernière tous les nombres carrés. Voilà qui paraît simplement logique ; mais le paradoxe apparaît avec l'infini : chaque nombre de la liste des entiers ayant un seul et unique équivalent dans la liste des carrés, on trouvera toujours (jusqu'à l'infini) un nombre entier associé au nombre de son carré. Autrement dit :

– 10 nombres pris dans la liste des entiers donneront dix carrés de ces nombres ;
– 1 milliard de nombres pris dans la liste des entiers donneront 1 milliard de carrés ;
– une infinité de nombres entiers donneront une infinité de carrés.

Bref, bien que la liste des carrés soit un sous-ensemble de la liste des entiers, elle n'est pas plus petite que cette dernière : le *tout* n'est pas plus grand que la *partie* ! Voilà un constat logique bien terrifiant… que l'on peut illustrer avec un autre paradoxe.

Le mathématicien David Hilbert, qui avait secondé Einstein par ses travaux mathématiques sur la relativité, présentait l'exemple de l'hôtel infini. Le bâtiment, qui possède la particularité d'avoir une infinité de chambres, est assez pratique : bien qu'il soit complet, son responsable trouvera toujours à vous loger, ainsi que vos amis, et ce jusqu'à l'infini. C'est une manière d'illustrer la propriété paradoxale selon laquelle, lorsqu'il s'agit d'ensembles infinis, une partie stricte peut avoir autant d'éléments que le tout.

Ces paradoxes une fois énoncés, il fallait encore en trouver une explication mathématique : transformer l'infini potentiel en infini actuel supposait qu'on l'intègre dans les équations mathématiques. Cantor va d'abord définir un cadre à ce principe d'infini, en démontrant qu'on peut regrouper les nombres infinis (comme les nombres finis) dans un ensemble – ce qui heurte notre sens logique. Reprenant le paradoxe de Galilée (chaque nombre entier est associé à son carré et le nombre des carrés est un sous-ensemble des entiers), il établit que nous sommes en présence de deux ensembles distincts, que l'on peut représenter de la façon suivante :

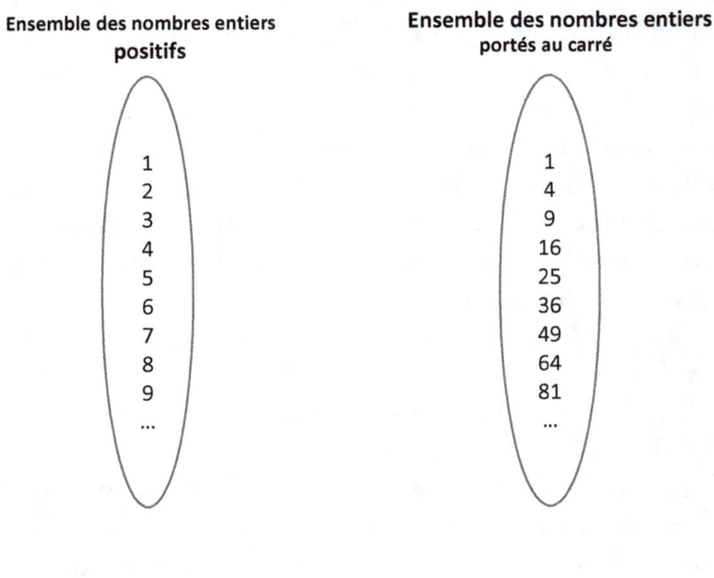

Cantor établit alors une relation bijective (ou biunivoque) entre les deux ensembles. On dit qu'une relation entre deux ensembles est bijective si, et seulement si, chaque élément de l'ensemble de départ a un seul correspondant dans l'ensemble d'arrivée (et inversement). Le mariage, au moins en France, est une relation bijective en ce sens que le principe de monogamie impose qu'un homme marié n'ait droit qu'à une seule femme, et inversement qu'une femme mariée n'ait droit qu'à un seul homme. Mais en Afrique, et notamment au Cameroun, on parlera d'une relation surjective, la polygamie autorisant un seul homme à avoir plusieurs femmes. Je me permets de vivement déconseiller cette solution, étant moi-même enfant issu de la polygamie ; mon père a eu 2 femmes et 15 enfants, dont 10 sont issus de ma propre mère (je suis le quatrième). Je ne souhaite pas évoquer cette situation qui a été pour moi très difficile, mais je voudrais simplement partager avec vous ce conseil de mon père : « Si tu veux être polygame, mon fils, n'épouse jamais deux femmes : prends-en plutôt trois, tu protégeras mieux tes enfants. »

Comme le montre le schéma de la relation bijective ci-après, bien que l'ensemble des nombres carrés soit un sous-ensemble de celui des nombres entiers positifs, les deux se valent. L'infini est donc une propriété mathématique.

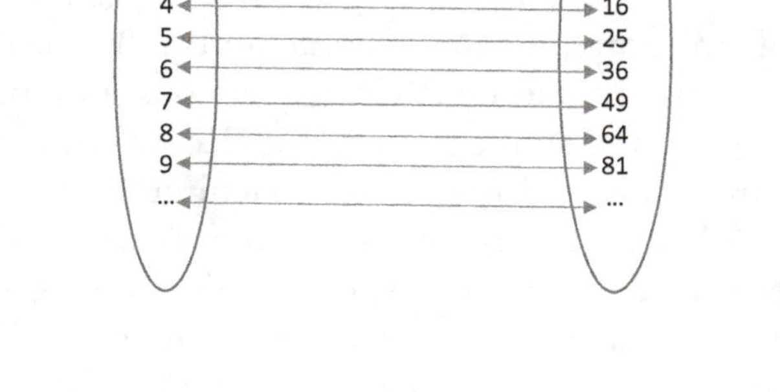

Mais le malheureux Cantor n'a pas suivi les conseils de Saint Thomas d'Aquin, pour qui « seul Dieu est infini, toute personne qui chercherait à savoir qui est derrière l'infini serait coupable d'un sacrilège, et d'un péché d'orgueil ». Poursuivant ses travaux sur la continuité, comme s'il cherchait où s'arrête l'infini, il sombra un moment dans la folie.

Malgré les prouesses mathématiques d'un Cantor, l'infini reste donc toujours indomptable, et c'est pourquoi il y aura toujours des chambres disponibles dans l'hôtel plein. Est-ce parce que nous avons affaire à des nombres aussi importants que nous ne pouvons-nous faire une idée de l'infini ? Eh bien non, car c'est aussi ce qui se produit quand on prend en compte le tout petit écart qui existe entre 0 et 1.

Nous avons tous appris, à l'école, l'existence des nombres décimaux, qui sont le résultat d'une fraction. Notre bon sens peut nous porter à croire qu'il ne peut pas y avoir une infinité de nombres décimaux compris entre 0 et 1. C'est pourtant le cas, et cet infini est équivalent à celui qui se cache, comme nous venons de le voir, derrière les nombres entiers positifs. Si vous dites à un enfant qu'il est impossible de compter tous les nombres décimaux qui s'intercalent entre 0 et 1, il vous regardera comme si vous étiez fou : « T'es sérieux ? Et si je gagne, tu me l'offres, mon jeu électronique ? » Le voilà qui saisit sa calculatrice et, comme il connaît bien les fractions, il va commencer par 0,1 (1/10), puis 0,2 (2/10), 0,3 (3/10), et ainsi de suite jusqu'à 1 (10/10). La petite canaille croit avoir gagné son pari, mais il oublie que même entre 0 et 0,1 il est possible de loger des nombres décimaux – et ce sans qu'il soit jamais possible d'aller au bout. Que fait-il de 1/100, de 1/1 000, et ainsi de suite ? Il n'arrivera même pas à 0,2… Il tentera de se défendre en disant : « Pourquoi faut-il prendre de si petits nombres ? Dans notre vie quotidienne, nous utilisons des nombres entiers, on n'a pas besoin de décimaux. » Vous lui répondrez alors que, même pour 10 centimes d'euros de découvert, la banque peut rejeter votre chèque ou vous facturer un dépassement d'autorisation bancaire. Les victoires sportives se décident souvent en centièmes, voire en millièmes, d'écart de temps ou de distance entre le vainqueur et son adversaire le plus proche. L'autre exemple classique est celui que votre enfant découvre en classe de troisième lorsqu'il étudie le nombre π, grâce auquel on peut déterminer la longueur de la circonférence d'un cercle (π2R) : les ordinateurs les plus puissants ont trouvé des milliards de décimales après la virgule (3,1415926535 8979323846 2643383279 5028841971 6939937510 5820974944 5923078164 0628620899 8628034825 3421170679...), et le fameux « 3,1416 » que nous nous bornons à utiliser n'est qu'une valeur approximative de π. Et à moins de vouloir connaître le sort de Cantor, il est infiniment plus confortable de ne pas chercher à savoir ce qu'il y a entre 0 et 1. Les scientifiques eux-mêmes ont tendance à dire qu'il suffit de considérer que l'entier 1 existe, que c'est ainsi, et que chercher ce qu'il y a entre 0 et 1 est inutile puisque par essence indémontrable. Circulez, il n'y a rien à voir !

En revanche, si l'on évoque devant eux la notion d'un Dieu infini, on risque de se faire traiter de religieux intégriste pourtant incapable de démontrer l'existence même de Dieu et de montrer, étape par étape, ce qu'il y a entre lui et nous. Mais pourquoi n'appliquent-ils pas à cet écart entre Dieu et nous le même raisonnement qu'ils ont appliqué pour l'intervalle 0 - 1, à savoir qu'il s'agit d'un infini non démontrable et qu'il suffit de considérer que Dieu existe, tout comme 1 existe ?

La réaction de certains scientifiques, lorsqu'on évoque Dieu, est compréhensible : ils ont encore en mémoire les réactions de la religion par rapport aux avancées scientifiques. Donner un nom à Dieu, c'est matérialiser ce qui est logiquement impossible à matérialiser, puisqu'il s'agit de l'infini. Si Youri Gagarine, dans sa conquête de l'espace, avait rencontré un « plafond » qui nous sépare de Dieu et du paradis, la question ne se poserait plus, tout serait fini, tangible et manipulable ; mais nous sommes depuis longtemps déjà habitués à l'idée que nous ne verrons jamais les limites de l'espace.

Jusqu'en 1925, aucun scientifique n'imaginait que l'univers s'étendait au-delà de ce que nous pouvons appréhender (notre système solaire, 120 ua). Quant à Einstein, il avait en tête un univers stable. Il fallut attendre 1929 et les observations télescopiques d'Edwin Hubble à l'observatoire de Pasadena, pour que l'on découvre que le monde est composé de systèmes de galaxies et de trous noirs, que ces galaxies foncent à une vitesse vertigineuse vers des espaces sans fin. De nos jours, le télescope spatial Hubble (clin d'œil à l'illustre astronome) établit les limites connues de l'univers à environ 13,7 milliards d'années-lumière : il s'agit évidemment là des limites de notre connaissance de l'univers, et non des limites de l'univers lui-même.

Cette connaissance est dépendante de l'existence d'une source de lumière (une étoile) ; en son absence, aucun télescope actuel ne peut voir quoi que ce soit. Nous savons que la limite de 13,7 milliards d'années-lumière (la plus vieille lumière connue, celle du Big Bang) ne constitue pas la vraie limite de l'univers, car nous comprenons que celui-ci n'est pas un espace fini – ce sont les corps célestes qui sont finis dans un espace infini.

L'une des preuves qui démontrent que l'univers est infini, c'est son expansion : les galaxies avancent dans un espace sans limites. Et il y aura toujours une chambre disponible dans l'hôtel qui affiche complet.

Aussi me permettrai-je de conclure ce chapitre en disant : tant qu'il nous est impossible de déterminer l'infini, continuez de croire tranquillement en votre Dieu ; mais à condition qu'il ne s'agisse pas d'un spectateur passif de nos bêtises, qui attend notre mort pour pouvoir mieux nous juger.

Cinquième partie

La science et la religion

Gravement malade, un religieux est pris en charge par un médecin. Une longue opération chirurgicale permet de lui sauver la vie. Lorsque le médecin vient prendre des nouvelles de son état de santé, le religieux le remercie en disant : « *Dieu est grand !* »

Très surpris, le médecin lui répond qu'il ne s'appelle pas Dieu et qu'il ne mérite pas un tel honneur. Mais le religieux insiste, et prétend que s'il s'adresse ainsi à Dieu, c'est parce que ce dernier décide de la vie et de la mort. Tout en lui signifiant que, lui aussi, il croit en Dieu, le médecin rétorque que ce n'est pas le sujet, et que s'il veut éviter que ses poumons soient gravement lésés, il n'y a qu'une solution : arrêter les excès d'alcool et de cigarette. Il ajoute que si sa voiture tombe en panne parce que le filtre de son carburateur n'est pas entretenu, il sera bien inspiré d'aller voir le garagiste, plutôt que d'invoquer la puissance divine : *« Contrairement à vous, votre voiture ne croit pas en Dieu – c'est un objet dénué de conscience ; mais comme vous, elle est constituée d'atomes, qui nécessitent d'être entretenus sous peine de défaillances !* »

Chapitre 1

Les bienfaits de la religion

Je crois en un Dieu tout puissant et mathématique – bref, je crois au Dieu d'Einstein.

Je crois en la religion, et je ne remettrai jamais en cause le rôle déterminant qu'elle a joué tout au long de notre évolution dans la pacification des relations entre des êtres humains dont les comportements barbares constituaient trop souvent l'unique distraction. Elle a contribué à façonner positivement notre libre arbitre à partir de principes humanistes que nous avons plus ou moins adoptés. Même si certains esprits pervers infiltrés en son sein ont défiguré les principes de paix et de tolérance qu'elle portait, la « vraie » religion reste pour moi la plus belle création de l'être humain. Mais les milliards d'individus qui seraient susceptibles de se réunir pour prier ensemble dans le but d'atteindre un Dieu infini et immatériel feraient en pure perte don de leurs décibels à la nature – car ce Dieu est inatteignable du fait de son infinité.

L'entropie nous enseigne que notre monde évolue vers le désordre, et ce désordre se présente sous deux formes. La forme naturelle est celle que nous ne pouvons pas empêcher et qui s'impose à nous, sous la forme d'ouragans, d'éruptions volcaniques ou de radiations cosmiques ; la forme artificielle est créée par nous, et par nous seuls : engendrée par la cruauté de l'homme découlant de son libre arbitre, c'est la plus destructrice, et c'est elle qui justifie qu'aujourd'hui encore nous ayons besoin de religion.

Malheureusement, la liste des vrais serviteurs de la religion – ceux qui engagent leur vie pour la cause sacrée afin d'apaiser nos cœurs meurtris dans les périodes de détresse – est de plus en plus restreinte, car un nombre croissant de religieux interprètent les textes sacrés de façon idéologique en fonction de leurs besoins, en faisant croire que Dieu nous observe et conduit nos actions ; moyennant quoi, ils peuvent impunément massacrer des innocents.

Les êtres humains étant amenés, du fait de leur libre arbitre, à faire le mal comme le bien, la religion a pour fonction de les inciter à ne faire que le bien : voilà pourquoi, tant que l'être humain vivra, la religion prospèrera. Afin de diminuer notre forte propension à l'entropie, elle essaie, avec difficulté, d'imposer la paix (rarement appliquée) et les principes de tolérance. Comment ces principes, qui se manifestent aussi dans le domaine mathématique, se traduisent-ils dans la vie concrète ?

On constate par exemple les manifestations de la *tolérance religieuse* lorsque le prêtre, à l'occasion d'un mariage, vous conseille de ne pas abandonner votre conjoint(e) en cas de moments difficiles dans le couple, ou lorsqu'il prononce des paroles réconfortantes lorsqu'on est au bord de la détresse. La *tolérance mathématique*, quant à elle, peut prendre des formes diverses :

– Lorsque vous observez, grâce à un puissant télescope, une nébuleuse contenant une étoile brillante, vous assistez en direct à la gestation primitive d'un système de planètes au sein duquel la mathématique impose ses règles de tolérance – la gravitation – afin d'organiser la hiérarchie des corps célestes et permettre l'éclosion de planètes. La force électromagnétique se charge de la cohésion et des interactions entre les matières en présence, la gravitation organise le maintien des planètes en gestation autour de l'axe central, jusqu'à ce qu'elles deviennent (éventuellement) des corps célestes massifs susceptibles, comme la Terre, d'engendrer la vie.

– La Lune tourne autour de la Terre pendant 27 jours, à une vitesse de 3 860 km/h, sans dévier de sa trajectoire depuis la nuit des temps ; mais elle n'est qu'à 400 000 km de nous, et elle n'aurait besoin que de quatre jours pour venir s'écraser sur la Terre si la tolérance mathématique n'existait pas.

– De la même façon, la Terre tourne autour du Soleil pendant 365 jours, à une vitesse de 108 000 km/h, sans dévier de sa trajectoire depuis la nuit des temps ; il lui faudrait moins de 60 jours pour venir s'écraser sur le Soleil en l'absence de tolérance mathématique.
– Notre existence est la preuve concrète et palpable de la tolérance et de la générosité de la mathématique qui, à travers la force électromagnétique, est responsable des liaisons moléculaires entre les atomes pour former les premières cellules de la vie humaine.

Alors, bien entendu, la religion et la science sont deux choses bien différentes, mais elles sont curieusement liées l'une à l'autre par ce principe de tolérance. En tant qu'ensemble de croyances et de règles élaborées par l'intelligence de l'être humain dans des périodes où régnait l'anarchie, la religion est à mes yeux la création la plus importante de notre libre arbitre. Les fléaux que constituent la violence, la barbarie, le cannibalisme, l'inceste gangrenaient les premiers temps de l'humanité, au détriment du savoir-vivre et du respect de l'autre. Certaines croyances faisaient du sacrifice humain ou du cannibalisme des pratiques légitimes. Les jeux du cirque romains, où tous voulaient être présents, permettaient de voir un gladiateur trancher la tête de son adversaire ou se faire lui-même dévorer par un lion – lequel, lorsqu'il emportait dans sa gueule un morceau de corps humain, suscitait l'ovation du public. Dans un tel contexte, la religion a été à l'origine de progrès remarquables en contribuant à changer, petit à petit, les mœurs dans le sens de la paix et de la tolérance.

Environ 5 siècles av. J-C, des navigateurs scandinaves hors pair, les Vikings, semaient la terreur et faisaient régner leurs lois dans toute l'Europe, jusqu'à la Méditerranée. Ces pirates conquérants maîtrisaient les routes maritimes, les vents et les marées, et la carte du ciel leur servait de guide. La légende dit que les Vikings, voyant le Soleil caché par la Lune lors d'une éclipse, crurent qu'un méchant loup, appelé Sköll, était en train de l'avaler ; afin de faire revenir la lumière, ils se livrèrent, depuis leur bateau et devant un large public, à une démonstration de force pour faire reculer le monstre. Le Soleil reprenant évidemment vie, le public attribua ce phénomène à la puissance des guerriers vikings.

Mais déjà certains esprits éclairés se livraient à des réflexions philosophiques et existentielles, et parfois s'organisaient en sectes agissantes et prosélytes, pour faire allégeance à un Être plus puissant et invisible, au-dessus de tout et créateur de la Terre et des êtres humains. L'existence même des fléaux que subissait l'espèce humaine était la preuve concrète de l'existence d'un Dieu et de la nécessité de se convertir à sa religion. Une telle approche avait de quoi séduire, non seulement parce qu'elle rompait avec les pratiques et les comportements violents qui régnaient à l'époque, mais aussi parce qu'elle apportait des réponses à des questions fondamentales :

– c'est Dieu (et non le seigneur de la guerre) qui a créé la Terre et les êtres vivants ;
– le ciel est le siège du paradis, et c'est là qu'habite Dieu ;
– les entrailles terrestres sont le siège de l'enfer, et c'est là qu'habite le Diable ;
– après la mort, Dieu vous juge et vous envoie au paradis (si vous avez cru en lui) ou en enfer (si vous avez péché).

Rares étant les individus qui pouvaient être certains de ne pas aller en enfer, la religion pouvait installer son hégémonie. Les monarques et les puissants voyaient évidemment cette concurrence d'un mauvais œil : s'enclencha alors la chasse aux religieux, que l'on essaya d'éliminer par tous les moyens. Mais la propagande religieuse se révéla plus puissante, car elle prônait des principes de paix et de tolérance. C'est ainsi qu'au IVe siècle Constantin, le 34e empereur de Rome, fut le premier monarque à reconnaître l'Église et, en se faisant baptiser vers l'an 330, à placer Dieu au-dessus du pouvoir temporel.

Il me paraît donc clair que la religion a aidé l'humanité à se civiliser au long des siècles. Grâce à son libre arbitre, l'être humain a su, au moment où elle sombrait dans le désordre, appliquer une des règles les plus fondamentales de la mathématique (la tolérance) pour imposer, à travers la religion, un calme relatif. Est-ce le fruit du hasard si les deux approches (scientifique et religieuse) qui dominent le monde aujourd'hui, appliquent – certes de manière différente – les mêmes principes de tolérance ? Non, car la tolérance est naturellement inscrite au sein de l'univers ; c'est elle qui est responsable de l'organisation hiérarchisée et cohérente des corps célestes, c'est elle qui est responsable de l'existence des êtres humains.

Chapitre 2

Tolérance et mathématique

Science de la vérité, la mathématique permet de tout vérifier dans l'univers. Elle s'applique à nous sans nous demander notre avis. Elle est inscrite en nous dès notre gestation dans le ventre de notre mère. Laissez-moi dire à ceux qui, par ignorance, sont « contre » les maths, que s'ils existent et peuvent proférer cette contre-vérité, c'est parce qu'ils sont eux-mêmes intrinsèquement et fondamentalement mathématiques… En quelque sorte, on pourrait appeler cela une dictature universelle positive.

Si la mathématique était un outil agissant en toute imprévisibilité et irrationalité, à l'image de notre libre arbitre, l'univers serait un chaos, l'étoile primitive n'aurait pas donné signe de vie et nous ne serions pas là pour en parler. En tant que thème scientifique, la gravitation est aussi une manifestation de la tolérance mathématique : sans elle, la Lune viendrait s'écraser sur la Terre. Mais grâce à la mathématique, la façon dont ces deux objets célestes sont liés l'un à l'autre nous paraît tellement anodine que plus personne n'exprime, aujourd'hui, la moindre inquiétude quant à une éventuelle défaillance qui amènerait notre satellite à venir s'écraser sur nous.

Je voudrais montrer dans ce chapitre que c'est la tolérance mathématique qui empêche que cela se produise.

Nous avons déjà mentionné que la similitude des compositions chimiques de la Terre et de la Lune nous permettait de supposer que cette dernière est née de la collision entre la Terre et un autre astre (Théia) au moment de la formation de notre système solaire : ce phénomène s'est produit au moment où la vie n'existait pas encore. Elle n'a pu apparaître que lorsque la hiérarchie des objets célestes s'est stabilisée. La mathématique s'est imposée naturellement, à travers la collision entre deux astres, pour construire un espace propice à la vie – et ce, grâce à la gravitation (ou si l'on préfère, la tolérance).

À l'échelle des distances qui régissent l'univers, celle qui sépare la Terre de la Lune est infime : 400 000 km, soit 0,0026 ua (rappelons qu'un Unité Astronomique est l'équivalent de 150 millions de km, soit la distance Terre-Soleil). Pour un observateur situé en dehors du système solaire, les deux objets célestes sont impossibles à dissocier. C'est comme si le passager d'un avion situé à 10 000 m d'altitude devait distinguer à l'œil nu un gratte-ciel de 100 étages et la petite voiture garée dans son parking.

La Lune n'ayant pas d'atmosphère, il n'est pas nécessaire d'y envoyer une sonde avec parachute comme sur Mars : lors de la mission Apollo 11 du 16 juillet 1969, Neil Armstrong (1930-2012) avait simplement besoin d'un rétro-freinage pour alunir et son décollage demandait moins d'efforts, du fait de la faible gravité lunaire – et nous avons vu que c'est aussi pour cette raison que le basketteur « nain » avait réussi à mettre en difficulté LeBron James dans le fameux match disputé sur la Lune ! Chaque astre a donc ses propres spécificités mathématiques. Bien que sa force d'attraction soit six fois plus faible que celle de la Terre, la Lune (comme tous les corps célestes ayant une masse non nulle) crée aussi à son voisinage un champ gravitationnel – celui-là même dans lequel se mouvait Michael Collins lorsqu'il était en orbite pendant 21 h 30, alors que ses deux co-équipiers Armstrong et Aldrin arpentaient la surface de notre satellite. On doit bien entendu admirer les exploits de ces derniers, mais il faut aussi rendre hommage à Collins, qui a battu le record de l'homme le plus solitaire de l'univers, voyant défiler un relief désolé marqué de cratères effrayants formés par la chute de météorites. C'est la force d'attraction relativement faible de la Lune qui l'empêche de retenir les gaz qui lui permettraient de constituer une atmosphère : une aubaine pour les météorites, qui peuvent facilement venir s'écraser sur sa surface. Mais le champ gravitationnel qu'elle crée a néanmoins une influence sur la Terre, à travers le phénomène des marées.

Nous avons déjà mentionné que la révolution de la Lune autour de notre planète, qui dure environ 27 jours, prend la forme d'une ellipse : au périgée elle n'est qu'à 363 104 km de nous, alors qu'a l'apogée elle s'éloigne jusqu'à 405 696 km. Elle nous montre toujours la même face, car elle tourne sur elle-même à la même vitesse qu'elle tourne autour de la Terre. Si la mathématique l'empêche de s'écraser sur nous, elle produit cependant quelques effets étranges en faisant gonfler, puis refluer, le niveau des océans.

Jadis considéré comme un phénomène irrationnel causé, au choix, par une présence monstrueuse ou par un miracle, le phénomène des marées a trouvé son explication mathématique dans la 4e loi de la gravitation universelle élaborée en 1687 par Isaac Newton : les corps de masse non nulle s'attirent avec une force proportionnelle au produit de leur masse, et inversement proportionnelle au carré de la distance qui les sépare. Mais alors, objectera-t-on, pourquoi le Soleil, dont la masse est 320 fois supérieure à celle de la Terre, n'exerce-t-il pas une force d'attraction suffisante pour y provoquer un mouvement de marées ? C'est parce que la distance entre la Terre et le Soleil est 370 fois plus grande que celle entre la Terre et la Lune : l'effet de cette dernière est donc plus important sur le niveau des océans que l'effet du Soleil.

Les océans constituent environ 70 % de la surface terrestre. En tant que fluide, l'eau résiste moins à l'attraction de la Lune et du Soleil que ne le font toutes les matières solides. Les marées (flux et reflux) se succèdent environ toutes les 12 heures (un peu plus en réalité, ce qui explique les variations horaires des pleines et basses mers d'un jour à l'autre). Mais il faut ici introduire la notion de force centrifuge, induite par la rotation de la Terre sur elle-même en 24 h, et qui confère aux océans une forme ellipsoïdale aux antipodes.

La force centrifuge est celle qui éloigne du centre d'un objet en rotation, la force centripète est celle qui ramène vers le centre. On en voit les effets constamment dans la vie quotidienne : en prenant un virage serré en voiture (on est poussé vers l'extérieur, d'autant plus que l'on va vite), ou en faisant tourner une salade dans l'essoreuse (ou du linge dans une machine à laver). Le phénomène des marées répond au même principe, la Terre tournant sur elle-même à une vitesse de 1 670 km/h : l'eau des océans s'éloigne du centre de la Terre et le niveau de l'eau augmente sur les côtes ; mais cet effet centrifuge n'agit qu'en fonction de la position de la Lune, dont la force d'attraction est plus ou moins importante en fonction de sa position par rapport à notre planète. Ainsi, dans une même journée, on observera deux marées sur un même point situé sur la surface de la terre.

Prenons deux points X et Y sur cette même surface terrestre situés aux antipodes l'un de l'autre.

– Une *première marée haute* se produit dans deux situations :

* Lorsque le Soleil et la Lune sont alignés. Sur la façade de cet alignement, la conjonction des forces d'attraction respectives des deux astres est alors plus importante que la force centrifuge de la Terre ; s'exerçant sur le fluide océanique, elle va provoquer la première marée haute au point X. Sur la face de la Terre opposée à la conjonction Lune-Soleil, c'est-à-dire moins soumise à leur action, la force centrifuge de la Terre est en revanche plus importante et va provoquer une première marée au point Y de la surface terrestre. On aura donc simultanément deux marées hautes en X et en Y.

* Lorsque la Terre est située entre le Soleil et la Lune. La force d'attraction de la Lune étant plus importante que la force centrifuge, les océans sont attirés vers la Lune, provoquant une première marée au point X. Au côté opposé (Y), où se trouve le Soleil, la force centrifuge est plus forte que celle de l'attraction du Soleil : les eaux sont écartées du centre, provoquant là aussi une première marée.

– La *deuxième marée haute* de la journée se produit dans les conditions suivantes : la Terre tourne sur elle-même en 24 h et la Lune est en avance ; le point X passe devant la Lune pour sa première marée et se retrouve 12 h plus tard au point Y, subissant sa deuxième marée de la journée du fait de la force centrifuge. Il en va de même pour le point Y, qui se retrouvera à son tour au point X, subissant sa deuxième marée de la journée du fait de la force d'attraction de la Lune.

Mais qu'en est-il pour les *marées basses* ? Elles ont lieu lorsque les positions respectives de la Terre et de la Lune forment une perpendiculaire par rapport aux positions entre la Terre et le Soleil : la force d'attraction lunaire vient contrebalancer (affaiblir) les effets de la force centrifuge.

L'amplitude de la marée se manifeste davantage au bord de la mer qu'en son milieu, car sur les côtes la profondeur est bien inférieure. Au nord-ouest de l'Angleterre, près de la ville de Lancaster, la baie de Morecambe fournit un exemple de marée spectaculaire : l'eau, en se retirant, laisse place à une immense étendue de sables (généralement mouvants) qu'il est possible de traverser à marée basse. Mais la marée redevenant haute en à peine plus de 6 h, le courant montant est d'une grande violence, un peu comme si l'on libérait l'eau d'un barrage ; 18 Chinois y ont perdu la vie en février 2004, alors qu'ils ramassaient des coquillages : l'eau est remontée de 10 mètres sur une surface d'environ 12 km. En France, on peut observer le même phénomène dans la baie de Saint-Malo, la différence d'amplitude entre marée haute et marée basse pouvant atteindre 15 mètres. J'ai pu personnellement assister, à Saint-Malo, à la grande marée du 9 août 2014 (coefficient supérieur à 113), essayant d'expliquer à ma famille comment la Lune, suspendue là-haut très loin, arrivait à attirer l'eau de mer au point de remplir aussi rapidement une superficie aussi immense (environ 20 stades de football).

Il y a bien des siècles, nos ancêtres pouvaient considérer comme un faiseur de miracles le pêcheur qui leur faisait traverser la baie à marée basse et les ramenait sur le bord sains et saufs. Ils ignoraient que c'est la tolérance mathématique qui maintient la Lune dans son orbite terrestre. C'est pourquoi je suis souvent surpris de voir l'humanité s'inquiéter de la chute éventuelle d'une météorite sur la Terre, alors qu'à moins de 400 000 km se trouve une grosse météorite qui tourne autour de nous depuis des milliards d'années, en ne cessant de se rapprocher puis de s'éloigner du fait de son parcours elliptique ; elle est d'ailleurs tellement proche de nous que le point d'équilibre avec la Terre (son barycentre) se trouve à l'intérieur de celle-ci. Imaginons un instant ce qu'il adviendrait de nous à la moindre défaillance de ce bel équilibre – aucune prière ne pourrait jamais empêcher un tel désastre…

Seule la mathématique en serait capable.

Chapitre 3

La religion doit s'arrimer à la mathématique

Je prends plaisir à assister à des messes et à écouter les messages de paix et de tolérance délivrés par les ecclésiastiques. Mon enfance, comme celle de tant d'autres, a été bercée et guidée par les textes religieux, par les dix commandements et par les règles qui inculquent au plus profond de nous-mêmes les principes de respect et de tolérance. Ce sont souvent des phrases opportunément prononcées en fonction des événements qui nous touchent, que ce soit pour encourager notre fidélité le jour de notre mariage ou pour consoler notre cœur meurtri après le décès d'un proche. Tout au long du processus menant au baptême, qui dure environ deux ans, l'enfant apprend les principes de partage, d'entraide, de respect, d'obéissance et de tolérance – règles de vie qui vont l'aider tout au long de son évolution ; la cérémonie finale, pendant laquelle tout est orchestré pour honorer sa consécration en tant que fils de Dieu, peut nous paraître, à nous adultes, anodine ou folklorique. Mais n'oublions pas que, pendant longtemps, les règles religieuses étaient plus importantes et opérantes que les règles administratives, et que le moindre écart de comportement était supervisé par la religion ; si j'étais tenté de piquer de l'argent dans le portefeuille de mon père, je m'en abstenais, pensant que Dieu m'observait !

Je suis d'une famille protestante. À l'âge de 13 ans, pendant la période qui devait aboutir à mon baptême (lequel n'a finalement jamais eu lieu), je manifestais un penchant marqué pour les charmantes filles du pasteur. Leur relative proximité avec Dieu, par l'intermédiaire de leur père, les dotait d'une figure angélique. Mais chaque fois que j'avais l'opportunité de leur déclarer ma flamme, j'arrivais à la conclusion que cette proximité même m'en empêchait : on ne drague pas la fille d'un pasteur ! Dans ce cas comme dans bien d'autres, la religion a joué un rôle déterminant dans mon éducation, tout au long de mon existence.

De la même façon que les médecins excellent dans le domaine de la santé ou les policiers dans celui du maintien de l'ordre public, les prêtres excellent dans le domaine de la croyance. Tous ont librement accepté de jouer ce rôle. Néanmoins, l'histoire des religions ne retrace pas que des comportements angéliques. Elle est au contraire marquée par de nombreux affrontements sanglants pour la suprématie, que ce soit entre les différentes religions elles-mêmes ou dans leur lutte contre les pouvoirs politiques. Aucune religion monothéiste n'a échappé à cette logique de croisades et de conquêtes et ne s'est abstenue de faire régner la terreur par l'épée et le canon. C'est au nom de Dieu que l'on exterminait les innocents, comme si son pouvoir résidait dans la violence. Et souvenons-nous que c'est aussi en son nom que la vérité mathématique a été combattue pendant au moins vingt siècles, nous plongeant dans l'obscurantisme et freinant les avancées scientifiques et technologiques. Nous sommes très satisfaits des innovations dont nous profitons largement aujourd'hui (internet, le téléphone portable, les transports aériens, etc.), mais nous oublions qu'elles se sont produites pour l'essentiel au cours du 20e siècle. Il est probable que si, dès les premiers moments de l'humanité, nos ancêtres avaient su que notre vie était régie par la mathématique, ou les fils de Dieu avaient orienté notre croyance vers la mathématique comme étant l'outil de leur père, la peste n'aurait pas fait autant de victimes en Europe, le paludisme africain serait devenu une simple grippe et le cancer serait une vulgaire maladie de renouvellement de nos cellules. Et au sein des mouvements religieux, on compte de nombreux faits divers scandaleux dans lesquels se sont illustrés des ecclésiastiques – escrocs, criminels ou pédophiles – qui bien souvent n'avaient pas peur de réaliser leurs exploits dans les lieux saints ! Il faut simplement constater que l'on retrouve, au sein de la pratique religieuse, les mêmes comportements issus de notre libre arbitre : en ce sens, les religieux ne sont pas différents de nous.

Peut-être le temps est-il venu de reconsidérer un peu les discours religieux, dont nous avons noté qu'ils pouvaient être opportunément apaisants, voire réjouissants. Les générations à venir pourraient ainsi y puiser une nouvelle cohérence dans leur conception du monde. Face à la connaissance croissante de la vérité mathématique dont feront preuve nos enfants pour lutter contre les maladies cellulaires comme le cancer, la religion perdra de plus en plus de crédibilité si elle ne prend pas progressivement le chemin de la réforme.

Lorsque nous sommes frappés par un grand malheur, comme par exemple un être cher qui nous quitte définitivement, la religion nous explique qu'il a été appelé par Dieu et qu'il y a une vie auprès de lui après la mort. Mais ce genre d'explication, qui pouvait s'imposer naturellement pendant les périodes d'obscurantisme, n'a plus de sens de nos jours, car la rigueur mathématique nous permet de mieux comprendre ce qu'est la mort.

Si la mort peut logiquement être considérée comme un désastre, il faut aussi l'appréhender comme faisant partie de notre vie. Ce processus naturel a été mis en évidence par la seconde loi de la thermodynamique : lors de son évolution, tout système perd de l'énergie et se dirige de façon irréversible vers la mort. Certes, il n'est pas facile de concevoir qu'on vit pour mourir, et que la nature se comporte avec nous comme si elle était une banque : elle nous prête de l'énergie, nous la remboursons petit à petit tout au long de notre existence, et à la fin du processus de remboursement elle clôture notre compte (la mort), ce qui lui permet de prêter à un nouveau client (la naissance), et ainsi de suite…

La première loi de la thermodynamique avait été élaborée en 1824 par Sadi Carnot (1796-1832) et montrait, dans le cas des moteurs à vapeur, comment l'énergie pouvait se conserver. Tout système pouvait, au cours de sa vie, conserver de l'énergie, ou l'échanger – il était réversible. C'est par exemple ce qui se produit lorsque l'on fait chauffer de l'eau, qui ensuite finit par refroidir et revenir à son état initial.

En prenant appui sur ces résultats, Rudolf Clausius (1822-1888) énonça en 1850 la seconde loi de la thermodynamique, qui stipule qu'en l'absence de toute intervention extérieure un système ne peut pas passer naturellement de l'état froid à l'état chaud – il est irréversible. Le processus décrit par la première loi ne concerne que les systèmes qui retrouvent leur état initial, comme si, par exemple, on pouvait vieillir jusqu'à 100 ans, puis rajeunir. Ce qui, malheureusement, est parfaitement irréalisable. Tout système, à sa naissance, acquiert une quantité d'énergie qui lui est offerte par la nature ; tout au long de son évolution, ce système va dépenser son énergie initiale, comme s'il la remboursait, et finalement mourir au maximum de son entropie (son degré de désordre). Le désordre s'accroît avec l'ensemble des atteintes à l'énergie du système : dans le cas de notre vie d'êtres humains, cela peut être les excès de tous ordres (fumer, boire de l'alcool…), le fait de réaliser des travaux pénibles ou de vivre dans des conditions insalubres, etc. Une personne peu organisée ou faisant peu de cas de sa santé perdra plus d'énergie qu'une personne qui règle sa vie en tentant de maîtriser les processus générateurs de désordre – peut-être y a-t-il là l'explication de la plus grande longévité des femmes… ?

Comme tous les objets de l'univers, lorsque vous naissez, vous vous orientez inéluctablement vers la mort. Bien entendu, selon votre rang social ou votre composition chimique, le processus est plus ou moins long ; mais la vie humaine ne dépasse guère les 120 ans, celle des chiens 18 ans… et celle des planètes moins de 10 milliards d'années (pour les étoiles, c'est un peu plus élevé). Pour ne pas mourir, une seule solution : ne pas naître ! La disparition de ce qui existe est un principe naturel qui concerne tous les objets de l'univers et, encore une fois, Dieu n'y est pour rien. Vous aurez beau faire état de votre rang social, et montrer que vous êtes milliardaire ou le plus grand bienfaiteur de l'humanité – rien n'y fera, la mathématique ne vous accordera aucun passe-droit. Tout au plus pouvons-nous tenter de reculer le processus fatal jusqu'à sa limite naturelle (120 ans pour un être humain, 18 ans pour un chien) en travaillant sur notre teneur en entropie ; et les progrès de la science sont aussi susceptibles de modifier, quoique de façon très marginale, la limite naturelle elle-même (la durée moyenne de la vie humaine n'a cessé d'augmenter tout au long de notre histoire). Mais cela ne remet pas en cause l'issue fatale, à laquelle aucun de nous ne peut espérer échapper.

Nos cellules subissent de la même façon les lois mathématiques qui régissent l'univers, en particulier l'entropie et l'irréversibilité. Nées des liaisons moléculaires des atomes, elles vivent en se nourrissant de ce que nous consommons, tombent malades et meurent. Elles sont sujettes à des défaillances métaboliques qui peuvent nous être fatales si nos lymphocytes NK (*Natural Killers*) sont incapables de nous protéger en les détruisant. Par exemple les cellules cancérigènes, que chacun de nous développe naturellement, sont tuées en permanence par nos *Natural Killers* : c'est pourquoi votre marqueur du cancer (l'indicateur du cancer) ne peut jamais être à 0 lors de l'analyse sanguine. Il ne faut voir là aucune intervention d'un être mystérieux et tout-puissant, mais simplement l'application inéluctable des lois mathématiques. S'il en est ainsi pour les cellules, pourquoi n'en serait-il pas de la même façon pour notre existence d'êtres humains ? Ni notre vie macroscopique, ni celle de nos cellules n'ont le moindre lien avec Dieu ; elles ne font que respecter les lois mathématiques qui régissent l'univers.

Nous pouvons comprendre le désarroi de ceux qui ont décidé de mettre fin à leurs jours ou de sacrifier leur vie pour le bénéfice de Dieu ; mais ils auraient tort de croire qu'ils ont ainsi accompli un geste extraordinaire et que Dieu, pour leur rendre grâce d'avoir pris cette décision en fonction de leur libre arbitre, leur offrira une deuxième vie. Non seulement parce qu'en s'aventurant dans ce voyage sans retour ils ne rencontreront personne, mais surtout parce que nous ne faisons que rendre à la nature ce qu'elle nous a donné. Avant l'apparition des êtres vivants, l'univers était déjà composé de ces éléments chimiques qui n'attendaient que les conditions de la fameuse « parcelle cultivable » pour donner cette vie si précieuse que nous avons l'obligation d'utiliser avec modestie et dans la tolérance. C'est pourtant cette notion fallacieuse d'une deuxième vie auprès de Dieu après la mort (ou son équivalent, la réincarnation) qui pousse certaines personnes à commettre des actes ignobles.

Souvenons-nous que dans les périodes d'obscurantisme, jusqu'à la fin du 17e siècle, le concept de géocentrisme était de rigueur : la Terre était au centre de l'univers et tous les astres tournaient autour d'elle. Le principe était inattaquable parce que protégé par une religion dominatrice, et celui qui osait le défier pouvait être brûlé sur un bûcher, tel Giordano Bruno – dont je rappelle qu'il contestait la notion d'un univers fini. Galilée, qui avait démontré que c'est la Terre qui tournait autour du Soleil et non l'inverse, a eu un sort moins tragique et fut condamné, grâce à la largesse de Rome, à la résidence surveillée. Mais à l'époque, le principe géocentrique était considéré comme la vérité absolue qui permettait à nos ancêtres de vivre et de se déplacer dans un monde qui ne connaissait ni carte d'orientation, ni boussole, ni GPS… En guise de GPS, ils utilisaient le Soleil (le jour) et l'étoile polaire (la nuit), ce qui leur permettait d'affirmer que « le Soleil se lève à l'Est et se couche à l'Ouest » – ce qui paraît intuitif si l'on croit que c'est le Soleil qui tourne autour de la Terre. Cette illusion se traduit encore de nos jours par des manifestations concrètes, notamment sous la forme des noms que nous donnons aux sept jours de la semaine.

En effet, dans le modèle géocentrique, autour de la Terre gravitaient les sept planètes emboîtées dans des sphères, dans l'ordre suivant : la Lune, Mercure, Vénus, le Soleil, Mars, Jupiter et Saturne. Les Égyptiens, qui excellaient en mathématique, proposèrent une répartition de la journée en 24h, chaque heure étant nommée à partir d'un astre, en partant du plus éloigné et en suivant le sens des aiguilles d'une montre. Ainsi, la première heure de la journée fut nommée Saturne (qui devint Saturday), la deuxième Jupiter, et ainsi de suite – jusqu'à ce que l'on retombe sur la 24e heure (Mars). Le jour suivant, la première heure commençait logiquement par le Soleil (Sun, devenu Sunday) qui dans la hiérarchie suivait immédiatement Mars. Au bout du processus, on a donc la succession du Samedi (jour de Saturne), Dimanche (jour du Soleil ou Sunday), Lundi (jour de la Lune), Mardi (jour de Mars),

Mercredi (jour de Mercure), Jeudi (jour de Jupiter) et Vendredi (jour de Vénus).

Une autre conséquence du géocentrisme dont nous avons hérité encore aujourd'hui, malgré le progrès des connaissances, est que la majorité des êtres humains croient qu'il y a une autre vie après la mort – soit parce qu'ils auront été les élus de Dieu (ou du Diable…), soit parce qu'ils se seront réincarnés en d'autres êtres humains, en animaux, voire en objets. Soit… Mais alors, si nous avons droit à une seconde vie, est-ce aussi le cas pour des animaux comme nos chiens ? Si on déguste avec plaisir un bon poulet rôti, n'est-il pas la réincarnation d'un être cher récemment disparu… ? Je ne cherche pas à vous couper l'appétit – moi aussi je mange du poulet rôti, et sans crainte, car je ne crois pas en une seconde vie : je m'octroie ce plaisir parce que mon corps a besoin d'énergie et parce que mon cerveau, ce magnifique outil mathématique, a considéré que le poulet était susceptible de m'en apporter.

Certains prétendront alors, sans doute parce qu'ils veulent conserver le plaisir de manger du poulet, que l'idée de la seconde vie est réservée aux seuls êtres humains. Ils oublient que les animaux ont aussi un cerveau (qui leur procure des émotions et les fait agir) et un libre arbitre, et qu'ils sont constitués des mêmes atomes que nous. La seule différence avec les êtres humains réside dans les capacités de calcul de leurs cerveaux respectifs.

Le chien, jadis loup sauvage (domestiqué il y a 36 000 ans environ), est généralement considéré de nos jours comme un animal domestique ; il fait partie de la famille, a des droits, et peut bénéficier de cimetières et de cérémonies religieuses au cours desquelles un prêtre sollicite la grâce de Dieu en sa faveur. Si vous tuez un chien, vous serez jugé et condamné pour « canicide ». En revanche, si vous tuez une poule pour la mettre au pot, le juge du tribunal sera le premier à vous demander de bien vouloir l'inviter à la consommer avec vous. Autrement dit, ceux qui limitent le principe de seconde vie aux êtres humains devront faire bientôt une entorse à leur règlement en intégrant les chiens – et pourquoi pas les chats, les chevaux ou n'importe quel objet de l'univers ?

La fameuse loi de l'irréversibilité du système, qui stipule que toute création se dirige inéluctablement vers sa mort, s'applique à tout le monde sans dérogation et c'est pourquoi aucun des fils de

Dieu, quelle que soit sa religion (ou son absence de croyance), ne pourra jamais prétendre à une vie physique éternelle. (Ceci n'empêche pas que le rôle des religions, dans notre éducation aux principes de tolérance, soit indiscutable – c'est particulièrement frappant dans le cas du pape actuel, François, auquel je souhaite rendre hommage pour la nouvelle orientation, faite de tolérance et de simplicité, qu'il a donnée à l'Église). Dans cette perspective, on devrait conclure que tout retour sur Terre d'un individu, quel qu'il soit, remettrait en cause le principe de l'irréversibilité du système et démontrerait que la science a menti.

Supposons un instant qu'un tel retour soit possible. Pour que l'on y croie, il faudra alors que cela se produise de façon spectaculaire, comme un miracle de portée planétaire ! Car nous croulons sous le poids de ces supposés « retours » de fils de Dieu qui ne sont que des charlatans de banlieue passant leur temps à escroquer des familles pauvres et crédules. On ne compte plus le nombre des rassemblements religieux dont les chefs revendiquent une paternité directe avec Dieu et qui jouent sur la crédulité des vrais croyants, lesquels font d'autant plus facilement allégeance qu'ils traversent des périodes de graves difficultés personnelles. Nombre de ces gourous poussent encore plus loin leur démonstration de filiation divine lorsqu'ils se livrent à des actes terrifiants (soumission sexuelle des enfants et des femmes, voire sacrifice humain collectif au nom du divin).

Prenons l'exemple d'un individu qui a perdu femme, enfant et fortune à cause d'un chef de secte religieuse qui a mis la main dessus… Il sera tout à fait dans son droit s'il interpelle ainsi le vrai fils de Dieu : « Cher monsieur, vous qui êtes assis à côté de votre père, que faites-vous vis-à-vis de cet imposteur qui a ruiné ma vie en utilisant votre nom ? Vous qui connaissez de quoi notre futur sera fait, vous saviez bien qu'il allait commettre ces abominations ! Pourquoi n'êtes-vous pas intervenu ? » Nous avons là un cas de non-assistance à personne en danger…

La religion n'a cessé de justifier l'existence de Dieu à travers une vision qui se limitait aux préceptes enseignés par les saintes écritures, sans considération pour les progrès de la connaissance scientifique. Et pour justifier le laxisme divin devant les abominations perpétrées sur Terre, elle a utilisé l'argument fondamental du péché originel. Cela avait peut-être un sens avant que la science nous confirme, de façon empirique, que l'être humain vient de la matière. Mais alors, à partir de quel moment doit-on considérer que l'être humain a péché ? Dès son origine, depuis la création de la matière ? Mais nous savons aujourd'hui que celle-ci ne fait qu'appliquer les lois de la mathématique inhérentes à l'univers. À partir de son état cellulaire ? Mais c'est encore grâce à la mathématique que nos pauvres cellules primitives luttaient pour leur survie afin de se multiplier et de diffuser la vie. À partir de son état d'hominoïde, ou bien au moment où vivait Lucy ? Malheureusement, les pauvres êtres de cette époque avaient autre chose à faire pour survivre que se poser la question de l'existence de Dieu.

Les premiers religieux qui ont inventé cette histoire du péché originel, ainsi que celle de Satan (ancien ange déchu qui par vengeance nous pousse à désobéir à Dieu et nous attend tranquillement dans les entrailles de la Terre), ignoraient totalement l'existence et l'influence des atomes. Leur vision n'est cependant pas sans efficacité dans la mesure où elle peut pousser certains esprits fragiles à croire que lorsque nous sommes bons, c'est grâce à Dieu, et que lorsque nous sommes mauvais, c'est de la faute du Diable : nous ne serions donc pas responsables de nos actes, puisque ces derniers sont le produit du match permanent qui se joue entre les deux entités. Mais si Dieu est supposé être aussi puissant que les religieux le prétendent, pourquoi donc tolère-t-il que cet affreux rejeton qu'est Satan travaille à dominer le monde ?

Malheureusement pour ces idéologues, la mathématique a apporté la preuve que l'« enfer » qui peuple les entrailles de la Terre n'est qu'un noyau en fusion composé d'atomes de fer, et qu'il n'existe aucune liaison neuronale « mystique » qui se créerait au moment où nous allons commettre le bien ou le mal (mais que c'est simplement un résultat de notre libre arbitre). La notion de péché originel n'a plus de sens. Nous sommes responsables de nos comportements, qui ne dépendent en aucune façon du match que se livreraient Dieu et le Diable.

Le Dieu déterministe à la puissance infinie n'a plus sa place dans un monde où prime la connaissance scientifique. On ne peut que constater que, au fur et à mesure que l'humanité sort timidement de son obscurantisme, la religion perd de sa suprématie : il n'y a aucune constance dans la domination de la religion, son histoire n'est pas linéaire, et elle est loin d'être angélique. Car les religieux eux-mêmes ne sont pas au-dessus des vivants, ils ont aussi leurs comportements déterminés par leur libre arbitre, ils peuvent faire le bien et le mal comme tout un chacun ; mais nous restons encore largement sous leur emprise morale. À la question « quel est le métier qui applique le mieux et à tout moment le principe de partage du savoir dans la tolérance ? », vous répondrez probablement : la religion. Mais vous aurez tort : c'est en fait celui d'enseignant des écoles. Mais les enseignants sont tellement proches de nous, leur rôle est tellement banalisé, que leur action est beaucoup moins sanctuarisée que celle des religieux.

J'y insiste : la religion a sa place dans notre vie, je la considère comme une activité normale qui répond à certaines attentes de l'humanité. Mais il lui faut abandonner cette idéologie ancestrale (Adam, Ève, le Diable…) qui ne laisse aucune place à la mathématique et qui ne peut admettre que les seuls responsables de notre genèse sont les atomes qui nous constituent. Si, en revanche, vous placez la mathématique au cœur de votre histoire, vous n'irez jamais sacrifier votre existence et celle des autres pour un Dieu qui n'est nullement à l'origine de la vie ; simplement parce que vous êtes un humaniste qui a compris, à travers la connaissance scientifique, que vous faites partie de ces corps célestes qui ont gagné le gros lot – celui qui leur permet d'être conscients au sein de l'univers. Vous pouvez croire aux discours circonstanciels de la religion, lorsqu'elle vous aide à traverser les moments difficiles, mais vous ne pouvez pas laisser votre libre arbitre être influencé par des discours qui prétendent que vous pouvez avoir une place privilégiée aux côtés de Dieu : vous n'avez de compte à rendre que devant la mathématique, c'est elle seule qui justifie votre existence, à travers les lois immuables qui régissent l'univers tout entier.

Chapitre 4

La vie des fourmis (Dieu n'y est *vraiment* pour rien)

Mais alors, direz-vous : si nous sommes des créations de la mathématique et si Dieu, comme vous le prétendez, est infini comme la mathématique, pourquoi ne pourrait-il pas être notre créateur ? Voilà une excellente question, qui mérite une excellente réponse…

Votre argumentation consiste à dire que si, lorsque nous créons des robots grâce à la mathématique, nous connaissons leur futur (car nous sommes responsables de leurs actes), de la même façon Dieu, qui nous a créé, doit connaître notre futur et être responsable de nos actes. Mais cela réduit le périmètre d'intervention de la puissance divine à notre misérable petite existence, alors que son rôle est infiniment plus vaste. Notre présence sur Terre n'est qu'une infime conséquence indirecte de ses créations, et n'engage en rien sa responsabilité. Prétendre que Dieu ne s'intéresse qu'à nous, c'est manifester un égoïsme bien excessif !

Il ne nous est pas facile de croire que l'acte moteur qui a mis en branle l'univers ne se préoccupait nullement de notre présence, car notre cerveau nous pousse constamment à considérer que nous sommes uniques au sein de cette immensité, et que de ce fait nous ne pouvons qu'avoir un lien particulier avec le divin. Si c'était le cas, les étoiles et les planètes, dont le rôle au sein de l'univers est autrement plus important, ne devraient-elles pas elles aussi avoir avec le divin une relation privilégiée ?

Allons faire un tour du côté des fourmis…

Et intéressons-nous, d'abord, à tout ce qu'implique un projet aussi banal que celui de la construction d'une autoroute. Des études sont réalisées par des experts en génie civil et des techniciens, les autorités administratives sont mises à contribution, des ouvriers de différents corps de métiers sont employés, la maintenance des infrastructures créées donne lieu à d'importantes migrations de population – bref, de nombreuses couches sociales vont être mobilisées. Or, les automobilistes qui vont sillonner cette autoroute dans leur belle limousine ne seront nullement conscients du fait que ces travaux de construction en pleine campagne vont donner naissance à une multitude de déchets et de débris qui, en se transformant au contact de la terre, deviendront des micro-organismes vivants, puis des larves et, notamment, des fourmis ! Chacun sait que les fourmis sont de grands bâtisseurs : elles ont aussi leurs experts et leurs techniciens, et elles vont se charger de construire des routes, des abris pour stocker leur nourriture et des maisons pour protéger leur reine.

Ainsi, lorsque nous construisons cette autoroute grâce à notre libre arbitre, nous n'imaginons pas un seul instant que ce projet va avoir pour conséquence indirecte la création d'une parcelle cultivable de vie – une colonie de fourmis, êtres aussi minuscules et insignifiants que nous, qui ont également entrepris des « grands travaux », même s'ils sont presque invisibles à l'œil nu. Quant aux fourmis elles-mêmes, elles peuvent se vanter d'être des bâtisseurs de premier ordre, tout en ignorant qu'à côté d'elles des êtres plus grands et très développés technologiquement ont construit une immense autoroute à plusieurs voies. Essayons alors de répondre aux quelques question suivantes :

– La création de ces fourmis est une conséquence de nos travaux ; notre intention était-elle pour autant de les créer ? Non, car notre seul objectif était de construire une autoroute pour faciliter nos déplacements en voiture, et jamais la présence de ces éventuelles petites bêtes n'a été évoquée.

– La construction terminée, avons-nous été conscients qu'elle avait contribué à la naissance de fourmis qui ont procédé à leur tour à la construction de routes ? Non, la taille insignifiante des intéressées nous a permis de les ignorer – jusqu'à ce que ce livre le dévoile !

– Avons-nous utilisé la mathématique pour créer les fourmis, comme nous l'avions fait pour créer Tobor, le petit robot que nous avons mis en scène plus haut ? Non, nous n'avons élaboré aucune équation pour les engendrer, et nous ne maîtrisons en rien ce que sera leur futur.

– Devons-nous nous sentir responsables lorsqu'une colonie de fourmis vient envahir une maison jusqu'à en chasser ses malheureux habitants ? Non, car si nous sommes physiquement et intellectuellement plus forts que les fourmis, nous ne sommes pas responsables de leur comportement – contrairement au fabricant de Tobor, qui doit rendre compte de ses défaillances.

Nous avons, de fait, bien d'autres choses à faire que de nous occuper des fourmis. De la même façon, la puissance divine, quelle qu'elle soit, a bien d'autres choses à faire que de s'occuper de notre vie d'êtres humains, tout simplement parce que notre présence est, à son échelle, absolument insignifiante. Nous pouvons illustrer cet exemple avec des êtres encore plus petits que les fourmis, et invisibles même au microscope.

Cela n'empêche pas la religion d'avoir des messages à délivrer à l'humanité, ni chacun de nous de continuer éventuellement à exprimer sa foi en Dieu. Mais pour ma part, j'exclus totalement une présence divine dans ce lien nécessaire avec la religion.

Sixième partie

La mathématique est la clef de notre vie

Tout être vivant se doit de résoudre en permanence une série d'équations mathématiques qui conditionnent sa survie : respirer, boire, manger… Cela peut nous paraître terriblement anodin, ou nous pouvons penser (par ignorance) que la respiration est un don de Dieu. Mais respirer, c'est avaler des atomes d'oxygène, au même titre que nous avalons des atomes de fer quand nous consommons un steak. L'oxygène, en abondance dans l'atmosphère terrestre, est néanmoins confiné dans un espace très limité, d'à peine 5 km au-dessus de la surface de la Terre. Au-delà, il nous faut utiliser des bouteilles d'oxygène artificiel ; et n'essayez pas de vous aventurer sur la Lune sans scaphandre et réserves d'air ! Mars a une atmosphère composée en grande partie de CO_2 – vous seriez très rapidement asphyxié, et il en va de même sur Vénus (en plus de la chaleur). Lorsque vous vous étendez confortablement sur le siège d'un avion volant à 10 000 km d'altitude, n'oubliez pas que c'est grâce à la pressurisation (la carlingue est gonflée d'air) que vous pouvez discuter tranquillement avec votre voisin. Une bonne raison pour écouter les consignes des hôtesses de l'air (« *En cas de dépressurisation de la cabine, les masques à oxygène tomberont automatiquement devant vous. Tirez dessus pour libérer l'oxygène, placez-le sur votre visage et respirez normalement* »).

Vous pouvez passer plusieurs jours sans boire ni manger, mais vous ne tiendrez pas plus de 5 minutes sans respirer de l'oxygène (O_2) dont votre poumon a besoin pour nourrir les cellules de votre corps, à travers l'hémoglobine qui joue le rôle de serveur. En particulier celles de votre cerveau, qui consomment 20 % de vos besoins nutritionnels : c'est la raison pour laquelle nous devons respirer environ 12 fois par minute – et aussi améliorer la qualité de l'air que nous respirons.

Comme vous, il m'arrive souvent de me poser cette question ; comment puis-je me nourrir en permanence d'atomes d'oxygène ? Mais, lorsque je pense après que nous sommes la somme des histoires des atomes, je comprends alors que ces atomes doivent aussi être nourris par d'autres atomes pour faire fonctionner notre corps.

Voilà, cher lecteur, l'histoire passionnante de l'être humain, dont les générations futures vont de plus en plus maîtriser la mathématique afin de mieux connaître la vie des atomes, de comprendre comment ils vivent et ce dont ils ont besoin pour s'adapter à notre corps en toute tranquillité.

Chapitre 1

La prise de conscience de notre vie mathématique

Contraint de se nourrir depuis les premiers instants de sa présence sur Terre, l'être humain a dû développer des techniques de chasse, de pêche et de cueillette ; tuer un mammouth n'était pas une mince affaire, ni le découper en morceaux ou trouver des moyens de le conserver pour nourrir sa famille le plus longtemps possible, en prévoyant les quantités nécessaires et suffisantes. De façon à rendre sa quête de nourriture plus efficace, il devait maîtriser la connaissance de son environnement, savoir à quel moment de la journée il était préférable de chasser ou pêcher, prévoir les périodes de froid et de chaleur pour optimiser la cueillette et comprendre les premières notions du déplacement des astres (le Soleil, la Lune). Bref, il ne faisait là qu'appliquer (dans l'ignorance) les principes de la mathématique tels qu'ils régissent l'univers, même si c'était à un niveau embryonnaire.

Néanmoins, au fur et à mesure de la progression de ses connaissances, l'être humain n'a cessé de les attribuer à une puissance divine, qu'il rendait responsable de sa propre existence. Pendant des millions d'années, il n'a cessé de tout ramener à Dieu (quelque forme qu'il prenne) : le feu, la pluie, le Soleil ou la maladie. Cela suscite au moins une question : s'il avait un tel lien avec la puissance divine, comment se fait-il qu'au moment de son apparition sur Terre il n'ait pas hérité ne serait-ce que d'une partie du savoir dont elle disposait ? Pourquoi avoir attendu si longtemps pour comprendre enfin que ce lien était erroné, et que la puissance véritablement agissante était la mathématique ?

Le livre de Joannes de Sacrobosco (1195-1256), *De Sphaera mundi*, imprimé en 1240, resta jusqu'au 17e siècle un *best-seller* de la connaissance scientifique et astronomique. Fondé sur les principes du géocentrisme élaborés par Aristote et Ptolémée (voir chapitres précédents), il enseignait que les planètes et le Soleil tournaient autour de la Terre, qui était le centre de l'univers. Même les remises en cause radicales effectuées par Copernic (*Des révolutions des orbes célestes*, 1543) ou par Kepler (*Astronomie nouvelle*, 1609) n'ont pas réussi à déboulonner ce qui devait servir de référence astronomique absolue dans les grandes universités, d'Oxford à Bologne, en passant par la Sorbonne. Et même de nos jours, cette idée d'un lien direct avec la puissance divine persiste au détriment de la notion du lien mathématique. Quel est donc l'héritage minimum transmis à l'être humain par son divin géniteur... ? Si nous étions véritablement ses progénitures privilégiées, nos ancêtres primitifs auraient dû en montrer quelques manifestations. Par exemple, ils disposeraient de connaissances étendues en médicaments permettant de lutter contre les grands fléaux que sont la peste ou le paludisme, et les maladies comme le cancer ou le sida seraient éradiquées ; ils utiliseraient le GPS, internet et le téléphone portable ; se promener dans l'univers serait aussi facile que prendre le métro...

Le débat sur la place de l'homme dans l'univers n'a pas attendu l'arrivée des grandes religions monothéistes. On l'a vu, les thèses d'Eudoxe de Cnide (env. 408-355 av. J-C), pour qui la Terre était au centre de l'univers et Dieu résidait au ciel, étaient déjà combattues par Aristarque de Samos (env. 310 - env. 230 av. J-C) qui défendait le point de vue héliocentrique. Malgré leur supposée proximité avec la puissance divine, les fondateurs de ces grandes religions n'ont pas pour autant tranché le débat, qui est resté en l'état pendant de nombreux siècles. Alors qu'ils ont prétendu que Dieu, dans son infinité et son immatérialité, est le géniteur de l'univers, pourquoi ne nous ont-ils pas vanté ses qualités de super-mathématicien en nous parlant des atomes, de la gravitation, etc. ? Pourquoi a-t-il fallu attendre 1796 pour que soit créé le premier vaccin (contre la variole), 1903 pour que l'on parvienne à faire voler un avion, ou 1972 pour qu'un outil de communication comme internet soit créé ? Pourquoi sommes-nous encore incapables de nous déplacer d'une galaxie à une autre, ou simplement d'aller sur Mars comme si on changeait de lieu de résidence ? Pourquoi sommes-nous encore incapables de trouver la bonne molécule pour éradiquer les maladies comme le sida et le cancer ?

La réponse est simple : nous avons privilégié un lien direct avec le divin, au détriment du lien avec la mathématique. L'ignorance de la vie mathématique a eu un impact très significatif, elle a été la cause de nombreux fléaux et de retards considérables dans l'évolution de l'être humain. Ce que nous avons appris l'a été grâce à notre libre arbitre et à notre curiosité, et contrairement à ce que prétend la religion, rien n'était déterminé d'avance. Tout système déterministe a besoin d'une feuille de route pour se mettre en mouvement, à l'image de notre petit robot (Tobor) qui n'exécute que ce que lui a dicté l'algorithme mathématique inséré dans son cerveau artificiel. Notre connaissance évolue au fil du temps en fonction des problèmes que nous résolvons, notre cerveau s'adaptant en permanence à cette évolution.

Les conceptions mythologiques de l'existence cèdent peu à peu le pas devant des explications scientifiques. Il devient de plus en plus difficile d'expliquer à son enfant que le père Noël existe (même si cela l'arrange de le croire) : il vous demande de lui expliquer comment un seul homme peut arriver en une nuit à distribuer des cadeaux à des millions d'enfants répartis dans le monde entier – et le recours à l'argument de la vitesse de la lumière risque de ne pas passer. Et si vous prétendez que Dieu est au ciel, il sera le premier à vous administrer une leçon sur le système solaire. Quant à l'histoire du fruit défendu d'Adam et Ève, elle vous fera passer pour un macho particulièrement primitif.

La prise de conscience de notre vie mathématique est désormais engagée, car nous bénéficions d'outils de communication et de connaissance extrêmement puissants – auxquels nous souhaitons (très modestement) participer à travers ce livre. La religion ne contrôle plus l'essentiel du contenu de l'enseignement. L'évocation de l'unité des races n'est plus un tabou. Tout argument d'autorité est vérifié en temps réel sur internet.

Imaginez un maître de CE2 faisant un cours sur l'évolution, expliquant que Lucy est le premier être humain qui soit apparu sur Terre, en Afrique, il y a environ 2 millions d'années. De retour chez lui, un de ses élèves, animé par le principe d'EMC (Évitons de Mourir Con), fait une recherche sur Google et apprend que Lucy est *notre plus vieil ancêtre commun* (apparu en Afrique, etc.). Le lendemain, il interroge son maître : si Lucy est notre ancêtre commun, alors moi qui suis Blanc, j'ai le même ancêtre que lui, qui est Noir ? Ce que l'enseignant ne peut que confirmer…

C'est ainsi que nos enfants sauront désormais que notre origine est à trouver dans l'étoile primitive et le Big Bang, et que nous sommes la somme des histoires des atomes qui forment nos cellules. Ils chercheront à percer les secrets du monde quantique afin d'améliorer la vie humaine, ils s'investiront dans la recherche pour éradiquer les nombreuses maladies qui nous menacent encore. Mais ils ne perdront plus la moindre seconde pour essayer de savoir si c'est un être divin qui fait et défait la vie, et lorsqu'ils rendront visite à un proche à l'hôpital, ils s'empresseront de vérifier ses indicateurs de survie plutôt que de prier Dieu afin qu'il épargne le malade.

Entraînés dans une dynamique de curiosité, nos enfants sont prêts à dégainer au moindre faux pas de leurs parents : ils ne laissent plus rien passer ! Ils auront un malin plaisir à rappeler, devant des invités si possible, que l'on ne doit pas dire « mon poids », mais « ma masse ». À l'occasion d'une grande marée, ils vous rappelleront qu'il ne s'agit pas d'un « mystère », mais d'une illustration concrète de la force d'attraction de la Lune. Lors du décès d'un proche, malgré le chagrin qu'ils pourront ressentir, ils seront les premiers à vous affirmer que, loin d'être la manifestation d'un acte de la puissance divine, la mort est un principe mathématique qui s'applique à tous les objets de l'univers. Et surtout, évitez de râler à la moindre baisse de température : ils vous montreront à quel point nous sommes privilégiés en vous exposant le principe de la parcelle cultivable ! Après votre longue conversation téléphonique, ils ne manqueront pas de calculer votre temps d'exposition aux ondes électromagnétiques et les dangers que vous encourez. Enfin, si jamais vous avez la faiblesse de parler du Soleil qui se lève et qui se couche, ils vous traiteront d'Aristotélicien et de penseur du Moyen-Âge, en vous rappelant que c'est la Terre qui se « lève » à l'Est et se « couche » à l'Ouest.

Nos enfants joueront avec ces nains microscopiques qui constituent notre corps, les atomes. Remplaçant avantageusement les Pokémons et autres Magic, les 90 éléments chimiques présents dans la nature seront pour eux un jeu de cartes pour la récréation ; le but sera d'avoir la carte détenant le plus de protons, et les cartes plus puissantes seront les atomes stables ; ils les échangeront pour finaliser un processus de désintégration des atomes instables vers les atomes stables. Les dessins animés et les mangas seront remplacés par des illustrations de la vie des atomes, de leurs liaisons moléculaires à travers les électrons de covalence, pour aboutir à une chaîne moléculaire donnant naissance à un objet ou à un organisme vivant. Les PSP, XBOX et autres Wii auront intégré comme jeux la vie intrigante des éléments subatomiques – par exemple, attraper la bonne particule parmi un grand nombre de particules identiques qui se meuvent de façon aléatoire. Un autre jeu consistera à concevoir la liaison moléculaire de l'eau (deux atomes d'hydrogène et un atome d'oxygène, H_2O).

Nous avons perdu environ deux millions d'années pour finalement arriver à comprendre cette vérité mathématique. Il faudra seulement à nos enfants quelques années. Baignés dès leur naissance dans la vérité mathématique, ils n'auront plus comme centre d'intérêt les guerres religieuses ou idéologiques, et aucun n'acceptera plus de sacrifier sa vie pour autrui (et même pour Dieu) : ils auront compris qu'ils sont les corps célestes les plus privilégiés de l'univers, grâce à leur cerveau. Ils auront la mathématique pour unique religion.

Bref, ils vont nous apprendre beaucoup de choses.

Chapitre 2

L'ignorance ne fera plus la différence

Avec le recul, chacun de nous doit se sentir privilégié. Du fait qu'ils se sont rencontrés et aimés (conjonction en soi assez improbable), nos parents nous ont donné la vie, et ainsi la possibilité de voir le monde et de comprendre une partie (même si elle est infime) de son fonctionnement. Ce sont eux que nous devons remercier, et non pas Dieu, de même qu'ils doivent remercier leurs propres parents, et ainsi de suite. Croyons d'abord en nous-mêmes et aux processus mathématiques qui nous ont donné la vie, avant d'aller chercher Dieu. Faisons confiance à notre curiosité naturelle, qui nous permet de regarder au-delà des apparences – par exemple en comprenant que l'étoile que nous voyons dans le ciel n'est pas, contrairement à ce que croyaient nos ancêtres, *physiquement* là et qu'elle a beaucoup voyagé avant que sa lumière ne nous parvienne.

J'aurais pu décider, en écrivant ce livre avec mes modestes connaissances mathématiques et en faisant usage de mon libre arbitre, de me prendre pour un « Noir éclairé » qui se venge de certains Blancs racistes et tient des propos violents : je n'aurais alors fait que prononcer des contre-vérités mathématiques, et j'aurais contribué à accentuer la haine entre des personnes dont le seul tort est de ne pas avoir la même dose de mélanine pour couleur de peau. J'ai analysé plus haut la question de l'ignorance qui poussait nos ancêtres Blancs à soumettre nos ancêtres Noirs à la condition d'esclaves, et j'ai montré que chacun de nous, grâce à la connaissance mathématique, peut vérifier de façon empirique qu'il n'existe qu'une seule race, la *race humaine*, issue de la matière, puis des espèces animales. Ce qui fait notre différence avec les animaux, c'est le développement de notre cerveau. Vous avez beau vous sentir très proche de votre chien, si un jour, quand vous rentrez à la maison, il vous dit « bonjour » au lieu d'aboyer, vous prendrez les jambes à votre cou ! La transformation de cet animal en être humain n'est tout simplement pas pensable. En revanche, si un Blanc venant de l'hémisphère nord débarquait dans mon village du fond du Cameroun, il s'intégrerait facilement et se trouverait probablement heureux de ne plus payer d'impôts et de manger 100 % bio… Mon père, qui n'avait jamais vu la neige de sa vie, s'est finalement bien intégré en France – il s'est mis à apprécier le fromage dès son premier repas, et n'a pas tardé à râler, comme tout Français qui se respecte, contre les impôts trop élevés ! Contrairement aux animaux, les humains s'adaptent facilement à toutes les situations, quel que soit leur sexe et la couleur de leur peau – car, répétons-le, la race humaine est une !

Cela étant dit, je m'inscris personnellement en faux contre certains discours relatifs au racisme. Le dictionnaire Larousse définit le racisme comme une « idéologie fondée sur la croyance qu'il existe une hiérarchie entre les groupes humains, les "races" ». En fait, la vérité mathématique nous autorise à lui substituer « discrimination par la couleur de peau qui dérive de notre libre arbitre ». C'est ainsi que vous pourrez aimer mon livre et me couvrir de louanges, jusqu'à ce qu'en vertu d'un conflit qui pourrait nous opposer vous inversiez totalement votre appréciation et me qualifiiez de « race inférieure » : aux yeux du libre arbitre, rien n'est immuable ou harmonieux, tout peut être remis en question. Si celui qui se vante d'être raciste exprime son ignorance, celui qui traite l'autre de raciste est tout aussi ignorant, car tous deux utilisent un argument qui est mathématiquement faux. Ce serait manifester de l'ignorance que de traiter de raciste le Blanc qui demande à des personnes de couleur de quitter son pays : sa décision est le fruit de son libre arbitre. Supposons que, par miracle, le Cameroun devienne un pays immensément riche, grâce à la découverte d'un sous-sol qui recèle de grandes quantités de pétrole : son niveau de vie est subitement très élevé, personne ne paie d'impôts, les écoles et les hôpitaux sont de première qualité… On verrait alors débarquer jusque dans mon village des hordes de Blancs venant profiter d'une telle prospérité. Tout irait certainement bien tant que le niveau de richesse se maintient ; mais à la moindre décroissance, ce sont les étrangers qui seraient montrés du doigt. Même chez les animaux, nous assistons à ce type de comportement ; le lion qui dévore un éléphant peut se permettre de laisser l'hyène en manger un petit bout ; mais s'il dévore un pigeon, l'hyène qui s'approche lui servira de plat de résistance.

Désormais, nous affirmerons que *l'ignorance ne fera plus la différence*, car :

1) Nous savons que, malgré le fait que nos ancêtres communs viennent d'Afrique, la conscience de la vérité mathématique ne pouvait pas naître et s'y développer, pour des raisons climatiques. Dans tout système, il faut une force motrice qui le mette en mouvement, et ce sont nos ancêtres Blancs qui ont joué ce rôle ; sans eux, je n'aurais jamais quitté le Cameroun et je n'aurais jamais eu l'opportunité de partager avec vous ces savoirs.

2) Nous savons que le Parti républicain américain est né en 1854 avec l'objectif de lutter contre l'esclavage, et que la guerre de Sécession trouve sa cause directe dans l'élection d'Abraham Lincoln (fervent opposant à l'esclavage) à sa présidence, en 1860, du fait de la présentation par le Parti démocrate de deux candidats : John Cabell Breckinridge (sudiste ségrégationniste) et Stephen A. Douglas (nordiste modéré anti-esclavagiste). Nous avons tendance aujourd'hui à considérer ce parti comme plus conservateur que le Parti démocrate, qui existait depuis 1828, et cela contribue à nous faire oublier ce point d'histoire essentiel.

3) Nous savons que la guerre la plus sanglante de l'histoire des États-Unis était moins motivée par des intérêts économiques que par la défense de la cause des esclaves. Sinon, on a du mal à

comprendre pourquoi Lincoln, une fois les Sudistes battus, a tenu à imposer en 1865 le 13e amendement de la Constitution américaine qui abolit totalement l'esclavage.

4) Nous savons qu'il n'y a pas que des Noirs qui ont sacrifié leur vie pour lutter contre l'esclavage aux États-Unis ; il faut aussi faire une place aux 400 000 soldats nordistes Blancs qui ont œuvré en ce sens.

5) Nous savons enfin que ce n'est pas qu'au sein du Parti démocrate qu'un Noir pouvait avoir la chance d'être élu président des États-Unis, comme ce fut le cas pour Barack Obama : c'est le Parti républicain qui fut le premier à présenter deux candidats afro-américains du Mississippi : le pasteur Hiram Rhodes Revels (1827-1901) et Blanche Bruce (1841-1898), tous deux élus membres du Congrès en 1868. Il fallut attendre jusqu'en 1936 pour que le Parti démocrate présente un candidat Noir aux élections.

Ces quelques rappels historiques, qui mettent en évidence le rôle des Blancs dans la lutte contre la ségrégation raciale, nous montrent combien il est important de traquer les contre-vérités. C'est encore grâce à la vérité mathématique que nos ancêtres Blancs ont mis fin à cette grande fraude scientifique connue sous le nom d'« homme de Piltdown ». Un certain Charles Dawson, avocat, paléontologue et membre de la Geological Society of London, avait demandé en 1899 à des ouvriers travaillant dans une carrière située à Piltdown, dans le Comté de Sussex, de lui signaler d'éventuelles découvertes d'ossements. Un ouvrier se présenta un jour en exhibant un os dans lequel Dawson reconnut une partie de crâne humain. Des recherches systématiques furent alors entreprises, et au bout de trois ans il finit par présenter la trouvaille à son ami Arthur Smith Woodward, conservateur au British Museum. À partir d'une méthode de datation très archaïque, l'âge du crâne fut estimé à 500 000 ans, et la relique fut considérée comme le chaînon manquant entre le singe et l'homme. Plus vieux que l'homme de Neandertal découvert en France et en Allemagne, rien à voir avec les vieux crânes trouvés en Afrique à l'époque où les principes d'évolution chers à Darwin étaient contestés ! L'Angleterre était devenue le berceau de l'humanité ! Et la race blanche avait trouvé une origine qui lui était propre !

Seulement voilà… En 1949, le physicien et anthropologiste

Kenneth Oakley (1911-1980) décida de soumettre le crâne de l'homme de Piltdown à la méthode de datation au fluor. Lorsqu'un élément fossile est présent dans une roche, sa quantité de fluor augmente avec le temps, ce qui permet d'évaluer à la fois son âge et son origine. Il fut ainsi prouvé que le crâne, qui ne contenait que des quantités infimes de fluor, avait tout au plus 40 000 ans, et l'on découvrit qu'une fraude avait été organisée, associant un crâne humain à une mandibule d'orang-outang et faisant subir aux ossements un traitement au bichromate de potassium afin de leur donner un aspect fossile… Le nouveau système de datation au carbone 14 mit fin à la supercherie en 1956 : le crâne datait du Moyen-Âge et la mandibule avait tout au plus 500 ans.

Tout comme des animaux laissent leurs empreintes sur le sol (ce qui permettait à nos ancêtres préhistoriques de les chasser en toute connaissance de cause, leur indiquant s'ils avaient affaire à un tigre ou à un ours, et si la bête était éloignée ou à proximité), la mathématique imprime sa marque sur tous les objets de l'univers, laissant des empreintes que nous devons interpréter afin de comprendre quand l'événement s'est produit, de quel type il était, quelle dimension il avait… Et de la même façon, un médecin découvre de quelle maladie nous souffrons, et comment la soigner au mieux, grâce à une bonne interprétation des empreintes mathématiques laissées par les atomes.

Je me souviens d'une discussion que j'avais eue avec un religieux qui me conseillait de croire aux messages que la religion diffuse pour parfaire notre éducation. Je luis dis que j'y avais cru, et que je continuais à croire à certains d'entre eux. Mais je lui demandai en retour s'il croyait que les atomes sont au fondement de notre existence. Comme il me répondait par la négative, je lui affirmai qu'il se trompait et que j'avais des preuves irréfutables qu'il croyait, bien qu'étant religieux, que sa vie est la somme des histoires des atomes. Il me jura que cela n'était mentionné nulle part dans les livres sacrés, et que Dieu seul pouvait être le fondement de notre vie. S'ensuivit alors le dialogue suivant :

Moi (M) – Quelle est la seule voie pour rencontrer Dieu, selon la religion ?

Religieux (R) – La mort.

M – Comment y parvient-on ?

R – De façon naturelle, ou par accident, par maladie…
M – Quand vous êtes malade, décidez-vous de vous laisser mourir, ou bien allez-vous à l'hôpital ?
R – Comme tout le monde, je vais me faire soigner à l'hôpital !
M – Mais qui vous soigne, et comment, à l'hôpital ?
R – C'est un médecin, il m'opère ou me prescrit des médicaments.
M – Et vous pensez que ce sera efficace ?
R – Ma foi, c'est son métier, et chaque fois j'en suis sorti guéri.
M – Avez-vous cherché à savoir ce qu'il y a dans ces médicaments que vous prenez et qui vous ont sauvé la vie ?
R – Non, je sais simplement que ce sont des produits chimiques…
M – Eh bien, justement, ces médicaments sont la somme des histoires des atomes que les experts ont transformé en chaînes de molécules pour lutter contre les microbes – et ces derniers sont aussi la somme des histoires des atomes défaillants qui composent votre corps.
R – Mais alors c'est Dieu qui a montré la voie aux chimistes et aux médecins qui m'ont guéri.
M – Pardon, mais il ne s'agit pas de savoir qui leur a montré la voie : je veux simplement vous faire comprendre que vous croyez aux atomes avant de croire en Dieu. Sinon, au lieu d'aller à l'hôpital lorsque vous êtes malade, soit vous vous laisseriez mourir pour aller voir Dieu, soit vous iriez à l'église – oubliant que les atomes défaillants qui vous attaquent ne sont pas sensibles à la prière.
R – Pourtant, se soigner est un acte anodin, qui n'a rien à voir avec une quelconque croyance dans le pouvoir des atomes !
M – C'est effectivement ce que l'on pense le plus souvent. Mais faire confiance à la médecine quand on est malade, c'est bien croire (sans nécessairement le savoir) que notre vie est avant tout la somme des histoires des atomes. Si vous avez une bonne grippe et que vous pensez qu'elle va disparaître en appliquant la bonne dose de prières, alors il faut que vous en déduisiez que le responsable de cette grippe est celui à qui vous adressez vos prières, et que cela n'a rien à voir avec les atomes. Mais vous me dites que vous allez voir le médecin… c'est donc que vous croyez aux atomes, avant de croire en votre Dieu !

Et que dire de ce chef de guerre (néanmoins religieux) qui, perdant gravement son sang après une blessure au combat, exhorte son médecin à le soigner au plus vite ? Il croit au pouvoir des atomes ; malheureusement, aucun de ses compagnons d'armes n'est du même groupe sanguin que lui, et le médecin lui laisse le choix : soit accepter qu'on lui transfuse le sang d'un de ses adversaires, soit s'en remettre à Dieu. Il tient tellement à la vie qu'il choisit le sang de son adversaire !

Vous souvenez-vous de l'astrophysicienne Cecilia Payne et de sa découverte de la composition chimique des étoiles à partir d'une meilleure interprétation de leur empreinte mathématique ? C'est grâce à cette analyse que nous sommes en mesure de dire de façon assez précise quand est né le Soleil et quand il va mourir. Les mêmes empreintes atomiques nous permettent d'estimer l'âge des objets célestes (planètes, squelettes et restes archéologiques).

Revenons au Big Bang. Comment pouvons-nous affirmer que nous avons correctement interprété l'empreinte mathématique laissée pendant la genèse de l'étoile primitive ? Vous rentrez chez vous le soir, après une longue journée de travail. Voulant vous faire un café, vous constatez que l'eau contenue dans la bouilloire est encore très chaude ; vous vérifiez d'abord si vous avez oublié de l'éteindre le matin avant de partir ; comme ce n'est pas le cas, vous vous demandez par exemple s'il y a quelqu'un dans la maison, mais jamais il ne vous viendra à l'idée que cette eau chaude est à son état naturel : il a bien fallu qu'il y ait une action humaine qui transforme l'eau froide en eau chaude. De la même façon, l'affirmation des scientifiques selon laquelle l'univers était chaud à sa naissance nécessite que l'on s'interroge sur le fait qu'il nous manque une étape de l'histoire ; cela implique en effet qu'il y avait auparavant un état froid, car il est strictement impossible de passer naturellement d'un état froid à un état chaud sans une intervention exogène (principe d'irréversibilité d'un système).

La mathématique laisse donc des empreintes. Elles nous permettent d'enquêter, comme un policier, pour savoir ce qui s'est passé pendant des milliards d'années, en notre absence.

Chapitre 3

La religion au secours de notre libre arbitre

Lorsque j'étais enfant, la religion nous apprenait que tous nos péchés provenaient de l'influence maléfique du Diable, qui passait son temps à rôder autour de nous, guettant dans la moindre de nos initiatives l'opportunité de nous pousser à la faute. Tout comme Dieu, le Diable a donc aussi des propriétés d'invisibilité, de puissance et de déterminisme. Compte tenu des désastres qui ne cessent d'accabler l'humanité depuis la nuit des temps, ne doit-on pas en conclure que le pouvoir diabolique est supérieur au pouvoir divin ? Mais si nous laissons s'exprimer notre libre arbitre, on peut aussi se demander pourquoi le Diable irait perdre son temps en s'intéressant à notre pauvre espèce, tellement petite et insignifiante au regard de l'infiniment grand ? Pourquoi ne ferait-il pas plutôt porter ses efforts sur les fondements mêmes de l'univers, à savoir les lois mathématiques qui le gouvernent ? Ne pourrait-il par exemple supprimer la force gravitationnelle qui nous donne la vie, et qui permet à la Lune de tourner autour de la Terre, et à celle-ci de tourner autour du Soleil ? Il pourrait ainsi semer le chaos, et donc remplir valablement la mission que lui confère la religion…

De fait, nous sommes toujours à la recherche d'un responsable, qui serait susceptible d'expliquer nos actes. Et nous en avons trouvé deux – un pour le Bien, l'autre pour le Mal. Si tel est le cas, sommes-nous alors des robots inconscients de nos actes ? Nos neurones réagissent-ils sous l'impulsion de ces entités invisibles ? Dirait-on d'Hitler qu'il a massacré tant d'êtres humains parce qu'il a été influencé par Satan, qu'il était inconscient et n'avait aucune liberté qui lui aurait permis de faire d'autres choix ? Ce serait absurde.

Nous savons, grâce aux travaux des neurologues, qu'il n'y a dans notre cerveau aucune formule qui détermine que nos comportements soient le jouet de deux entités omniscientes : nous ne sommes pas des robots, nous pouvons contrôler nos émotions et nos pulsions par l'intermédiaire de notre cerveau limbique – en bref, nous sommes des ECC (Entités de Créativité Consciente). Lorsque nous créons un événement, nos réseaux neuronaux se nourrissent des informations provenant de notre environnement, et notre cerveau supérieur (le néocortex, centre de notre intelligence supérieure) entre en jeu, nous permettant de réfléchir à la façon d'orienter notre action au mieux. C'est cette impression de liberté que j'exprimais lorsque, dans le chapitre « Mathématique et libre arbitre », je faisais état de ma réaction négative face à la demande de mon fils de lui acheter un téléphone portable : je suis l'unique responsable de mes actes, et le seul élément exogène qui participe en permanence à ma prise de décisions est la mathématique ; c'est elle qui, par l'intermédiaire de mon cerveau, me procure cette sensation de liberté dans mes choix, que j'appelle le libre arbitre. L'ensemble des péchés dont je me suis rendu responsable à ce jour est du ressort de mon libre arbitre. Aucun Diable ne m'a poussé à prendre de l'argent dans la poche de mon père : j'étais libre de ne pas le faire, mais je voulais m'offrir une soirée au cinéma avec des amis.

Ce libre arbitre que nous confèrent les capacités de notre cerveau est en permanence soumis aux influences exercées par notre environnement, nos choix idéologiques, notre soif de pouvoir. C'est lui qui, à travers notre cerveau limbique, permet à des croyants d'éprouver de l'émotion lors d'un culte religieux, ou fait vibrer des millions d'amateurs de football au spectacle d'une finale de Coupe du monde. Nous ne sommes pas des êtres inconscients soumis à l'influence d'entités omniscientes, mais des êtres conscients dont le libre arbitre, depuis la nuit des temps, fait travailler notre cerveau, pour le meilleur et pour le pire.

Et comme le pire est toujours présent, nous avons besoin de la religion : elle a fait ses preuves pour trouver les paroles adaptées qui nous permettent de supporter ce que, parfois, nous infligent les conséquences de l'usage de notre libre arbitre.

Chapitre 4

Les suites mathématiques pour améliorer notre vie

Lorsque j'ai présenté ma démission en 2005 (j'étais architecte de systèmes d'informations chez Capgemini), personne ne comprit les raisons de ma décision – d'autant que je ne demandais rien en contrepartie : je voulais simplement être libre. En fait, ce choix, qui était probablement le plus risqué de mon existence et qui engageait toute ma famille (y compris mes frères et sœurs restés au Cameroun, qui depuis la retraite de mon père en 1992 dépendaient financièrement de moi), je l'ai fait pour une raison qui va sans doute vous paraître étrange : la situation paradoxale de Vénus et de Mercure…

Mercure est la planète la plus proche du Soleil (58 000 000 de km), alors que Vénus en est deux fois plus éloignée (108 000 000 de km). Pour des vacances spatiales permettant de soigner son bronzage, direz-vous, Mercure paraît donc mieux adaptée car il doit y faire plus chaud : c'est du simple bon sens ! Mais en matière d'astronomie, le bons sens est souvent mauvais conseiller. En réalité, sur Mercure il fait 430 °C le jour et -150 °C la nuit, alors que sur Vénus la température reste constante à 480 °C (pas moyen de se rafraîchir pendant la nuit). C'est donc Vénus, et non Mercure, qui est la planète la plus chaude de notre système solaire.

C'est alors que la mathématique vient à notre secours pour nous expliquer que la chaleur reçue du Soleil par Vénus n'est pas renvoyée dans l'espace sous forme infrarouge, car elle est bloquée par son atmosphère et renvoyée au sol – exactement comme dans une cocotte-minute dont le couvercle a été hermétiquement fermé. Ce sont les gaz à effet de serre (en particulier le dioxyde de carbone CO_2, mais aussi de l'azote, et une abondance d'acide sulfurique due à son activité volcanique) qui se comportent comme le couvercle de la cocotte-minute.

Sans doute, me direz-vous… Mais en quoi cela a-t-il le moindre rapport avec votre décision de quitter un travail aussi passionnant et rémunérateur ? Le rapport, le voici : Vénus est la planète du système solaire qui a les caractéristiques de taille et de volume les plus proches de celles de la Terre.

	MARS	TERRE	VENUS	MERCURE
Diamètre à l'équateur (km)	6 794	12 104	12 756	4 878
Composition chimique	S Fe Ni Silicates	Fe Ni Silicates	Fe Ni Silicates	Fe Ni Silicates
Masse (Terre=1)	0,11	1	0,82	0,06
Gravité	3,72	9,81	8,85	3,72
Composition atmosphère	CO_2 : 95 % N_2 : 3 % Ar : 2 %	N_2 : 78 % O_2 : 21 %	**CO_2 : 96 %** **N_2 : 3,5 %**	K : 31,7 % Na : 25 % Ar : 7 %
Température moyenne	- 40	15	**477**	167
Distance moyenne du Soleil en millions de km	228	150	108	58

Par sa taille, par son diamètre, et surtout par sa gravité (beaucoup plus enviable pour nous que celle de la Lune ou de Mars), Vénus est la planète sœur de la Terre. Elle est aussi la plus proche de nous (42 000 000 de km, alors que Mars se situe à

72 000 000 de km). Ce qui fait une nette différence avec la Terre, c'est le taux très élevé de CO_2. L'histoire de Vénus nous permet de nous interroger sur le sort réservé à notre planète dans les siècles à venir, si nous continuons à ignorer ce que nous lui faisons subir.

Il existe, nous l'avons vu, deux sortes d'entropies : naturelle et artificielle. Nous ne pouvons rien faire contre l'entropie naturelle (radiations cosmiques, tremblements de terre, éruptions volcaniques…) : c'est cette dernière qui a provoqué la désolation sur Vénus en pulvérisant dans l'espace de l'acide sulfurique et des gaz à effet de serre comme le dioxyde de carbone et le protoxyde d'azote. Dans la mesure où elle est dépourvue d'océans ou de forêts susceptibles d'absorber ces gaz (rappelons-nous du principe de la parcelle cultivable, espace au voisinage du Soleil où les conditions sont réunies pour qu'existe de l'eau liquide), ils se sont accumulés et concentrés dans son atmosphère comme d'énormes nuages, suffisamment épais pour empêcher la libération de la chaleur.

Pourquoi parle-t-on d'« effet de serre » ? Le principe de la serre où l'on cultive des légumes ou des fruits est de conserver une grande partie de l'énergie provenant du Soleil afin de les faire pousser hors saison. Elle agit comme un verre qui laisse passer les rayons du Soleil, qui sont absorbés par les plantes et en partie renvoyés sous forme d'infrarouges ; mais le verre ne laisse pas passer les infrarouges : l'énergie, piégée, est renvoyée vers les plantes qui bénéficient d'une chaleur permanente même quand il fait froid dehors. Certains gaz comme le dioxyde de carbone, l'azote ou le méthane sont perméables aux rayons de lumière et imperméables aux rayons infrarouges.

Dans le chapitre sur la mathématique et le système solaire, nous avons vu que le Soleil émettait des rayonnements électromagnétiques sous la forme d'ondes de lumière, mais aussi des ondes radio, des ultraviolets, des infrarouges, des rayons X et des ondes gamma. Toutes ces ondes sont en train de vous chatouiller pendant que vous me lisez, mais vous ne percevez que celles que vos yeux peuvent capter – le fameux photon, l'onde lumineuse qui voyage à 300 000 km/s et qui vous permet de me lire. Imaginez le scandale et les mœurs perverties qui régneraient sur Terre si la mathématique autorisait notre cortex visuel à traiter aussi les rayons X !

Tous les corps célestes émettent des rayonnements cosmiques en fonction de leur température : les corps froids (dont la température est celle du zéro absolu, soit -237 °C) ne peuvent émettre que des ondes radio provenant de la désintégration de la matière, alors que les corps chauds (comme le corps humain) émettent des ondes infrarouges par dissipation de la chaleur du Soleil. Ce qui nous permet de comprendre pourquoi, même caché dans l'obscurité, un immigré clandestin mexicain peut se faire arrêter par des policiers américains équipés de lunettes à vision infrarouge… Les corps très chauds, comme le Soleil, émettent des ondes lumineuses, des ultraviolets et des infrarouges. Quant aux corps microscopiques ou subatomiques, ils émettent des rayons gamma. Par exemple, notre Soleil (dont la surface atteint 6 000 °C) émet 40 % des ondes lumineuses qui nous permettent de voir, 50 % des rayons infrarouges et 10 % des rayons ultraviolets dont une partie est bloquée par notre atmosphère.

Notre planète sœur s'est trouvée piégée dans une chaleur constante de 477 °C, alors que Mercure, qui est pourtant deux fois plus proche du Soleil, n'ayant pas de gaz à effet de serre du fait de l'absence d'activité volcanique intense, bénéficie d'une température moyenne journalière moins chaude.

Mais revenons à ma démission… Ayant accédé à cette vérité mathématique concernant Mercure et Vénus, les raisons du réchauffement climatique sur Terre m'ont paru évidentes. Les émissions de CO_2 qui accompagnent notre nécessaire développement industriel et technologique, sans être comparables à celles des volcans sur Vénus, auront à terme les mêmes conséquences, et nous commençons à en percevoir les symptômes. Avec mes modestes connaissances, comment pouvais-je contribuer à éviter à notre planète le sort de Vénus ? J'ai donc quitté Capgemini en 2004, pour créer l'année suivante Gemios France, qui est devenue en septembre 2010 la première entreprise française de conseil en GreenIT (informatique à valeur ajoutée écologique), certifiée ISO 14001. Depuis 2005, le groupe SAP France nous a fait confiance pour les accompagner dans cette mission – lutter contre les émissions de CO_2 – qui permet d'être à l'avant-garde du développement durable et de faire partie des entreprises responsables de la planète. En janvier 2012, j'ai mis au point le logiciel CRECIT (Crédit Carbone Informatique), premier outil ludique d'économie d'énergie, qui consiste à voir pousser un arbre sur l'écran à l'aide des crédits gagnés par l'utilisateur qui éteint son ordinateur quand il ne l'utilise pas. Depuis 2012, la ville de Saint-Raphaël, qui utilise ce logiciel, est devenue la première ville de France certifiée ISO 50001 pour les économies d'énergie.

Contrairement à ce qui est souvent dit, les gaz à effet de serre n'ont pas que des effets négatifs sur la Terre : naturellement présents dans l'atmosphère depuis sa naissance grâce à son activité volcanique passée (entropie naturelle), ils nous permettent d'avoir une température supportable d'environ 15 °C en moyenne. Le problème surgit lorsque leur concentration, comme sur Vénus, devient excessive. Sur les 342 watt/m^2 reçus par la Terre en provenance de l'énergie solaire, seulement 235 vont arriver jusqu'à sa surface, et environ 107 seront rejetés dans l'espace. La Terre a un albédo moyen de 30 % – l'albédo étant le pourcentage de lumière réfléchie (renvoyée dans l'espace) par un objet ; par exemple, une surface blanche comme la neige réfléchit 100 % des rayons lumineux qu'elle reçoit, alors qu'une surface noire conserve la totalité de ces rayons : c'est pourquoi il est conseillé de s'habiller de couleurs sombres en hiver et de couleurs claires en été. La Terre recevra donc, grosso modo, 164 watt/m^2 en provenance de l'énergie solaire ; sans gaz à effet de serre, cette énergie serait renvoyée dans l'atmosphère et se diluerait dans l'espace en nous laissant grelotter à une température d'environ -18 °C ; mais avec la concentration actuelle de ces gaz, cette température est en moyenne de 15 °C. Essentiels à la vie sur Terre, ils peuvent devenir destructeurs lorsqu'ils sont soumis à une entropie non plus naturelle, mais artificielle.

La question du changement climatique concerne tout le monde – nous sommes sous le même toit. À l'ouverture du sommet sur la Terre à Johannesburg, en 2012, Jacques Chirac, l'ancien président de la République française, poussait un cri d'alarme : *« Notre maison brûle et nous regardons ailleurs. La nature, mutilée, surexploitée, ne parvient plus à se reconstituer, et nous refusons de l'admettre. L'humanité souffre. Elle souffre de mal-développement, au Nord comme au Sud, et nous sommes indifférents. La Terre et l'humanité sont en péril, et nous en sommes tous responsables.»* L'activité solaire, que certains accusent d'être responsable du changement climatique, n'a pas varié depuis la création de la Terre ; nous gardons toujours la même trajectoire elliptique autour du Soleil : en accord avec la deuxième loi de Kepler, la moindre modification de cette trajectoire, par rapprochement ou éloignement, modifierait notre temps de révolution (un an) – et votre montre serait en décalage avec le temps qu'il fait. Mais à supposer qu'une activité solaire méconnue influence mystérieusement notre planète, par entropie naturelle, la seule chose que nous pourrions faire est d'intervenir plus efficacement sur nos comportements (entropie artificielle), en diminuant tout ce qui peut s'additionner à l'entropie naturelle contre laquelle nous ne pouvons rien. Il est irresponsable d'accuser en permanence la nature, ou de prétendre que, de toutes manières, il nous faut bien mourir… argument classique du gros fumeur répondant au médecin qui s'inquiète de sa santé. Faut-il pour autant adopter une position aussi cynique ? Nous sommes les êtres les plus privilégiés de l'univers, et seule l'ignorance mathématique nous fait croire que tout est déterminé à l'avance, alors que nous sommes libres de nos actions. Si chaque être vivant voyait le monde au moyen de rayons X, il serait plus conscient des dangers qui guettent notre planète : il percevrait les nuages atomiques de sa propre pollution et le réchauffement de notre atmosphère, et en comprendrait mieux les conséquences en termes de fonte des glaces polaires, de montée du niveau des océans, d'inondations, de tsunamis, de typhons et de tornades dévastateurs. Mais nous fuyons nos responsabilités en pensant que cela va s'arranger tout seul, qu'il s'agit d'un phénomène banal qui s'est déjà produit (les fameux « cycles »…) et que l'homme n'est pour rien dans tout cela.

Chacun des six milliards d'individus que compte la planète émet naturellement du CO_2 (même en expirant l'être humain émet du CO_2) à partir des déchets que nous produisons, ainsi que de l'énergie infrarouge à partir de la chaleur que nous dégageons (même lorsque nous dormons). Nous avons longtemps ignoré cela, confiant notre vie à Dieu et pensant que, s'il lui prenait un jour une grande colère, il ferait ce qu'il faut pour nous faire disparaître. Mais ce phénomène s'est accéléré au début de l'ère industrielle. Grâce à la mathématique, nous savons quelle quantité de CO_2 notre planète peut supporter. En analysant les empreintes laissées dans les carottes glaciaires qui ont été extraites des profondeurs du Groenland, les climatologues ont pu comparer de façon rigoureuse les variations de la concentration en CO_2 avant et après l'ère industrielle ; jusqu'à 1750, elle était presque constante, autour de 270 ppm (parties par million, ratio du nombre de molécules de gaz par rapport au nombre total de molécules d'air sec, soit ici 270 molécules de gaz dans un million de molécules d'air sec), et par la suite ce nombre n'a cessé d'augmenter, subissant une forte croissance en 2010 (à 390 ppm, alors que le seuil critique est fixé à 400 ppm si l'on veut que la température ne dépasse pas de plus de 2 °C celle de la période préindustrielle).

L'écologie concerne tout le monde. Comment ne pas voir que notre vie résulte d'une concentration équilibrée des particules atomiques ? C'est pourtant ce que nous pouvons éprouver quotidiennement. Imaginez une petite chambre fermée au sein de laquelle l'écosystème se régule naturellement ; le fait que vous vous y installiez (respirant/expirant de l'air et dégageant de la chaleur) va modifier cet écosystème et vous trouverez bientôt qu'il fait trop chaud et que l'on a du mal à respirer ! Il nous faut trouver un point d'équilibre entre nos émissions et leur réduction, faute de quoi nous entrerons dans un processus irréversible. Nous sommes tous des pollueurs, car pour ne pas polluer il faudrait ne pas exister : il nous faut nous nourrir, nous chauffer, respirer et expirer, produire des déchets, nous déplacer… Mais au-delà de ce qui est nécessaire à notre survie et qui peut être facilement absorbé par les océans et les forêts, nous devons impérativement mener des actions permettant d'absorber le CO_2 et d'en limiter la production. Il est également vrai que nous sommes tous des écologistes, car chaque être vivant tente d'une façon ou d'une autre de protéger son existence et celle de ses proches. Mais tout est affaire d'équilibre. Pour mieux évaluer l'impact de nos actions sur l'environnement, nous avons besoin d'un indicateur de performance écologique, qui permettrait à chacun d'entre nous de s'auto-évaluer – cela va du traitement des déchets à domicile à la mise sous tutelle par une organisation internationale d'une importante partie de la forêt mondiale.

Ici encore, le bons sens est mauvais conseiller. Parler de

réchauffement climatique alors que chacun peut constater que l'hiver dernier a été plus rigoureux que le précédent, voilà qui peut faire ricaner les sceptiques ! Mais le temps des atomes n'est pas le nôtre. L'augmentation des gaz à effet de serre est une tendance longue, autour de laquelle peuvent se manifester des variations conjoncturelles opposées. L'accumulation est lente. De la même façon, vous pouvez fumer et boire pendant une grande partie de votre vie sans ressentir le moindre problème de santé, alors que vos excès sont inscrits dans votre code génétique, dont vos enfants hériteront lors de leur conception. Au rythme actuel de réchauffement, dans moins de deux siècles les habitants de l'hémisphère nord n'auront plus besoin d'attendre l'été pour bronzer, New York, Venise et Londres seront sous les eaux, nos avions seront cloués au sol par des orages et des vents violents atteignant 300 km/h, et 80 % de la population habitant dans des zones côtières seront contraints de migrer dans l'intérieur des terres. Les migrations qui se sont accélérées depuis les années 2010, dues pour l'essentiel aux guerres et aux troubles politiques, nous paraîtront une goutte d'eau dans l'océan des migrations climatiques qui viendront, par contrainte naturelle, de l'Afrique équatoriale.

Voilà, cher lecteur, ce qui m'a poussé à démissionner de mon confortable travail chez Capgemini ; il me fallait créer ma propre entreprise, et contribuer à offrir à nos descendants une planète vivable.

La prise de conscience de cette cause commune qu'est la promotion de comportements écologiques responsables passe bien entendu par la communication. La régression d'un fléau comme le sida ne tient pas seulement aux progrès réalisés en matière de traitements médicaux, elle découle aussi des messages de sensibilisation relayés par les médias, lors des matchs de football, les concerts de rock – et même à l'occasion des sermons délivrés dans les églises. La lutte contre le réchauffement climatique devrait passer par le même type de canaux. Plutôt que de prier Dieu pour qu'il réduise la concentration des gaz à effet de serre, il faudrait utiliser l'émission la plus regardée de la télévision – la météo – pour promouvoir une information et une sensibilisation des téléspectateurs : indicateurs nationaux de surveillance de l'état de notre atmosphère, volumes quotidiens de CO_2 que chaque citoyen peut parvenir à neutraliser au cours de son activité, etc. Une partie de l'instruction civique à l'école devrait être consacrée à la protection de notre planète. Mieux recycler nos déchets domestiques ou éteindre la lumière avant de partir du bureau ou de quitter une pièce devrait relever d'un réflexe aussi basique que celui qui consiste à se laver les dents. Chaque automobiliste devrait pouvoir connaître en temps réel la quantité de CO_2 qu'il émet en fonction de son style de conduite et du parcours qu'il effectue.

Du fait de notre libre arbitre, il y aura toujours des individus pour voir l'intervention de Dieu dans les phénomènes climatiques et pour nier l'action de l'homme dans la pollution ; c'est exactement ce que nous avons fait pendant plus d'un siècle en niant que le plomb que nous avons mis sciemment dans l'essence était responsable de la concentration très élevée de plomb dans l'atmosphère et de problèmes de santé touchant des millions de personnes.

Lorsque vous mettez de l'essence sans plomb dans le réservoir de votre voiture, vous êtes porté à considérer que ce plomb est naturellement présent dans l'essence, et qu'il a fallu l'en extraire pour obtenir de l'essence sans plomb. Détrompez-vous ! C'est pour des raisons économiques que les groupes pétroliers ont utilisé le plomb comme additif dans l'essence, dès la création des premiers moteurs à explosion. C'est à Charles Kettering (1876-1958) que l'on doit la commercialisation d'un système d'allumage du moteur à explosion, utilisant une batterie et une bobine, qu'il a appelé « delco » en référence au nom de la société qu'il avait formée en 1909, Dayton Engineering Laboratories Company. En 1916, après avoir vendu la DELCO à General Motors, il y occupe un poste de dirigeant et y rencontre le chimiste Thomas Midgley (1889-1944). Convaincu que le pétrole va se raréfier et cherchant des moyens pour rendre les moteurs plus puissants à consommation de carburant équivalente, il exploite, avec l'aide de Midgley, la piste des additifs. La première solution consiste à mélanger de l'éthanol à l'essence, mais en 1921 son collaborateur l'informe qu'il a découvert que l'utilisation du plomb tétra éthyle, à la dilution de 1/1 000, augmente l'indice d'octane et élimine les cliquetis du moteur à explosion. Contrairement à l'éthanol, qui est un produit facile à fabriquer, le plomb nécessite une véritable infrastructure industrielle et doit être protégé par un brevet ; cette dimension commerciale n'échappe pas à Kettering, qui va désormais mettre toute la puissance de la General Motors au service du développement et de la promotion de l'additif au plomb, sans se soucier de la toxicité du produit. En s'associant au pétrolier Exxon et à la firme pétrochimique Du Pont de Nemours, il crée la société Ethyl Corporation, qui commence dès 1923 à produire ses additifs de façon industrielle.

Le plomb tétra éthyle (PTE) est un composant chimique très toxique, pendant longtemps très utilisé dans l'industrie de la peinture, qui s'accumule dans la nature. Il s'agit d'une neurotoxine qui s'incruste dans l'organisme par voie respiratoire et parvient au cerveau par l'intermédiaire de ces autoroutes que constituent les vaisseaux sanguins. Une fois installé dans les cellules neuronales, il provoque de multiples pathologies – cécité, insuffisance rénale, perte de la vue, cancer, et même folie – dont certaines étaient connues par le médecin de l'antiquité grecque Hippocrate (460-370). C'est notre sang qui véhicule dans l'ensemble de notre organisme tout ce que nous inhalons et consommons, c'est lui qui nourrit l'embryon dans le ventre de sa mère (raison pour laquelle on demande aux futures mamans de cesser de fumer et de boire de l'alcool dès qu'est programmée la future grossesse). Les attaques provoquées par l'ingestion de produits toxiques sont repoussées par des cellules protectrices offrant des défenses naturelles, comme les anticorps et les lymphocytes NK (les *Natural Killers*) ; mais il peut arriver que ces cellules soient trop faibles pour enrayer l'agression, et l'aide de la médecine devient nécessaire pour renforcer les cellules protectrices naturelles ou détruire les cellules dangereuses.

Lorsqu'il est inhalé, même à faible dose, le PTE se comporte comme une cellule dangereuse pour notre organisme et s'attaque en particulier aux plus fragiles (enfants et femmes enceintes). Les conséquences de la contamination par le plomb (troubles du comportement, baisses du QI, etc.) sont longues à se manifester. Vers 1940, on estimait que l'exposition au plomb aux États-Unis était 400 fois supérieure au niveau naturel ; 90 % de ce plomb était produit par l'homme et venait de l'essence au plomb. Néanmoins, l'association entre la General Motors et Du Pont de

Nemours va déployer toute sa puissance pour démontrer que le plomb présent dans l'atmosphère est d'origine parfaitement naturelle. Insensible au fait que, dans les usines pétrochimiques du Delaware, des cas de démence et des décès avaient été constatés du fait de la manipulation du plomb, Kettering fit une « démonstration » d'inhalation de plomb devant des journalistes… Mais la mathématique est implacable et, quel que soit le temps que cela lui prend, elle finit toujours par vous anéantir. C'est ainsi que le géochimiste américain Clair Patterson (1922-1995) va découvrir par hasard (alors qu'il déterminait que la naissance de la Terre remontait à environ 4,7 milliards d'années), puis démontrer de façon empirique et irréfutable, que c'est bien la composition de l'essence qui était la cause de la concentration très élevée de plomb (et des pathologies associées) aux États-Unis.

Le débat sur l'âge de la Terre a constitué pendant longtemps une exclusivité religieuse. Personne n'osait contredire le postulat selon lequel notre planète a vu le jour il y a environ 6 000 ans. Il est évidemment facile d'ironiser sur cette croyance biblique, mais il convient de la contextualiser en rappelant la faible place que la mathématique occupait dans les mentalités de l'époque. Prenons l'exemple d'un enfant très indiscipliné à l'école, qui présente à son père une lettre écrite par son professeur de français, dans laquelle celui-ci se montre ravi des progrès réalisés par l'enfant. Elle commence ainsi :

Bonjours chère parent
Votre fise es très sage et atentif en clase…

Une deuxième lecture ne sera pas nécessaire pour convaincre le père que c'est son fils, et non le professeur de français, qui a rédigé la lettre. De la même façon qu'il est impossible que le professeur de français ait fait autant de fautes, il est impossible que le Dieu mathématicien, immatériel et de grandeur infinie, soit concerné par nos problèmes de terriens. Son histoire ne peut qu'être celle des mathématiques, qui sont le fondement de tout ce qui existe dans l'univers, et dont les empreintes sont laissées par les atomes ; ce sont ces empreintes qui ont permis à Patterson de trouver l'âge véritable de la Terre.

L'univers est composé de deux types d'atomes, stable et instable. La composition chimique des atomes stables ne change pas dans le temps, alors que celle des atomes instables (appelés « pères ») va se transformer en émettant de l'énergie (c'est la radioactivité découverte en 1896 par Henri Becquerel) et produire des atomes stables (appelés « fils »). Cette désintégration est plus ou moins longue en fonction de l'atome concerné : on l'appelle la « demie vie ». L'uranium est un atome très instable, naturellement présent dans la composition chimique de la Terre, qui va se désintégrer pendant des milliards d'années pour se transformer en atome de plomb. C'est à partir de la méthode de datation uranium-plomb que Patterson découvrit le véritable âge de la Terre.

En poursuivant ses travaux, Patterson constate que la concentration de plomb est deux fois moindre au fond des océans qu'à leur surface, et même que dans l'air ; il conclut à la responsabilité de l'essence plombée utilisée par les moteurs de bateaux. Il démontre également que le processus de concentration excessive en plomb débute à l'époque romaine, où il avait fallu en extraire des quantités considérables pour la construction de la capitale de l'Empire.

Ce n'est finalement qu'en 1970, après une lutte acharnée contre les lobbies pétroliers, que le gouvernement américain, convaincu de la nocivité du plomb pour la santé, a décidé de l'interdire officiellement : c'est le début de « l'essence sans plomb »... De 1978 à 1998, le taux de plomb dans le sang des enfants new-yorkais a baissé de plus de 70 %.

Comment ne peut-on être frappé par la similitude entre ce que nous venons d'exposer et la négation de notre responsabilité quant à la concentration des gaz à effet de serre ? Comment pouvons-nous encore refuser de prendre les mesures qui s'imposent ? Et comment accepter que de nombreux pays du Tiers-Monde continuent à plomber leur population alors même que nous connaissons la toxicité du plomb, qui a été déclaré cancérigène par l'Organisation Mondiale de la Santé ? Peut-on continuer à implorer Dieu face aux effets de notre libre arbitre ? Rappelez-vous, la mathématique n'écoute aucune prière, son temps n'est pas le nôtre, et elle est toujours présente dans notre vie – libre à nous de bien l'utiliser pour mieux vivre ensemble.

Conclusion

Nous voici arrivés à la fin de ce parcours, tout au long duquel nous avons pu apprécier l'universalité de la mathématique et son inscription dans l'ensemble des objets qui constituent l'univers. Nous avons constaté ensemble à quel point elle est tolérante, malicieuse, intrigante, élégante, harmonieuse, immuable et indomptable. Elle nous est apparue sous la forme d'un infini « buffet à volonté », situé dans un espace infini et destiné à un nombre infini de clients – qu'il s'agisse d'êtres humains ou de n'importe quel autre objet peuplant l'univers. Ce buffet est composé de deux types de « menus » : les menus *fondamentaux* que chaque client est obligé de consommer en permanence, sans limite, et qui sont spécialement élaborés pour lui (ce sont les lois fondamentales de l'univers comme la gravitation, l'électromagnétisme, la thermodynamique ou la relativité, etc.), et les menus *disponibles*, non obligatoires (ce sont les lois mathématiques qui sont au service de notre libre arbitre). Pour tous les clients, l'entrée du buffet est gratuite.

J'espère que ce livre vous a permis de comprendre que le fait qu'un tel menu est servi chaud trahit la présence malicieuse d'un chef cuisinier étoilé à l'infini, immatériel et sans limites, occupé en permanence à faire brûler son fourneau pour l'infinité des clients qui peuplent l'univers ; que ce chef n'accorde aucun privilège à qui que ce soit (sauf à dire que le fait d'être client constitue en soi un privilège), et qu'il se moque de savoir qui mange quoi (exactement comme le chef cuisinier d'un restaurant faisant tourner sa cuisine sans savoir qui est dans la salle). N'essayez pas de le remercier pour la qualité de son menu, car celui-ci est imposé à chaque client dès sa naissance, et il a obligation de le consommer (comme l'oxygène que nous consommons par obligation à chaque instant de notre vie en respirant pour survivre)… De toutes manières, il est très occupé et sait que, dans tous les cas, le client sera satisfait.

Pendant des siècles, par ignorance ou par idéologie (ou les deux à la fois), certains clients se sont auto-proclamés commis de cuisine, prétendant que ce chef infini leur avait transmis la recette des menus à volonté. Cela n'a pas manqué de susciter entre eux jalousies et conflits, entraînant cette infime partie du restaurant universel qu'est notre pauvre petite Terre dans un désordre total qui persiste encore. Ces clients prétendaient tous qu'ils avaient hérité de la vraie recette, et les versions divergeaient – certains voulant rajouter des épices, d'autres voulant augmenter le temps de cuisson… Mais ce livre démontre qu'ils ont tous oublié un ingrédient fondamental : la mathématique, qui s'impose naturellement à tous les objets de l'univers (lesquels sont obligés de le consommer avec harmonie, élégance et tolérance), prouvant par là-même que la recette qu'ils prétendent être la meilleure ne vient pas du cuisinier en chef. Depuis des siècles, nous continuons à croire en ces différentes versions frelatées de la recette originale.

Hitler lui-même s'était auto-proclamé commis de l'infini chef cuisinier lorsqu'il prétendait, en administrant ses sinistres recettes, que « Dieu est avec nous ». Nous voyons bien aujourd'hui à quel point elles étaient immangeables ; cela n'empêche pourtant pas que certains clients continuent de faire croire à d'autres qu'ils sont eux aussi des commis de cuisine qui appliquent la recette du chef, ni que ces individus n'utilisent leur libre arbitre pour adhérer à ce qu'on leur propose.

Personne ne saura jamais quelle est l'identité du vrai chef, ni quelle est sa vraie recette : ce livre avait notamment pour but de montrer que ses propriétés sont infinies et non matérialisables. Il nous faut simplement consommer les différents menus qu'il met à notre disposition, en appliquant les mêmes attributs de tolérance, d'harmonie, d'élégance et d'immuabilité qui sont les caractéristiques de la mathématique. Nous avons aussi appris que Dieu n'était en rien responsable de notre vie, que nous devions croire en notre libre arbitre, et que tout se décidait dans notre cerveau : c'est lui qui nous permet de créer les formules mathématiques qui, éventuellement, sont responsables de nos innovations technologiques et des différentes crises économiques et sociales.

Avant même de croire en Dieu, nous croyons tous, sans le savoir, en la mathématique. Ne serait-ce que parce que tous les objets de l'univers, y compris vous et moi, sont nés de la gestation primitive des atomes (présents dans l'univers avant même la naissance de la Terre), et que nous consommons à chaque instant, en respirant, les atomes d'oxygène qui nous permettent de vivre. Et que faisons-nous, quand nous sommes malades ? Nous allons à l'hôpital… parce que nous savons que seul le médecin peut nous guérir, en mobilisant des atomes protecteurs pour lutter contre les atomes destructeurs. Si nous ignorons l'existence de cette vie mathématique, il ne faut en accuser personne : il s'agit d'une erreur collective, et même nos grands scientifiques, Newton ou Einstein, sans doute trop absorbés par leurs travaux, n'ont pas pris le temps de nous expliquer ce qu'elle était et en quoi elle consistait. Ce devrait normalement être la tâche dévolue aux savants de la nouvelle génération : expliquer aux enfants du monde entier la belle histoire des atomes qu'ils ont en commun ; il leur suffirait de faire une petite pause (une année sabbatique !) pour écrire un livre qui dirait tout cela bien mieux que je n'aie pu le faire ; malheureusement, malgré leurs immenses compétences, ils ne se situent pas dans cette perspective, et pendant ce temps des millions d'innocents meurent du fait des guerres et des maladies causées par la méconnaissance de notre vie mathématique.

Pourtant, l'état de notre planète nous concerne tous, et plus particulièrement ceux qui ont choisi de s'investir dans la connaissance de la vie humaine. Les éminents titulaires des prix Nobel de mathématique, de physique ou de chimie cherchent à savoir ce qui s'est passé avant le Big Bang il y a plus de 13 milliards d'années ; mais tout près d'eux – à zéro seconde lumière – ils oublient d'utiliser une infime partie de cette connaissance pour expliquer au monde que nos micro big bangs (guerres, pollution, etc.) sont nés de la méconnaissance de la mathématique, seule responsable de notre naissance (à travers le pouvoir de procréation de la femme) et de notre disparition (du fait de notre composition chimique conduisant de façon irréversible vers la mort, comme le démontre l'entropie).

Nous avons des arguments irréfutables, non pas philosophiques mais empiriques, pour expliquer à nos commis cuisiniers que leur histoire n'a aucune singularité et que Dieu ne se manifestera jamais, tout simplement parce qu'il est infini. En revanche, il existe une singularité, qui se manifeste sans exiger une quelconque allégeance ou la moindre prière, c'est la mathématique. Elle s'impose à tous de façon à la fois radicale et naturelle, comme le montre par exemple la soumission de tous les objets de l'univers aux lois de la gravitation. Si mes professeurs de mathématique et de physique m'avaient expliqué à quel point ma vie était indissociable de la loi de l'inverse au carré édictée par Newton, il est certain que j'aurais aimé cette loi ! Si mon professeur de chimie m'avait dévoilé ma composition atomique, j'aurais adoré les atomes ! Si, dès l'école primaire, on m'avait enseigné « qui je suis » pendant les cours d'instruction civique (et par exemple que c'est à cause d'une dose élevée de mélanine que je suis Noir), je n'aurais jamais eu la faiblesse de croire que la jeune fille à la peau blanche avec laquelle je flirtais était un ange, et qu'il existait une hiérarchie de races au point de vouloir rassurer ma famille en promettant que je ferais tout pour m'accrocher au dernier Blanc de ma classe ! Le gamin d'à peine dix ans, rencontré dans la boulangerie parisienne, n'aurait jamais eu peur de mes réactions lorsqu'il demandait à sa mère de lui acheter un gâteau appelé « tête de nègre ». Enfin, si nous savions que la nature se comporte comme une banque qui nous prête de l'énergie à notre naissance, que nous remboursons tout au long de notre vie sous forme de déchets, nous serions plus conscients de notre comportement anthropique et notre planète ne montrerait aucun symptôme de la maladie qui a attaqué sa sœur Vénus – et que nous appelons réchauffement climatique.

Néanmoins, il ne sert à rien de s'appesantir sur des regrets. La loi EMC (Évitons de Mourir Con) qui nous a servi de guide tout au long de cet ouvrage doit aussi nous pousser à avoir confiance en notre génération, qui effectue la transition vers une connaissance plus grande du rôle central de la mathématique. Elle nous aidera à instaurer une méthodologie d'apprentissage, qui doit commencer dès l'école primaire, pour que nos futurs enfants apprennent à mieux vivre avec elle et à en tirer tous les enseignements – à commencer par la connaissance des atomes. Ne vous inquiétez pas, leurs capacités d'adaptation sont immenses : s'il leur faut une demi-heure pour apprendre à se servir d'un smartphone, ce n'est pas un petit H_2O (les atomes de l'eau) qui va leur faire peur ! Cela devrait se poursuivre au sein d'un tronc commun dès la classe de 6e, pour les habituer aux lois mathématiques qui sont au principe de notre existence. Enfin, je suggère que les futurs élèves de terminale subissent des épreuves métaphysiques n'exigeant pas l'utilisation de formules mathématiques, en leur demandant par exemple de démontrer les propositions suivantes :

– la formule de l'inverse au carré est le fondement de notre vie ;
– nous appliquons à chaque instant les lois de la gravitation et de l'électromagnétisme ;
– notre vie est la somme des histoires des atomes qui nous constituent ;
– nous sommes tous des mathématiciens ;
– c'est grâce à la vitesse de la lumière que nous voyons le monde ;
– dès la naissance, notre entropie est supérieure à zéro ($S > 0$) ;
– la seconde loi de la thermodynamique nous conduit vers la mort ;
– le pouvoir mathématique de la femme est supérieur à celui de l'homme ;
– l'être humain produit du CO_2 anthropique ;
– etc.

Et bien entendu, je conseillerais aux futurs bacheliers de lire ce livre avant les épreuves ! Ils y trouveront la réponse à toutes ces questions ; car, contrairement à ce que l'on pense généralement, il n'est pas nécessaire d'être un scientifique confirmé pour les aborder. Par exemple, à la première question, on peut répondre très simplement : *c'est la formule de l'inverse au carré qui permet à la Terre de tourner autour du Soleil et à la Lune de tourner autour de la Terre, c'est aussi elle qui nous permet de nous mouvoir sur Terre.* Voilà comment on peut démystifier la mathématique, la rendre agréable et accessible pour tous. Et voilà comment elle pourra permettre d'aboutir aux solutions suivantes :

– aucun jeune des « banlieues difficiles » ne pourra plus affirmer que les enfants de riches ont été avantagés par Dieu et qu'ils sont les seuls à pouvoir réussir, pour justifier leur colère ;
– le mot racisme disparaîtra totalement de notre langage ;
– la prise de conscience du pouvoir mathématique de création de la femme nous aidera à nous respecter mutuellement afin d'éviter de continuer à attribuer à Dieu ce rôle, qui est la cause des jalousies et des désastres qui règnent sur Terre depuis la nuit des temps, parce que chacun s'autoproclame son vrai fils ;
– aucun enfant n'acceptera plus de sacrifier sa vie pour Dieu, en respectant le rôle primordial de ses parents pour lui offrir la vie ;
– les religieux continueront librement à croire en un Dieu mathématique, infiniment grand et immatériel, dont le comportement ne sera plus réduit à notre vie humaine ;
– la médecine deviendra la vraie religion pour sauver la vie, et nous aidera à « braquer » la nature pour prendre dans son coffre-fort ce qui est utile pour notre vie (ce sera le thème de mon prochain livre, *Les Braqueurs de l'Univers*), afin de moins produire de déchets et d'éviter de polluer notre belle planète ;
– nos futurs médecins seront capables en temps réel de trouver un antigène contre toute épidémie qui se présentera, ou des médicaments efficaces contre des maladies aussi graves que le cancer ou le sida ;
– etc…

J'ai écrit ce livre avec beaucoup de passion, et j'ai moi-même beaucoup appris en voulant apprendre aux autres. Sans doute avez-vous remarqué que j'ai toujours évité de stigmatiser une religion particulière ; les recettes que proposent les religions sont en partie immangeables (en partie seulement, contrairement à celles du commis Hitler), parce qu'elles ignorent la mathématique : toutes nous racontent en effet les mêmes histoires d'auto-proclamation des commis de cuisine, car nous disposons tous d'un libre arbitre, ce qui a pour conséquence que personne ne peut être parfait. Mais ces religions doivent continuer à jouer leur rôle de régulateur de nos émotions, et je serais heureux qu'elles utilisent leur influence sur la majorité des peuples du monde entier pour qu'ils s'occupent en priorité des questions suivantes : la lutte contre la pauvreté, la médiation pour la paix (et je vois bien le Pape actuel s'interposer physiquement entre deux protagonistes cherchant à en découdre…), l'observation et la régulation de notre vie sociale, la sensibilisation permettant d'éviter les épidémies et les divers maux dont souffrent nos sociétés, etc. Il leur faudra pour cela intégrer dans leur doctrine le principe de la vie mathématique permettant à nos descendants de faire la part des choses entre la religion qui est au service de notre libre arbitre, et la mathématique qui est l'outil d'un Dieu infini et immatériel.

Ceux de nos amis scientifiques qui réfutent le principe selon lequel c'est une force motrice qui a mis en mouvement la mathématique doivent s'abstenir de penser à Dieu en faisant appel à des catégories religieuses : il faut qu'ils conçoivent que la notion d'infini dont ils ont été les promoteurs peut contribuer à cacher quelque chose de malicieux et de fondamental.

Et je tiens à rassurer nos charmantes femmes : mon objectif dans ce livre n'était pas de leur faire allégeance, ni de leur procurer des arguments leur permettant de se venger du traitement que leur font trop souvent subir les hommes. Je n'ai fait que relater des faits réels – par exemple la façon dont leur organe de reproduction se charge des interactions entre les cellules pour créer la vie, tout comme les cellules primitives se sont agrégées pour donner la vie sur Terre, ou comme la matière s'est constituée pour créer des étoiles et des planètes. De la même façon, je n'ai pas essayé de montrer en quoi j'ai été victime, en tant que Noir, de comportements « racistes », et d'en faire état pour excuser le moindre de mes échecs. Finissons-en avec les pleurs, mettons nos enfants dans un environnement dynamique au sein duquel ils pourront faire exploser tous les préjugés sociaux.

C'est évidemment dans la jeunesse que réside l'espoir. Nous avons déblayé pour eux quelques imperfections, avons remis la religion à sa place et la vérité mathématique en mouvement ; à partir de ces bases, ils seront des vecteurs d'EMC mus par une curiosité maladive qui leur permettra de pénétrer les secrets de la vie des atomes. S'ils y croient comme nous avons longtemps cru à la religion, je peux vous prédire des lendemains très joyeux pour l'humanité : en manipulant la vie de ces nains microscopiques, ils trouveront des solutions à de multiples fléaux sociaux. Manger ne sera plus simplement le moyen de se remplir le ventre ou de se faire plaisir : avec le body-scanner grand public intégré à leur smartphone, ils pourront connaître en temps réel le besoin nutritionnel de leurs cellules et décider quel type d'aliment consommer ; le même scanner leur donnera un indicateur de toxicité des aliments et la dose journalière de contamination naturelle qu'ils subissent (ce qui est particulièrement utile pour les gros consommateurs d'alcool et de cigarettes) ; même ces autoroutes du corps humain que sont les vaisseaux sanguins seront scannées en permanence afin d'éliminer les cellules dangereuses susceptibles d'attaquer nos organes ; le cancer et le sida ressembleront à de simples grippes, et les épidémies seront immédiatement combattues ; chacun pourra connaître à tout moment la quantité de CO_2 qu'il émet et les moyens dont il dispose pour contrebalancer cette émission ; etc.

Nous voici donc arrivés à la fin de cette histoire captivante des mathématiques. Une question se pose encore – celle que j'avais posée dès le début : *la mathématique de Dieu est-elle le pouvoir de la femme ?* Je peux répondre ceci : autant il m'est impossible de prouver ce à quoi je crois pourtant fermement (à savoir que le divin, qui est infini, pouvait se cacher derrière la mathématique, qui est aussi infinie), en revanche il me paraît clair – et chacun peut s'en rendre compte très concrètement – que la femme dispose d'un extraordinaire pouvoir mathématique à travers ses capacités de procréation. C'est lui qui nous aide à comprendre la valeur concrète de l'humain, à nous aimer et à nous respecter mutuellement, et finalement à diminuer le degré de désordre (notre entropie) qui règne sur Terre.

Cher lecteur, les sujets que j'ai choisi de traiter dans ce livre ont un caractère d'universalité et se situent dans un espace-temps infini. S'appliquant à tous les référentiels de l'univers, il sera encore d'actualité lorsque l'univers lui-même aura disparu, puisqu'il démontre que la mathématique est et restera le fondement de tout. Voilà pourquoi j'exhorte les plus grands scientifiques à amplifier cette démarche, en écrivant une infinité de livres qui permettront de vulgariser la vérité mathématique…

Table des matières

653915 - Mai 2016
Achevé d'imprimer par
1livre.com
du rêve à la réalité !

www.ingramcontent.com/pod-product-compliance
Lightning Source LLC
LaVergne TN
LVHW011247061026
849535LV00005B/1176